해양과학총서 6

지속가능한 연안개발

2판

박우선 · 송원오 엮음

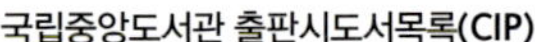

국립중앙도서관 출판시도서목록(CIP)

지속가능한 연안개발 / 2판 / 박우선, 송원오 엮음. -- 안산 : 한국해양과학기술원(전 한국해양연구원), 2014년 2월 14일 p.204 ; 18.8×25.7cm ISBN 978-89-444-9014-9 04450 : ₩18,000 ISBN 978-89-444-1022-2(세트) 04450 연안(해안)[沿岸] 해양 개발[海洋開發] 454.06-KDC5 551.4609-DDC21 CIP2014003235

해양과학총서 6

지속가능한 연안개발

발행인 | 강정극
발행처 | 한국해양과학기술원
책임편집 | 박우선, 송원오
출판기획 | 한종엽, 조정현
편집디자인 | 모모새비지니스
인쇄 | 올리브 디앤피
표지 일러스트 | 손정호

초판 발행 | 2001. 01. 30
2판 발행 | 2014. 02. 14

출판등록 | 1990. 09. 07 안산시 제9호
ISBN 978-89-444-1022-2 (세트)
ISBN 978-89-444-9014-9 (04450) 값 18,000원

한국해양과학기술원 www.kiost.ac
주 소 | 426-744 경기도 안산시 상록구 해안로 787
Tel. 031)400-6000
주문·보급 | 계백북스
Tel. 02)734-2267, 734-9914 Fax. 02)736-9917

지속가능한 연안개발

2판

박우선 · 송원오 엮음

목 차

1장 살아 숨쉬는 연안

연안역은 강하고 복잡한 해수운동이 끊임없이 발생하는 곳으로, 해저퇴적물의 이동으로 인한 지형변화가 역동적으로 이루어지는 곳이다. 갯벌은 연안생태계의 산실이며, 하구는 육지와 해양을 연결하는 고리역할을 한다.

2장 안전한 연안

삼면이 바다에 접한 우리나라는 매년 나쁜 기상으로 큰 피해를 입고 있으며, 기후변화로 인한 해수면 상승으로 저지대 연안역의 침수 위험이 가중되고 있다. 이러한 해양환경변화에 대한 적절한 대비가 필요하다.

3장 가치있는 연안

인간은 주거와 경제 활동을 목적으로 연안을 적극적으로 이용하고 있다. 지혜로운 개발과 현명한 이용을 위해서는 친환경 기술의 확보가 중요하며, 연안의 가치를 지속적으로 유지하기 위해서는 통합관리가 필요하다.

4장 진화하는 연안

최근들어 자연속의 치유, 슬로 라이프 힐링(Slow Life Healing)에 대한 관심이 증대되면서 연안의 가치가 새롭게 인식되고 있다. 산업공간에서 친수공간으로, 다시 삶의 가치를 높여주는 복합해양 공간으로 진화하고 있다.

부 록

연안은 우리의 희망이며, 우리가 살아갈 새로운 삶터이다.

연안이란 강, 바다, 호수의 물가 또는 이것들에 면한 지역을 일컫는다. 인류역사 이래 고대문명은 대부분 강을 끼고 발달했다는 공통점이 있다. 즉, 이집트 문명은 나일 강, 메소포타미아 문명은 유프라테스 강과 티그리스 강, 인도 문명은 인더스 강, 중국 문명은 황하에서 시작되었다. 이와 같이 인간의 활동은 예로부터 주로 물가에서 이루어졌으며, 오늘날 현대인들의 경제활동도 대체로 바닷가 즉, 연안을 따라서 이루어지고 있어 연안의 이용과 개발이 중요한 위치를 차지하고 있다.

삼면이 바다인 우리나라에서 오늘날 우리가 누리는 경제적 풍요도 1960년대부터 시작된 연안개발의 산물이라고 할 수 있다. 경제개발과 산업화에 몰두하던 시절에는 '개발'이란 단어는 우리에게 아주 매력적이었다(그 당시 연구소의 명칭을 해양개발연구소라고 한 것도 이러한 개발지상주의의 영향이었다고 볼 수 있다). 그러나 과유불급(過猶不及)이란 옛말처럼 경제개발로 배고픔은 극복했지만, 과도한 개발은 환경오염과 환경훼손이라는 심각한 후유증을 야기했다. 문제가 점차 심각해지면서 환경보전에 눈을 돌리지 않을 수 없게 되었고, 이에 따라 연안개발 문제의 논의에서 새로이 정립된 개념이 '연안역 통합관리'로, 오늘날의 연안개발과 관리의 중심개념으로 자리잡게 되었다. 이 개념은 1990년대 후반 도입된 이래 꾸준히 심화, 발전, 확대되어 왔으나 핵심 키워드는 처음 도입할 당시와 같이 '지속가능한 이용(sustainable use)'과 '현명한 이용(wise use)'으로 유지되고 있다. 즉, 연안이용에 대한 합리적 판단과 성찰을 통해 연안에서 '인간 삶의 지속성을 유지'하도록 하는 것이 오늘날 연안개발에 임하는 우리 모두에게 주어진 과제라는 의미이다.

연안개발 총서가 출판된 지도 벌써 10여 년이 흘렀고, 그동안 우리나라 연안에서도

많은 변화가 있었다. 2009년 부산항을 동북아 중추항만으로 육성하기 위한 부산신항이 개항하였으며, 2010년에는 세계 최대의 새만금 방조제가 준공되었다. 2012년에는 세계 최대 규모의 시화호 조력발전소가 준공되면서 해양에너지 시대가 열렸다. 부산신항 개항으로 시작된 부산북항 재개발사업으로 부산항지역 일대는 오는 2020년에 첨단 복합 친환경항만지구로 다시 태어나게 된다. 이 밖에도 가로림 조력발전소를 비롯한 대단위 연안개발사업들이 꾸준히 추진되고 있다. 최근의 특기할만한 이슈는 2012 여수세계박람회 개최였다. '살아있는 바다, 숨쉬는 연안'을 주제로 93일간 열렸던 이 행사는 2012년 8월 12일 지속가능한, 그리고 살아있는 바다와 연안 구현의 '여수선언'을 채택함으로써 막을 내렸다. 바다의 중요성에 대한 세계인의 공감대를 넓히고, 바다의 새로운 비전을 조감해본 귀중한 기회였다. 이번 개정판에는 여수세계박람회에서 다루어진 연안개발 주제들을 비롯해서 초판에 포함되지 않았던 다양한 주제가 추가되었다.

제1장 '살아 숨 쉬는 연안'에서는 바닷가에서 흔히 볼 수 있는 해수운동과 해안선의 변화, 갯벌과 하구역에서 일어나는 여러 가지 현상들을 소개했다. 제2장 '안전한 연안'에서는 해수면 상승, 태풍과 해일, 지진해일, 너울성 파도 등 자연재해를 보다 상세히 다루는 한편 이를 대비하기 위한 운용해양예보시스템도 소개하고 있다. 제3장 '가치있는 연안'에서는 간척과 매립, 항만과 어항, 바다목장, 해양에너지, 연안역 통합관리 등 각종 연안개발사업들을 새로운 경제적 가치 창출의 관점에서 살펴보았다. 제4장 '진화하는 연안'에서는 친수공간, 미래항만, 해저공간 등 새로운 연안역의 미래상을 소개했다. 이 장에서는 움직이는 부두, 해저도시, 해중터널, 수중건설 로봇 등 연안개발의 매력적인 신개념들을 만날 수 있다.

초판에 비해 한결 풍부해진 이번 개정증보판이 많은 이들에게 좋은 참고서가 될 수 있으리라 확신한다. 또한 이 책이 우리나라의 연안을 보다 윤택하게 하는 데 조금이나마 기여할 수 있게 되기를 바란다.

끝으로 바쁜 시간을 쪼개어 옥고를 준비해주신 모든 필자들에게 심심한 감사를 드리며, 원고를 다듬고, 질 좋은 사진을 구하는 등 이 책의 발간을 위해 물심양면으로 애써주신 한국해양과학기술원 해양과학도서관, 그리고 모모새의 편집디자인실 여러분께도 고마운 마음을 전한다.

2014년 1월

편저자 박우선, 송원오

환경친화적이고 지속가능한 연안개발

우리나라는 삼면이 바다로 둘러싸인 반도국으로, 좁은 국토면적에 비해서 긴 해안선을 갖고 있을 뿐만 아니라 3,150여 개나 되는 크고 작은 섬을 거느리고 있다. 각 해안의 환경 특성도 현저히 다르다. 서해안은 수심이 얕고, 조석간만의 차가 크며, 해안선의 굴곡이 심하여 간척, 매립의 적지로는 세계적으로도 이만한 곳이 드물 정도이다. 또한 남해안은 대부분 청정수역으로 수산양식의 적지가 많고 동해안은 해안선이 단조로운 반면, 사빈이 잘 발달되어 있을 뿐 아니라, 산지가 해안에 인접하여 빼어난 경관을 형성해 주고 있다. 우리나라의 연안역은 이러한 특이한 환경조건으로 말미암아 오늘날 또 하나의 경제공간, 제2의 국토공간으로 자리매김되고 있다.

이처럼 매력적인 자연환경과 풍부한 자원을 지닌 우리나라의 연안역을 유효적절하게 이용하기 위해서는 장기적인 관점에서 각종 이용활동에 대한 공유책을 마련하고 상호간에 적정한 조정력이 발휘될 수 있도록 하여야 한다. 즉, 개발과 보존의 조화를 기할 수 있도록 하여 연안역의 생산성 제고와 균형된 발전이 함께 추구될 수 있는 통합관리가 이루어져야 한다.

우리나라는 1960년대부터 시작된 경제개발계획의 일환으로 연안 곳곳이 개발을 다투었고 간척, 매립사업이 이어졌으며, 항만과 임해공업단지의 건설이 촉진되었다. 그러나 이러한 개발의 급진전은 필연적으로 연안 수질오염, 생태계의 파괴, 연근해 어장의 황폐화에 따른 수산자원 고갈이라는 부작용을 낳았다. 다행히 늦게나마 우리 국민들이 환경보전의 중요성을 새삼 절감케 되면서 최근에는 국토의 난개발에 대한 비판의 목소리도 점차 높아지고 있다. 특히 시화 방조제는 무분별한 연안 난개발사업의 대표적인 사례로 꼽히게 되었고 현재 시공중인 새만금 간척사업도 사업 계속여부에

대한 찬반양론의 열띤 논쟁이 계속되고 있다.

눈을 바깥으로 돌리면 지구 전체의 환경용량의 유한성에 대한 새로운 인식, 지구 온난화, 기상이변으로 인한 기상재해 등으로 이제 지구환경보전은 전 인류가 다같이 해결해야 할 커다란 숙제라는 인식이 자리를 잡아가고 있음을 알 수 있다. 특히 리우 선언이 있은 이후 모든 개발사업은 환경친화적 지속성장 개념에 의해 조화로운 개발과 보전이 추구되어야 함을 강조하고 있으며 더 나아가서 파괴된 환경을 복원하거나 새로운 환경을 인공적으로 창조하려는 움직임도 일고 있다.

이러한 국내외 여건 속에서 연안개발과 관련된 여러 주제를 묶어 한국해양연구원 총서 제6권으로 펴내게 되었다.

이 책은 크게 3부로 구성되어 있다. 제1부에서는 일반적인 연안해양현상으로 조석, 파랑 등의 해수운동과 이에 의한 해안선 변화, 연안재해 등 우리가 연안에서 흔히 접할 수 있는 여러가지 자연현상과 이들을 제어할 수 있는 각종 대책을 소개했다. 제2부 연안개발에서는 우리나라의 연안역 이용현황과 통합관리, 그리고 항만, 갯벌과 간척 등 주요 개발사업에 대해 살펴 보았다. 끝으로 제3부에서는 차세대 항만, 해양에너지개발, 그리고 21세기 해양친수공간 등 연안개발의 미래상을 제시하였다.

연안개발과 환경보존은 동전의 양면과 같아서, 서로 떨래야 뗄 수 없는 관계이다. 따라서 '환경 친화적이고 지속 가능한 개발'은 앞으로 연안개발에서 가장 큰 화두가 될 것이다.

끝으로 바쁜 시간을 쪼개어 집필에 응해주신 집필자 모두에게, 그리고 사진을 제공해 주신 해양수산부, 경남도청, 통영시청, 농업기반공사, (주)현대건설, (주)대우건설, 한국항만협회, 프랑스의 EDF 등 관련기관과 월간「우리 바다」의 김상수 기자, 여러모로 편집에 도움을 주신 원내의 제종길, 정경태 박사, 한·중해양과학공동연구센터의 박진균 부소장, 그리고 송기섭, 최형태 선생께도 두루 감사를 드린다. 또한 이 책이 기획, 발간될 수 있도록 각별한 관심으로 지원해 주신 한상준 원장님과 틈틈히 원고 감수 및 교정에 시간을 할애해 주신 장순근 박사를 비롯해서 전동철, 이희준, 김한준, 명정구 박사께도 심심한 감사를 드린다.

이 책이 모쪼록 우리 국민의 바다에 대한, 특히 연안역에 대한 깊이있는 이해의 길잡이가 될 수 있기를 바란다.

2001년 1월

편저자 박우선, 송원오

살아 숨쉬는 연안

The Living Coast

연안역은 강하고 복잡한 해수운동이 끊임없이 발생하는 곳으로,
해저퇴적물의 이동으로 인한 지형변화가 역동적으로 이루어지는 곳이다.
갯벌은 연안생태계의 산실이며, 하구는 육지와 해양을 연결하는 고리역할을 한다.

해수운동

해수운동은 그 원인이 되는 힘에 따라 조석과 조류, 표면파, 폭풍해일, 지진해일 등과 같이 여러 가지로 분류되는데, 연안환경에 미치는 영향이 매우 크다.

이광수 · 박진순 한국해양과학기술원

연안역에서 일어나는 대부분의 경제와 문화 활동은 물을 이용하고자 하는 노력과 물이 주는 혜택을 근간으로 한다. 연안역에서 일어나는 해수운동은 매우 강하고 복잡하며, 그 원인이 되는 힘에 따라 조석(潮汐, tide)과 조류(潮流, tidal currents), 표면파(surface waves), 폭풍해일(storm surge), 지진해일(tsunami) 등과 같이 여러 가지로 분류된다. 폭풍해일이나 지진해일은 한번 발생하면 넓은 지역에 큰 영향을 미친다. 그러나 이들이 자주 발생하는 것은 아니다. 하나하나 나누어 보면 이에 비해 조석과 파랑(波浪)은 작지만 연중 계속 반복되어 나타나는 것이 특징이다. 따라서 이들이 연안환경에 미치는 영향은 매우 크다. 여기서 파랑이란 바람에 의해 발달된 풍파(風波, wind waves)를 가리키며, 풍랑(風浪)이라 하기도 한다.

교란력, 복원력과 파장에 따른 파의 종류와 에너지

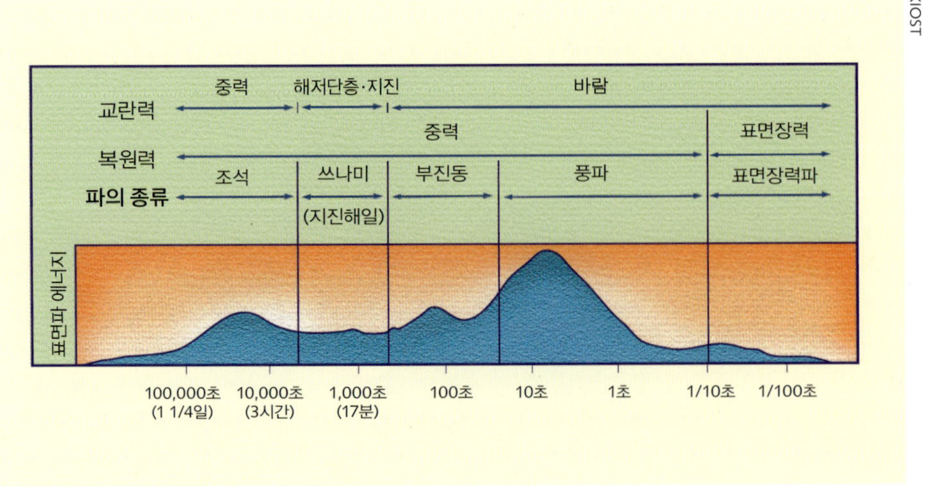

KIOST

우리나라 지도를 펴놓고 연안지형을 살펴보면 서해와 남해는 해안선 굴곡이 심하고, 크고 작은 섬들이 산재해 있는 반면, 동해는 해안선이 비교적 단순하고 섬도 거의 없음을 알 수 있다. 또한 서해는 조차(潮差, tidal range)가 커서 강한 조류가 나타나는 지역으로, 만 또는 섬의 배후지역 등 파랑의 영향이 비교적 적은 지역에는 갯벌이 발달했으며, 파랑에 노출된 지역에는 모래해안(sandy coast)이 발달했다. 동해안을 보면 대부분의 해안이 외해에 노출되어 있고 수심이 깊어 파랑의 영향을 직접적으로 받아 모래해안으로 구성되어 있음을 알 수 있다. 따라서 서해는 조석의 영향이 우세한 미세퇴적물 환경의 해안으로, 동해는 파랑의 영향이 우세한 사질퇴적물 환경의 해안으로, 그리고 남해는 서해와 동해의 중간적 성격을 갖는 혼합퇴적상을 보이는 해안으로 구분하기도 한다. 연안역 해수운동에 대해 알기 위해서는 조석과 파랑을 먼저 이해해야 한다.

조석

조석이란 달, 태양 등 지구 주변 천체의 인력(引力)작용에 의해 해수면이 주기적으로 상승·하강하며, 바닷물이 해안에 밀려 들어왔다(밀물) 쓸려 나가는(썰물) 현상을 말한다. 조석에 따라 나타나는 해수운동은 육지 및 해저면의 지형적 영향을 받고, 편향력(偏向力, Coriolis force, 코리올리의 힘)에 의해 휘어진다. 또한 바람, 파(波), 해류(ocean current) 등과의 상호 작용으로 변형되며, 이러한 복합적인 요소들은 조석의 예측을 어렵게 한다. 조석현상으로 해수면이 상승한 상태를 만조(滿潮, 또는 고조(高潮))라 하고, 하강한 상태를 간조(干潮, 또는 저조(低潮)라고 한다. 만조에서 만조까지, 간조에서 간조까지의 시간을 조석주기라 하며, 반일주조(半日周潮, semidiurnal tides) 의 경우, 평균 약 12시간 25분이 된다. 보통 만조와 간조는 하루에 2회씩 나타나며, 그 시각은 매일 약 50분씩 늦어진다. 지역에 따라서는 만조와 간조가 하루에 1회만 나타나는 경우도 있다. 연속되는 만조와 간조 또는 간조와 만조 사이의 수위차를 조석간만의 차(差) 또는

우리나라 서해안의 조석현상

우리나라 서해안은 전 세계에서 조수간만의 차가 큰 곳 중 하나이다. 사진은 아산만의 한진 포구로, 간조 때(위)와 만조 때(아래)의 모습을 관찰해 보면, 조차가 얼마나 큰 지 짐작할 수 있다. 아산만은 우리나라에서 조차가 가장 큰 곳으로 최대 조차가 9m를 넘는다.

박진순

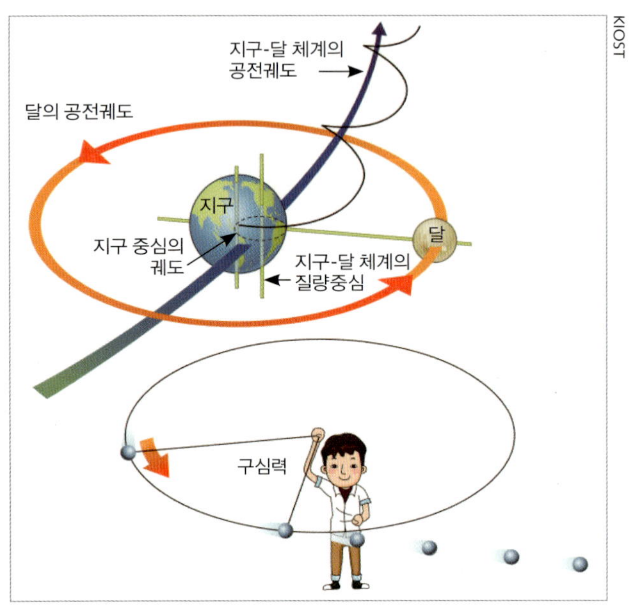

기조력이 생기는 원인
지구가 태양 주위를 공전할 때 지구의 중심은 지구와 달 체계의 질량 중심 주위를 돌게 된다.

줄여서 조차라 한다. 조석간만이 일어나는 시각이나 조차는 월령(月齡)에 따라 변화가 크며, 지역에 따라서도 크게 다르다. 일반적으로 연안역에서의 조차가 외해에 비해 크다. 최대 조차는 대개 신월(新月, 음력 초하루) 및 만월(滿月, 음력 보름) 전후에 나타나며, 이를 사리 또는 대조(大潮, spring tides)라 하고, 상현 및 하현 때는 조차가 작아 조금(neap tide) 또는 소조(小潮, neap tides)가 된다. 기압, 바람, 해수온도 등의 변화에도 조위(潮位)의 변동이 일어나며, 이를 기상조(meteorological tide)라 한다. 이에 비해 천체인력에 따라 생기는 조석을 천문조(astronomical tide)라고 한다. 달과 태양의 인력작용은 바다뿐만 아니라 지구 전체에 영향을 미친다. 이에 따라 지구(고체지구)가 변형되거나 대기운동이 일어난다. 이를 각각 지구조석과 대기조석이라고 하며, 이들과 구별할 때 바다의 조석을 해양조석이라고 한다.

조석의 원인이 되는 외력을 기조력(起潮力)이라 하며, 지구 주변 천체의 인력작용이 기조력의 대부분을 차지한다. 지구 주변의 천체 중 거리가 가장 가까운 달과 질량이 가장 큰 태양에 의한 기조력이 가장 크다. 그 밖의 천체에 의한 기조력은 무시할 수 있을 만큼 작다.

뉴턴의 만유인력법칙에 따르면 두 물체 사이의 인력은 두 물체 질량의 곱에 비례하고, 두 물체 사이 거리의 제곱에 반비례한다. 지구와 달 사이의 인력은 두 물체를 서로 당긴다. 또한 지구와 달은 그 둘 사이의 질량중심(center of mass)을 축으로 회전한다. 따라서 지구와 달 사이의 인력은 지구의 회진에 의해서 생겨난 크기는 같고 방향은 반대인 원심력에 의해서 균형을 이룬다. 질량중심에서는 원심력과 인력이 균형을 이루지만, 지구 표면의 어느 곳에서나 원심력의 크기는 일정한데 반해, 달의 인력에 의한 힘은 달과 지구 사이의 거리에 따라 달라지므로, 지구 표면의 위치에 따라 지구에 작용하는 원심력과 달에 의한 인력 사이에 힘의 불균형이 생긴다. 즉, 달 쪽의 해수면에 있는 유체입자는 지구중심의 경우보다 거리가 짧으므로 달의 중력에 의해서 더 강하게 이끌려 해수면이 부풀어오르게 된다. 반면, 달에서 먼 쪽의 표면에서는 원심력이 더 커서 달로부터 멀어지는 힘으로 인해 해양에는 두 개의 큰 융기가 발생한다. 하나는 달에서 가까운 표면에 발생하는 달의 인력에 의한 조석융기(tidal bulge)이고, 다른

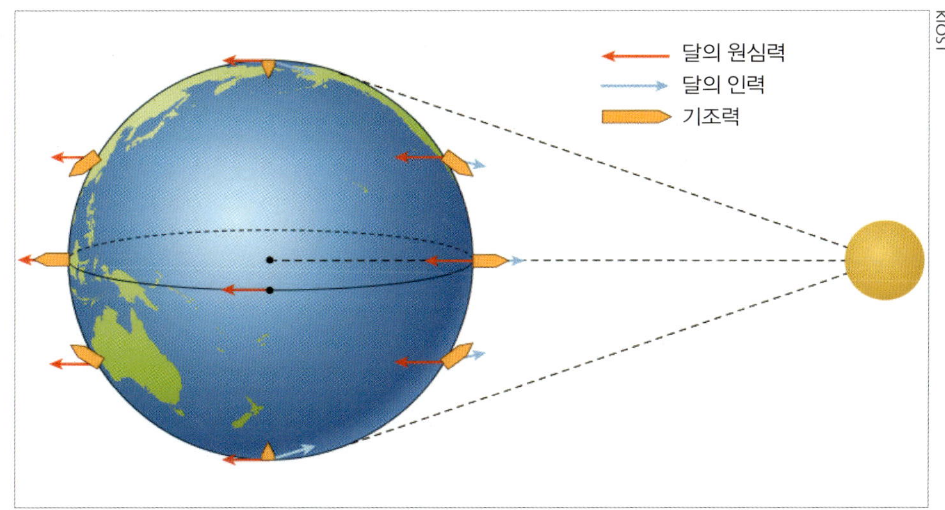

지구표면에 작용하는 원심력은 위치와 상관없이 크기와 작용방향이 같은 반면, 달의 인력은 위치에 따라 크기와 작용 방향이 다르다. 이 차이가 기조력으로 나타난다.

하나는 달의 반대편에 생기는 지구의 원심력에 의한 융기이다. 또한 지구표면의 양 극점에서는 인력과 원심력 방향의 어긋남으로 인해 지구의 중심방향으로 끌린다.

조석에 의한 융기는 계속적으로 달의 방향에 대해 고정되어 있으나, 지구의 자전에 의해 일정한 주기로 반복된다. 달에 가장 가까운 곳과 그 반대쪽에서 해면이 높아지는데, 지구가 하루에 1회 자전하므로 각 관측위치에서는 하루에 2회 만조와 간조가 일어나게 되는 것이다. 달의 영향에 의한 조석을 태음조(太陰潮, lunar tide)라 하며, 24시간 50분의 주기를 갖는다. 달의 공전 때문에 매일 약 50분씩 늦어지게 되는 것이다. 즉, 우리가 볼 수 있는 만조는 매일 50분씩 늦어진다. 달이 지구에 미치는 또 다른 영향은 지구에서 보는 달의 위치가 매월 달라진다는 것이며, 이로 인해 지구표면에서의 조석융기는 달의 위치에 따라서도 차이가 생긴다.

이처럼 천체의 인력이 지구상의 각 지점에서 조금씩 다르기 때문에 발생하는 힘을 기조력이라고 한다. 기조력의 크기는 천체의 질량에 비례하고 거리의 세제곱에 반비례한다. 기조력과 해면의 변형이 정역학적(靜力學的)으로 균형을 이룬다는 가정하에 얻어지는 이론을 평형조석론 또는 정역학적 조석론이라고 한다. 이는 뉴턴이 최초로 제창한 이론이며, 이 이론에 따르면 달에 의한 조석(태음조)의 최대조차는 53.4cm, 태양에 의한 조석, 태양조(太陽潮, solar tide)의 최대조차는 24.6cm이다. 태음조와 태양조가 겹치는 사리의 최대조차라 해도 78cm 정도에 지나지 않는다. 그러나 실제 해양에서는 조차가 10m에 달하는 곳도 드물지 않아 평형조석과는 상당히 다르게 나타난다.

기조력은 달뿐만 아니라 태양에 의해서도 생긴다. 물론 태양은 달에 비해 지구로부터의 거리가 멀지만, 그 거대한 질량으로 인한 중력은 지구에 영향을 미치기 때문이다. 태양은 달에 비해 그 질량이 2,700,000배나 크지만, 그 대신 달은 태양보다 지구

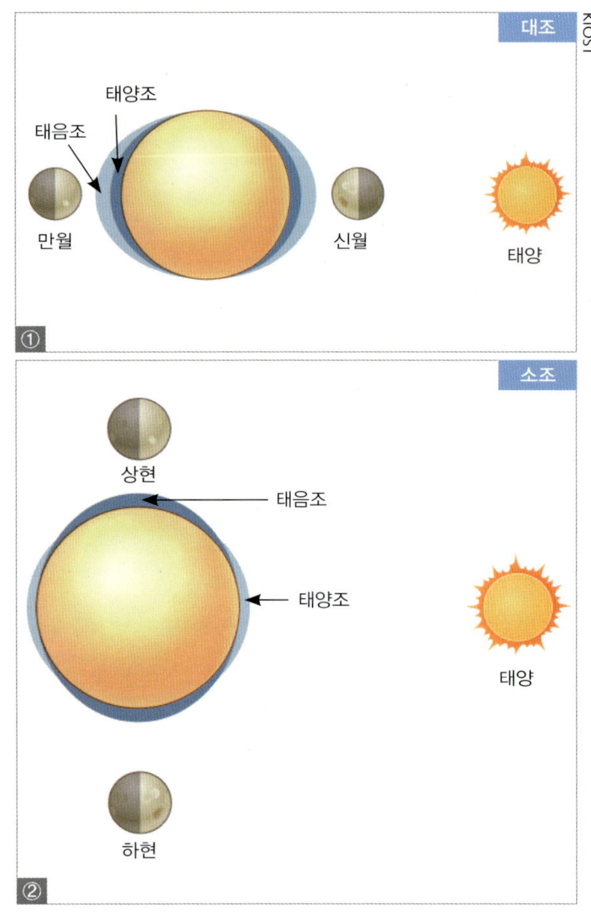

대조와 소조

① 태양, 지구, 달의 상대적 위치에 따라 바닷물 높이가 나타난다. 태양과 달이 일직선상에 위치하는 보름과 그믐에 고조는 높아지고 저조는 낮아져 대조가 된다.
② 태양과 달이 직각을 이루는 상현과 하현 때 고조는 낮아지고 저조는 높아져 소조가 된다.

에 387배 가깝다. 태양은 달보다 훨씬 큰 질량을 가지고 있으나 거리가 멀기 때문에 그 기조력은 달의 절반 정도(약 46%)이다. 태양에 의해 발생하는 조석을 태양조라 한다.

실제 바다에 나타나는 조석은 달과 태양 모두의 영향을 동시에 받는다. 지구, 달, 태양이 일직선상에 위치할 때, 기조력은 강화되어 조차가 큰 대조가 된다. 반면 달, 지구, 태양이 서로 직각의 형태를 이루고 있을 때는 태양에 의한 기조력이 오히려 달에 의한 기조력을 감소시켜 조차가 작은 소조가 된다. 대조는 보름과 그믐 때 나타나며, 소조는 상현과 하현 때 나타난다. 태양의 주위를 도는 지구의 공전궤도와 지구의 주위를 도는 달의 공전궤도는 완벽한 원이 아니다. 그러므로 다른 때에 비해 달과 태양이 동시에 지구에 가깝게 접근하는 시기가 있으며, 이로 인해 큰 대조가 발생하기도 한다.

기조력의 작용으로 발생한 해수위의 변동은 조석파(潮汐波, 또는 조랑(潮浪)이라고도 함)라 하는 파의 형태로 전파된다. 그러나 복합적인 요인들이 조석파의 진행에 영향을 미친다. 즉, 해륙분포나 해저지형의 영향을 받아 굴절, 반사되거나 마찰에 따른 에너지 감쇄 등으로 변형된다. 이 때문에 조석파가 도달하는 지역마다 다른 형태의 조석을 만들며, 어떤 지역에서는 조석현상이 나타나지 않는 곳도 있다. 조석파의 크기나 형태에 가장 큰 영향을 미치는 요소는 그 지역의 연안 지형이다. 조석파는 그 파장(wave length)이 수천~수만 km에 이르는 천해파(淺海波, shallow water wave)이므로, 해저면과의 마찰은 조석파의 형태에 매우 중요한 역할을 한다. 어떤 특정장소에서의 조석의 형태는 일조부등(日潮不等, diurnal inequality)의 정도에 따라 크게 달라지는데, 멕시코만이나 마닐라만 등지에서는 일조부등이 뚜렷하여, 간만이 하루에 1회밖에 발생하지 않는다. 조석은 지역에 따라 하루에 두 번씩 만조와 간조가 일어나는 반일주조 형태나, 하루에 한 번씩의 만조와 간조가 나타나는 일주조(日周潮, diurnal tides)의 형태로 발생하게 된다. 지역에 따라서는 이들이 혼합된 형태의 혼합조(混合潮, mixed tides)가 나타나기도 한다.

조차는 해륙의 배치 형태 및 해저지형에 따라 달라지며, 지역에 따라 큰 편차를 보인다. 캐나다 남동부의 펀디 만(Fundy Bay)은 조차가 크기로 유명하며, 최대 16.2m의 조차가 발생하기도 한다. 영국 서안, 프랑스 북서안, 마젤란 해협, 그리고 우리 나라의 서해안 등지도 조차가 크기로 유명하다. 또한 한강과 같이 바다에 유입되는 하천에서도 조석현상이 나타나며 이를 감조하천(感潮河川)이라 부른다. 하천에서의 조석은 하상(河床)이 바다의 평균 해수면보다 낮은 강어귀 부근에서 탁월하고 상류에서는 미약하다. 조석파가 바다에서 하천 상류로 진행됨에 따라 강의 흐름이나 마찰 등으로 차츰 변형되어 밀물이 단시간에 이루어지는데, 극단적인 경우에는 밀물의 전면이 급경사를 이루어 무너지면서 진행된다. 이와 같이 고조 시에 하구(河口)에서 내륙으로 갑작스럽게 밀려오는 큰 밀물을 해소(海嘯, tidal bore)라고 하며, 브라질의 아마존 강, 영국의 세븐 강(Severn River), 그리고 중국의 첸탕강(錢唐江) 등지에서 볼 수 있다.

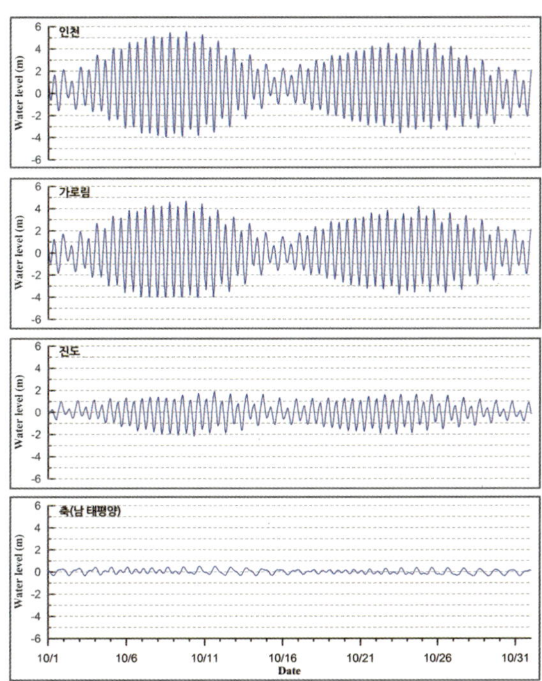

조석은 위치에 따라 다르게 나타난다.

인천, 가로림, 진도 및 열대 해역(미크로네시아 축 주)의 1개월간 해수면 변화 관측기록자료를 보면 위치에 따라 조석의 크기와 형태가 다름을 알 수 있다.

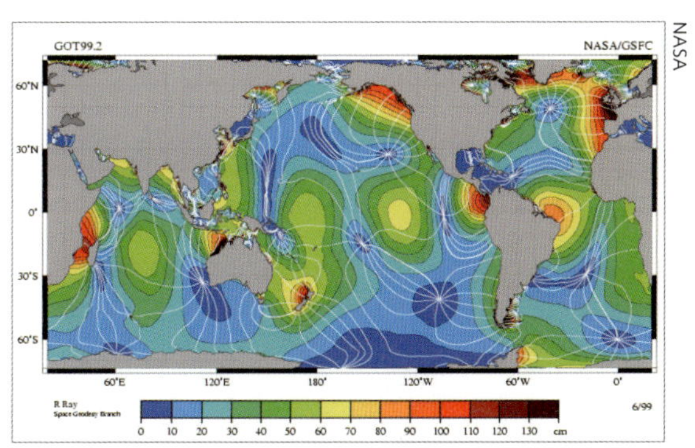

NASA

미국 항공우주국(NASA)에서 공개한 주태음 반일주조(달의 영향으로 나타나는 12시간 25분 주기의 조석 성분기호 'M_2'으로 표시)의 크기와 조석이 나타나는 시간을 알 수 있는 자료이다.

붉은색으로 나타나는 곳이 조차가 크다. 그림내의 흰색선은 조석이 동시에 나타나는 선으로 1시간 간격으로 표시되어 있다. 우리나라 서해안은 흰색선으로 인하여 잘 보이지 않으나, 자세히 보면 붉은색이 보인다.

● 조류(潮流)

조석파는 조석이라는 규칙적인 해수면의 승강운동과 동시에 같은 주기로 변화하는 물입자의 수평운동을 일으킨다. 이 물입자의 수평운동을 쿠릴해류, 쿠로시오 등의 해류와 구분 지어 조석현상으로부터 비롯된 흐름이라는 뜻에서 조류라 한다. 조석파는 해양에서 파장과 주기가 가장 긴 전형적인 천해파이다. 풍파나 너울(swell)과는 달리, 조석파에 수반되는 물입자의 운동은 거의 수평운동으로서 물입자의 이동거리가 상당히 길다. 그러나 해류와 달라서 한쪽 방향으로만 거의 일정한 속도로 흘러가는 것

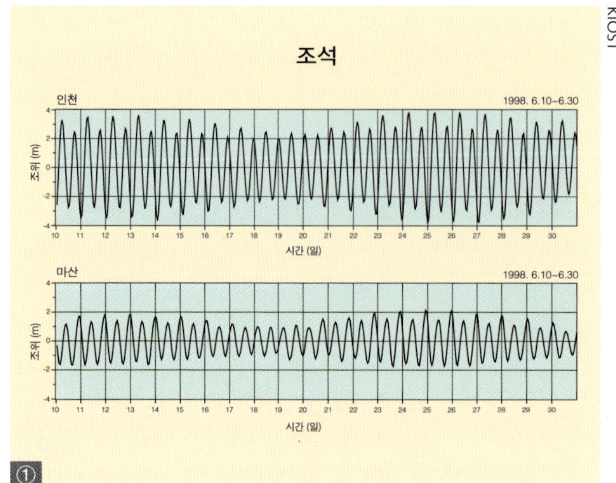

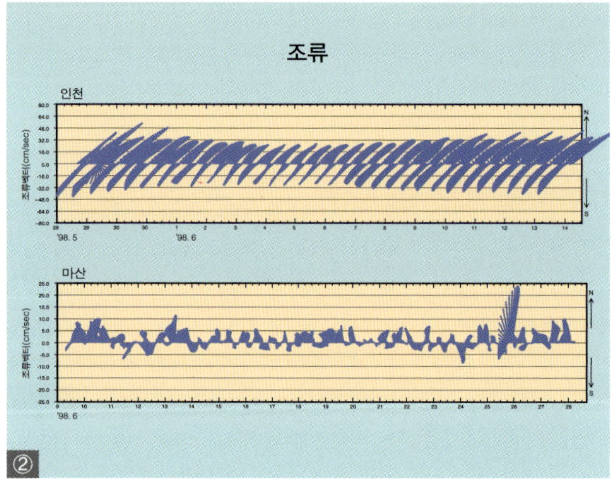

KIOST

인천과 마산의 조석과 조류

① 인천과 마산에서 관측된 조석. 대조와 소조의 주기적 변동을 뚜렷이 볼 수 있으며, 인천의 조석이 마산의 조석보다 훨씬 큰 것을 알 수 있다.

② 인천과 마산에서 관측된 조류. 마산보다 조석이 큰 인천의 유속이 더 빠르며 왕복성도 뚜렷하게 나타난다. 마산의 조류는 흐름도 느리고, 왕복성 흐름이 아닌 부채꼴로 흐름의 방향이 나타나기도 한다.

은 아니며, 같은 장소에서도 시시각각 속도가 변하기도 하고 시간에 따라 반대방향으로 흐르기도 한다. 물입자의 이동거리는 장소에 따라 달라 수km 혹은 그 이상이 되기도 하며, 유향과 유속은 주기적으로 변한다.

조류는 해수면에서 해저면까지의 전 수심에 걸쳐 해수가 거의 같은 속도로 흐른다. 이것은 강한 조류가 흐르고 있는 해협이나 수로의 해저에 퇴적물이 침적되지 않고 암반이 노출되는 현상에서 알 수 있다. 불규칙한 해안이나 해저지형에 대해 조류가 조석보다 훨씬 민감하게 반응하기 때문에 조류의 변화는 조석의 변화보다 복잡하게 나타난다. 해안 지형이나 해저지형으로 제한되어 물입자가 한 방향의 운동밖에 허용되지 않는 해협이나 수로에서 조류는 반(半) 조석주기의 사이에는 한 방향으로, 다음의 반(半) 조석주기에는 반대방향으로 흘러 거의 정해진 범위를 왕복운동한다. 이와 같은 조류를 왕복조류(往復潮流, reversing current)라 한다. 그러나 조류는 해협이나 수로의 어느 부분에서나 똑같이 흐르는 것은 아니고 중요한 유로(流路)가 정해져 있어서 중앙 부분에서는 빠르지만, 가장자리에서는 약하거나 혹은 반대방향으로 흐르기도 한다. 해안선이나 해안 지형의 영향이 작은 넓은 만(灣)이나 외해에서는 편향력이 작용하여 1조석주기 사이에 유향이 연속적으로 360° 변화한다. 이러한 형태의 조류를 회전조류(回轉潮流, rotary current)라 한다. 조석과 조류는 조석파에 수반되는 두 가지 현상이기 때문에 그 변화의 주기는 같다. 저조에서 고조로 수위가 높아짐에 따라 외해(外海)에서 해안 쪽으로 밀려들어오는 흐름을 들물(flood current) 또는 밀물이라 하며, 반대로 고조에서 저조로 수위가 낮아짐에 따라 해안에서 외해 방향으로 빠져 나가는 흐름은 날물(ebb current) 또는 썰물이라 한다. 또 밀물과 썰물 사이 수평방향의 유속이 0인 상태를 정조(停潮, slack water)라 한다.

● 파랑

바다의 파랑은 대기-해양의 상호작용, 또는 해저지각의 운동으로 일어난다. 기압 배치가 고정되어 장시간 같은 방향으로 계속 바람이 불게 되면 폭풍해일이 발생하며, 지진 등에 의한 해저지각의 운동에 의해서 발생한 파를 쓰나미(tsunami)라 한다. 우리가 바다에서 흔히 볼 수 있는 것은 바람의 영향으로 발달한 파랑이며, 풍파라 한다. 이 풍파가 연안역 해수운동에 매우 중요한 역할을 차지한다.

거울처럼 잔잔한 해수면 위로 '1m/초' 이하의 미풍이 불면 해수면은 곧 파장이 약 2cm 이하인 잔물결로 출렁거리게 된다. 이와 같은 잔물결의 경우 수면의 곡률이 크고, 표면적이 증가하기 때문에 표면장력이 중요한 복원력으로 작용한다. 이런 파를 표면장력파(capillary wave)라 하며, 잔물결이라도 이론적으로는 풍속이 '69.5cm/초' 이상인 바람이 불어야 일어난다. 이러한 잔물결은 둥근 파봉(wave crest)과 V자형 파곡(trough)을 갖는 파형을 보이며 규칙적으로 배열된다. 잔물결로 생긴 해수면의 작은 요철은 바람에서 에너지를 받는데 큰 역할을 한다. 풍속이 점점 커지면 파장이 길어지며 해면의 곡률이 점점 작아지기 때문에 표면장력의 역할이 감소되고 중력이 중요한 복원력이 된다. 이런 파를 중력파(gravity wave)라 하며, 뾰족한 파봉과 편평한 파곡의 파형을 갖는 것이 특징이다. 잔물결은 바람이 그치면 바로 없어지지만 중력파는 바람이 멈추어도 전파해간다. 이는 바람으로부터 상당한 에너지를 전달받아 자체에 에너지를 가지고 있기 때문이다. 보통 바다에서 우리들이 보는 파는 거의 대부분이 중력파다. 일반적으로 파장은 파를 구분하는 직접적인 지표가 된다. 보통 파랑이라 하는 풍파의 파장은 60~150m 정도이며, 쓰나미의 파장은 약 200km, 조석파의 경우 수천km에 이른다.

바람은 해상 어느 곳에서든지 항상 불게 마련이다. 바람에서 에너지를 받아 생성, 발달된 파랑은 해안을 향해 긴 거리를 전파해온다. 파랑의 크기는 얼마나 강한 바람(풍속)이 얼마나 오래(지속시간), 또 얼마나 넓은 영역에 걸쳐(취송거리) 부는가에 따라 결정된다. 즉, 작은 호수 위에서는 강한 바람이 오랫동안 불어도 파랑은 일정한 크기 이상 커지지 않는다.

해저단층으로 생긴 쓰나미 ①
중력에 의한 파의 운동 ②

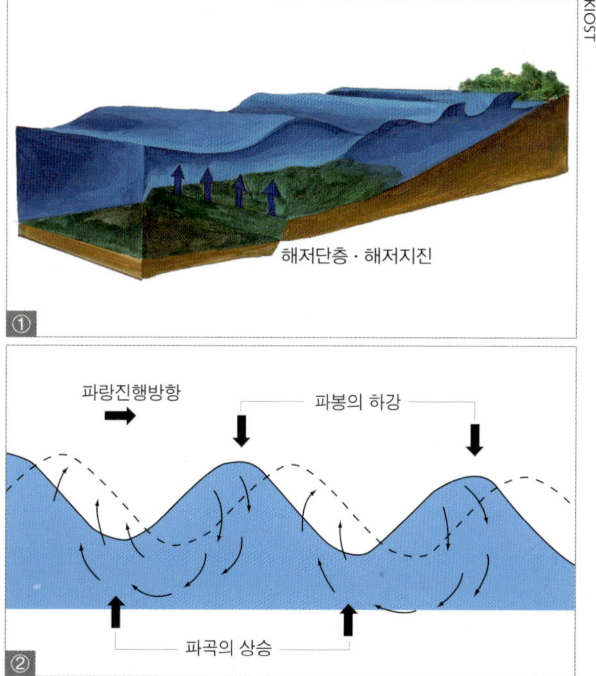

파랑의 변형으로
구분한 연안역

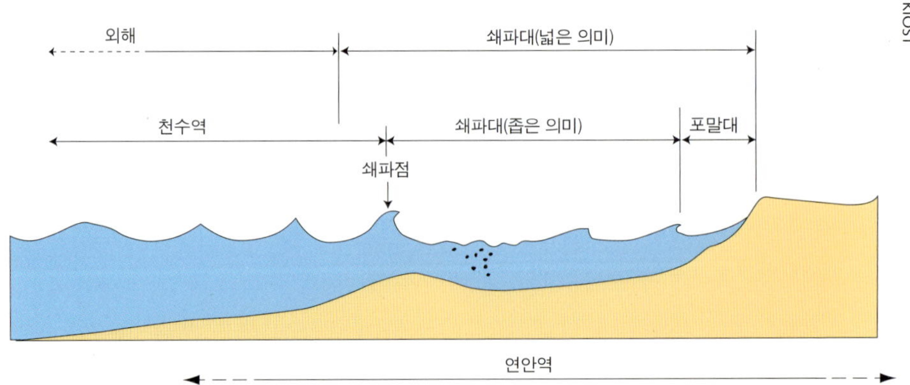

그러나 먼 바다에서 며칠 동안 수백 내지 수천km에 걸쳐 부는 태풍으로 생긴 폭풍파는 큰 배를 삼킬 정도로 커지기도 한다. 자연상태의 파랑은 그 크기, 주기와 방향에 있어 아주 불규칙한 3차원적 성질을 갖는다. 풍역에서 발달된 파랑은 대양을 횡단하여 전파되며, 이때 모든 방향으로 분산되나 에너지 손실은 거의 없다. 파랑이 해안에 접근함에 따라 거의 일정한 주기와 긴 파봉선을 갖는 너울로 바뀌게 된다. 해안 가까이에 이르러 수심이 얕아지면 해저면의 영향을 받아 변형된다. 이는 파랑이 해저면에 영향을 준다는 것을 의미하기도 하며, 이 지역부터가 천수역(shoaling zone)이 된다. 파랑이 점점 해안선에 접근함에 따라 수심은 더욱 낮아지고 파고(波高, wave height)가 수심과 거의 같게 되면 파랑은 그 고유의 형태를 잃고 깨진다. 이를 쇄파(碎波,

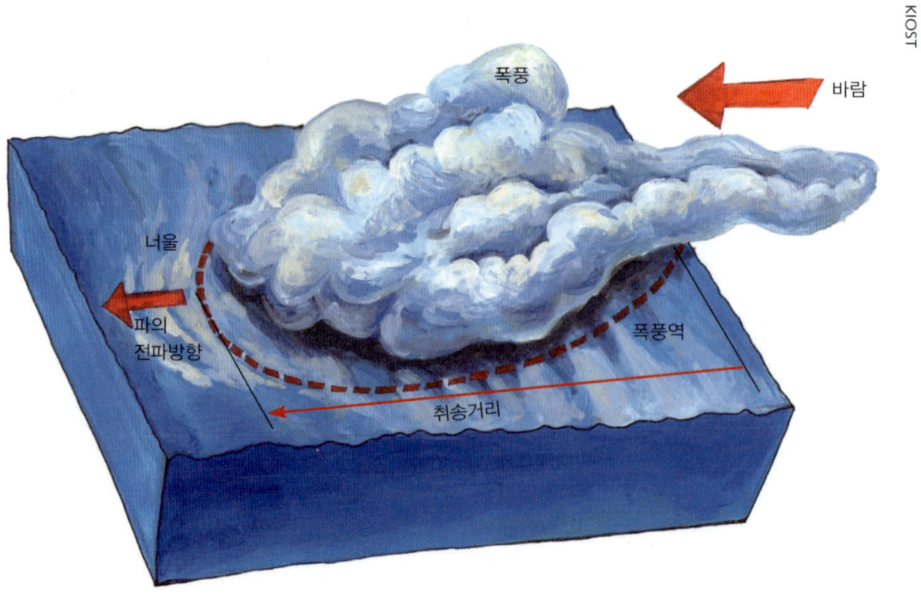

바다 위에 바람이 불면 파랑이 생성되며 파랑의 크기는 풍속, 취송거리, 그리고 지속시간에 비례하여 커진다.

파랑이 전파되어 풍역을 벗어나도 파랑은 '너울'이라는 자유파의 형태로 계속 전파되며, 이 너울은 바람으로부터 받은 에너지를 그대로 보유하고 있다. 폭풍이 불면 큰 풍파에 앞서 너울이 연안역에 나타나게 된다.

wave breaking)라 하며 이 현상이 일어나는 곳을 쇄파점(breaking point)이라 하고, 이 곳이 천수역과 쇄파대(surf zone)의 경계가 된다. 보통 파랑열(wave train)의 쇄파점은 하나의 점으로 나타낼 수는 없으며 일정한 범위를 이룬다. 이는 입사파랑이 일정하지 않으며, 해빈(shore 또는 beach)에서 생긴 반사파의 영향으로 개개의 입사파랑마다 계속 쇄파점의 위치가 변하기 때문이다. 파랑이 깨지면 파랑은 쇄파대에서 아주 강하고 매우 복잡한 흐름을 발달시킨다. 이곳에서 파랑에너지의 대부분이 감쇄되는데, 많은 양의 해저퇴적물 이동이 이 쇄파대에서 나타나게 되며, 그 결과 적지 않은 해저와 해안의 지형변화가 일어나게 된다. 이러한 현상이 지나가면 파도가 올라올 때는 물에 잠기나 파도가 물러가면 드러나는 지역이 나타나는데 이를 포말대(泡沫帶, run-up zone 또는 swash zone)라 한다. 이곳에서 파랑이 소멸되어 그 일생을 마치게 된다.

우리가 육안으로 볼 수 있는 표면파들은 고유한 성질을 가지고 있으며, 보통 주기, 파장, 파고와 파속(wave velocity 또는 wave celerity)으로 그 특성을 나타낼 수 있다. 주기(wave period)는 일정한 지점을 연속한 두개의 파봉 또는 파곡이 통과하는 데 걸리는 시간을 말하며, 파장은 파봉(또는 파곡) 사이의 거리를 뜻한다. 파고는 연속된 파봉과 파곡 사이의 수직거리이며, 파속은 파의 전파속도를 말한다. 보통 파랑은 물입자가 이동하는 것이라고 생각하는 경우가 많다. 그러나 파도가 치는 바다 위에 떠 있는 갈매기를 보면 수평 방향으로는 움직이지 않고 상하로만 움직이고 있음을 알 수 있다. 즉, 파랑은 물입자의 궤도운동이며, 에너지만 수송할 뿐이다. 수심에 따라 파랑 특성은 많이 달라지는데 이는 파장이 수심의 직접적인 영향을 받기 때문이다. 파랑은 파장과 수심의 관계에 따라 심해파(深海波, deep water wave), 천해파, 그리고 심해파에서 천해파로 가는 도중의 중간 성격인 중간수심파(transitional wave)로 나눈다. 심해파는 수심이 파장의 1/2 이상인 경우의 파랑을 말하며, 물입자는 수심에 따라 점차 작아지는 원운동을 하게 된다. 심해파의 파장과 파속은 수심과는 무관하며 파랑의 주기와 관계가 있다. 따라서 심해파의 경우 파장, 파속 또는 주기 중 하나만 알면 나머지 두 가지의 파랑특성계수를 알 수 있다. 이에 반해 천해파는 파장이 수심의 20배 이상인 경우의 파랑을 말한다. 따라서 파장이 수천km에 이르는 조석파나 쓰나미의 경우는 깊은 바다를 지나더라도 천해파가 된다. 천해파의 파속은 파장과 주기와는 무관하고 수심에 따라서 변한다. 수심이 깊을수록 파속은 더 빨라진다. 천해파의 경우, 물입자는 타원운동을 한다. 타원형의 단축(短軸)의 반경은 표면에서는 파랑의 진폭(파고의 1/2)과 같고, 깊이에 따라 직선형으로 감소하여 해저면에서는 0이 되며, 수평운동만 하게 된다. 반면, 장축 반경은 수심, 파장 그리고 진폭의 함수이지만 깊이에 따라서는 변하지 않는다.

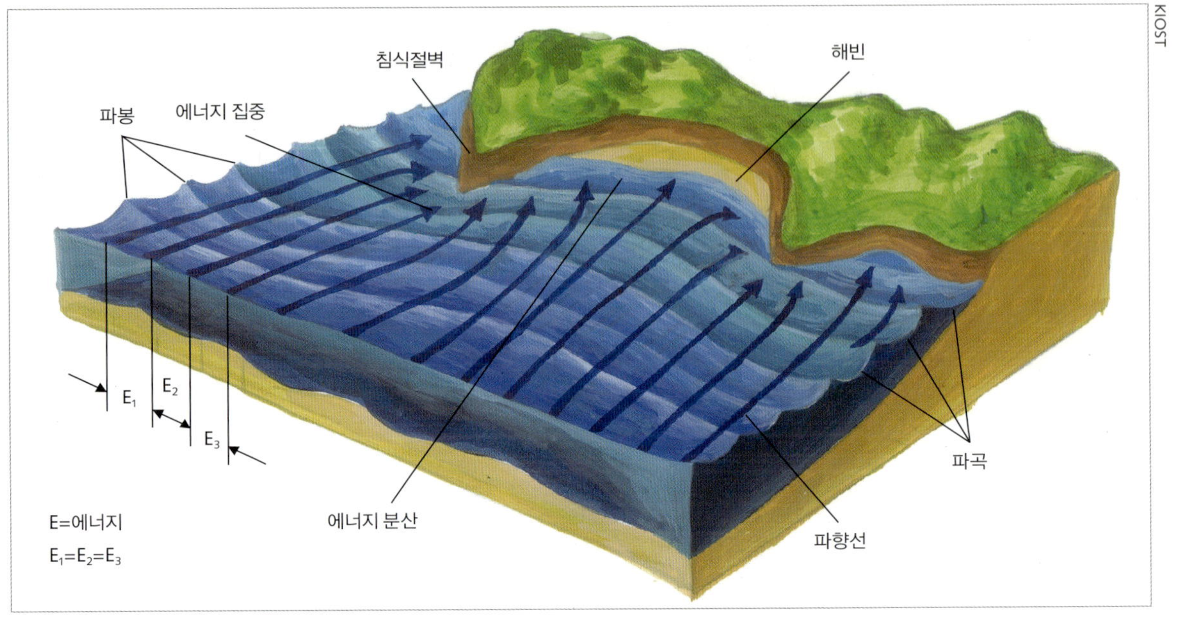

파랑의 굴절

● 파랑의 전파와 변형

바람으로 생긴 파랑은 크고 작은 파들이 모여서 불규칙한 형태를 이루며, 이 불규칙한 파랑은 바람으로부터 에너지를 받아 파장과 파고가 성장하게 되고, 점차 비슷한 파장과 파고를 가진 파들끼리 군파(群波)를 이루게 된다. 이것이 외해에서 흔히 볼 수 있는 너울이다. 너울은 먼 바다에서는 파장이 길고 파속도 빠르나, 점차 해안에 가까이 오면 수심의 변화에 따라 파장이 짧아지고 파속도 감소한다. 천해역에서 파랑변형의 두드러진 특징은 파랑의 굴절과 천수변형이다. 파랑의 굴절은 수심, 흐름과 주기의 함수인 파속 변화의 결과로서 나타난다. 보통 파도가 해안에 다가오면 긴 파봉선을 갖게 되며, 그 파봉선이 동시에 해저면의 영향을 받는 것은 아니다. 파봉선 어느 한 부분이 먼저 해저면의 영향을 받게 되면 그 부분의 파속은 느려지고, 파장은 줄어들며, 파고는 높아지게 된다. 이에 따라 파봉선은 서서히 전파방향을 바꾸어 등수심선과 평행하게 되려는 경향을 보인다. 이것이 파랑의 굴절현상(refraction)으로, 이는 볼록렌즈를 통과한 빛이 모이는 것과 같이 서로 다른 매질을 통과할 때 빛이 굴절되는 이치로 설명할 수 있다. 천수현상은 파랑에너지 전파속도의 변화에 따른 것으로, 수심이 얕을수록 속도는 느려진다. 파고는 파랑에너지의 제곱근에 비례하므로 파랑이 천해역에 전파해오면 에너지가 보존되는 동안 파고는 증가하게 된다. 파랑의 굴절현상으로 파랑이 곶(해안선의 돌출부)과 같이 수심이 낮은 해저지형에 접근할 때 파도는 곶으로 수렴된다. 이러한 수렴은 이에 동반되는 증가된 파고와 함께 파랑의 에너지를 곶에 집중시키고, 따라서 이 지역에서 침식현상이 일어난다. 반대로 만에 접근하는 파랑은 에너지가 분산된다. 이러한 과정을 통해 파랑은 복잡한 해안을 보다 부드럽게 만들어 준다.

파랑이 전파되면서 섬이나 방파제 등 장애물을 만나게 되면 진행방향이 바뀌며 섬 또는 방파제 뒤쪽의 상대적으로 잔잔한 지역으로도 전파된다. 이것이 파랑에너지가 큰 쪽에서 작은 쪽으로 이동하는 파랑의 회절현상(wave diffraction)이다. 이는 바늘 구멍을 통과한 빛이 뒤쪽에 설치된 스크린의 중심으로부터 바깥쪽으로 점점 희미해지며 넓은 범위에 비추는 것과 같은 이치로 설명할 수 있다. 방파제에 의해 반사된 파랑도 회절되어 항입구 및 항내에도 영향을 미치게 된다. 돌제, 이안제 등 연안구조물이 설치된 배후 지역은 해안선까지 수심의 변화도 있으므로 파랑의 굴절과 회절현상이 동시에 나타나기도 한다. 또한 진행중인 파랑이 방파제와 같은 벽에 부딪히게 되면, 벽에 다다른 물입자는 더 이상 궤도운동을 하지 못한다. 벽면의 파도는 오직 벽면을 따라 수평방향으로만 운동하게 되는데, 이는 파랑의 반사 때문이다. 즉, 시계방향의 원운동을 하는 물입자는 반사되는 파의 반(反)시계방향의 물입자 운동에 의해 상쇄된다. 고정된 불투과성 벽면은 진행파의 에너지를 그대로 반사하게 되며, 파가 방파제를 뚫고 지나가지 못하므로 파의 모든 에너지가 방파제에 작용하게 되는데, 이때 방파제에 가해지는 파의 에너지를 줄이기 위해 방파제에 작은 구멍을 만들기도 한다. 이렇게 하면 밀려오는 파 에너지의 대부분이 반사되기보다는 흡수되고, 방파제의 구멍을 통과하며 그 에너지를 잃은 파는 방파제의 아래로 흐르게 된다.

파랑이 점차 수심이 낮은 해역으로 들어오면 결국 물입자의 속도가 파속보다 빨라지게 되어 파랑으로서의 형태와 특성을 잃는 쇄파가 일어난다. 쇄파된 파랑은 해안선쪽으로 전진하며 대부분의 에너지를 잃고 그 일생을 마감하게 된다. 쇄파는 파형경사(파고/파장), 해빈경사에 따라 각기 다른 형태로 나타나며, 권파(卷波, plunging breaker), 붕괴파(崩壞波, spilling breaker), 쇄기파(碎寄波, surging breaker)의 세 가지 형태로 구분할 수 있다. 권파는 주로 해변의 경사가 급한 경우에 일어나며, 붕괴파는 파형경사가 큰 파랑이 완만한 경사의 해빈에 들어오는 경우, 그리고 쇄기파는 파형경사가 작은 파랑이 경사가 급한 해빈에 전파해 오는 경우에 나타난다.

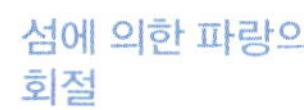
섬에 의한 파랑의 회절

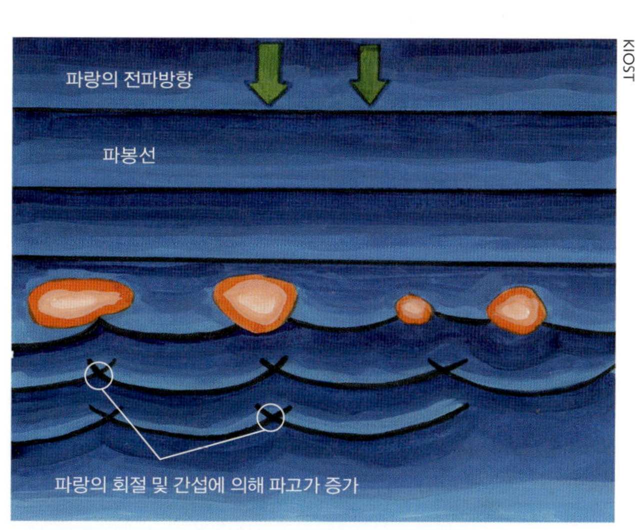

해안선의 변화

연안역은 강하고 복잡한 해수운동이 일어나는 곳으로, 이에 따른 해저퇴적물의 이동과 그 결과로 지형 변화가 육지와 바다 중 가장 역동적으로 나타나는 곳이기도 하다.

이광수 · 박진순 한국해양과학기술원

해변에 나가 물의 흐름에 따라 백사장의 모래가 이동하는 것을 관찰해 보면 잔잔한 날에도 해안선에서는 찰랑거리는 작은 물결에 따라서 모래가 끊임없이 움직이고 있음을 알 수 있다. 폭풍이 닥쳐오면 바닷가의 모래는 큰 파도의 거센 물결에 쓸려 바다 속으로 흘러 내려간다. 폭풍이 클 때는 백사장 뒤의 모래언덕까지 깎여 나간다.쓸려 내려간 모래는 해안 가까이 적당한 깊이의 바다 속에 쌓여 수중보(水中洑, 작은 댐을 '보'라고 한다)와 같은 모래언덕을 만들게 된다. 이 모래언덕은 파도를 약하게 만드는 역할을 한다. 폭풍이 지나간 후에는 잔잔한 물결이 물속에 쌓였던 모래를 서서히 해변으로 돌려 보내준다. 또한 바닷바람은 모래의 일부를 모래언덕까지 올려 보내기도

모래와 암반이 어우러져 절경을 이루는 자연해빈

명정구

한다. 해안가 모래는 이렇게 바다 속과 백사장 사이를 순환하게 된다. 폭풍이 잦은 겨울철과 잔잔한 여름철의 백사장 모양이 다른 것은 이와 같은 이유에서 비롯된 것이다. 이러한 현상은 백사장에서만 나타나는 것은 아니다. 넓은 갯벌도 일견 보기에는 변화가 없는 것처럼 보이나, 해양환경변화에 따라 침식과 퇴적이 반복되면서 지형적 변화가 나타난다. 계절에 따른 변화는 있더라도 연간 해안선의 전진과 후퇴가 일정하게 나타난다면 이는 평형상태에 있는 안정된 해안이라 할 수 있다. 이와 같이 연안역은 강하고 복잡한 해수운동이 일어나는 곳으로, 이에 따른 해저퇴적물의 이동과 그 결과로 지형 변화가 육지와 바다 중 가장 역동적으로 나타나는 곳이기도 하다.

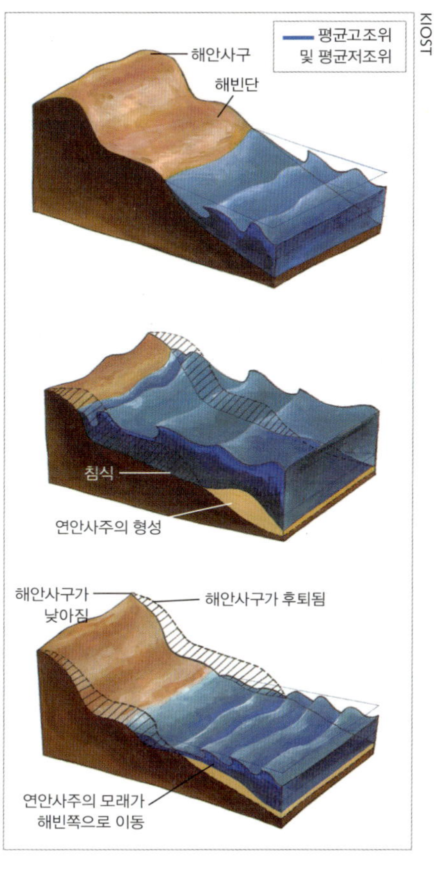

바다가 비교적 잔잔한 여름철 해빈 ①
폭풍이 잦은 겨울철 해빈 ②
폭풍이 지나고 바다가 잔잔해지면 연안사주의 모래는 다시 해빈쪽으로 이동하여 여름철 해빈의 모습으로 돌아간다. ③

● 해안선 · 해안 · 연안

해안선(shoreline)은 바다(sea)와 육지(land)의 경계선을 말하며, 그 형상과 위치는 조석 또는 파랑에 의한 해수면 변화에 따라 시간적 공간적으로 끊임없이 변한다. 보통 지도에 그려진 해안선, 즉 법률적으로 정의되는 해안선은 해수면이 약최고고조면(Approximate Highest High Water, 일정기간 조석을 관측한 결과 가장 높은 해수면)에 이르렀을 때의 바다와 육지의 경계로 표시한다. 이는 보통 해변에 나가 보게 되는 바다와 육지의 경계선보다 상당히 위쪽에 형성된다.

해안과 연안은 해양과학이나 연안공학에서는 또 다른 의미로 쓰인다. 좁은 의미의 '연안(coast)'은 바닷가 즉, 해안선에 인접한 육지를 말하며, '해안(shore)'은 해안선을 중심으로 인접한 육지와 바다를 통칭하는 좀 더 넓은 의미로 사용된다.

해안은 크게 인공해안과 자연해안으로 구분되며, 인위적으로 조성된 시설이나 도로 등의 구조물 없이 자연상태의 해안선이 유지되고 있는 해안을 자연해안이라 한다. 해안은 그 퇴적물의 구성요소에 따라 암반해안(rocky coast), 모래해안과 점성 미세퇴적물 해안(cohesive sediment coast, muddy coast)으로 구분된다. 암반해안은 특별한 경우를 제외하면 변하지 않는다. 반면 모래해안 또는 해빈은 물의 흐름에 따라 쉽게 변형된다. 모래해빈의 해안선의 위치는 파랑의 작용으로 전진과 후퇴를 반복하며 끊임없이 변한다. 하구 또는 만 등, 파랑의 직접적 영향이 적은 곳에 발달하는

자연해빈의 구분

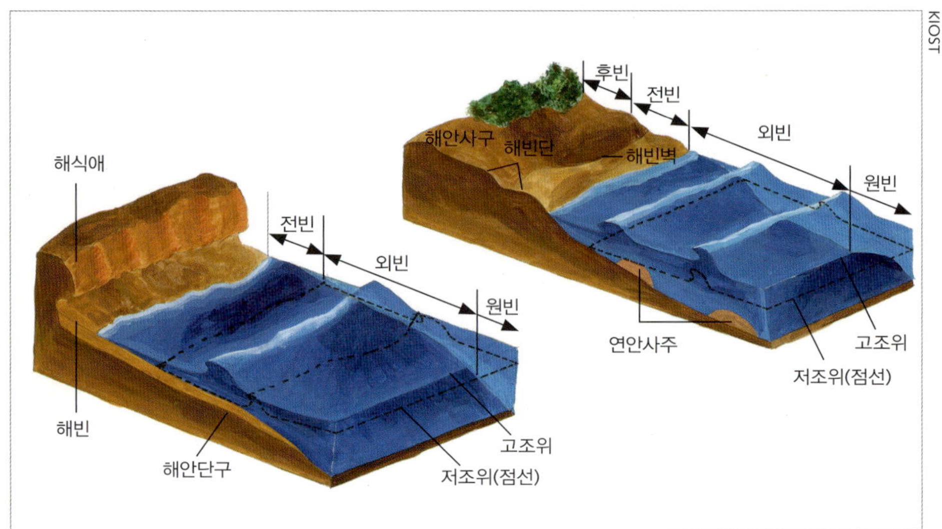

우리나라 국내법에서 정의하는 바다와 바닷가

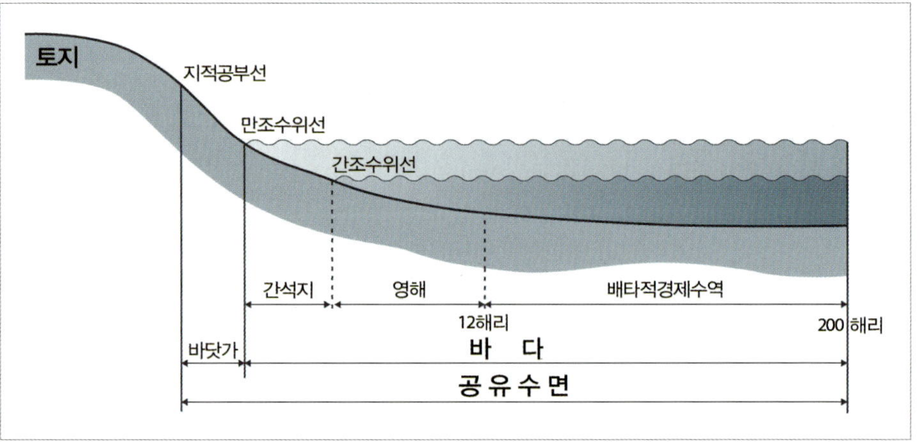

점성미세퇴적물 해안의 경우 입자 간의 전기 화학적 상호작용을 포함하는 좀더 복잡한 양상을 띠게 된다.

해인선에서 외해 쪽으로 모래 또는 사갈이 분포된 부분을 말할 때는 해빈이라는 용어를 사용하며, 조석과 파랑조건에 따라 여러 구간으로 구분하기도 한다. 쇄파대의 외해측 한계선에서 대륙붕으로 연장되는 부분으로 해저구배가 상당히 완만한 지역을 원빈(遠濱, offshore)이라 하고, 원빈에서 간조정선까지의 구간을 외빈(外濱, inshore 또는 nearshore)이라 한다. 이곳에 연안사주(沿岸砂洲, longshore bar)가 형성되기도 한다. 간조정선에서 파랑의 쳐올림(uprush)의 상한선까지의 경사진 부분을 전빈(前濱, forshore)으로, 이곳에서 해안선까지를 후빈(後濱, backshore)으로 구분한다. 후빈은 일명 경빈이라고도 하는데, 흔히 우리가 이용하는 해수욕장 해변(海邊)은 이 경빈을 일컫는 것이다.

● 해안선의 시간적 변화

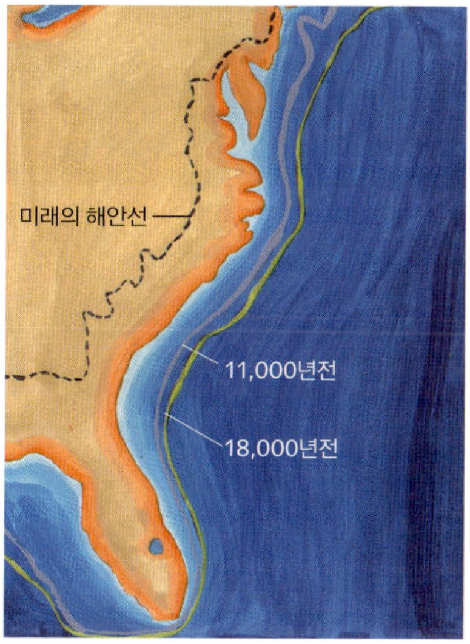

바다는 육지에서 침식 운반된 퇴적물을 끊임없이 받아들이며, 오랜 기간에 걸쳐 퇴적물이 쌓이게 된다. 해저퇴적물이동은 해빈과 쇄파대에서 가장 크게 일어난다. 이 지역에서 파랑이 깨지며 해저면에 영향을 주어 퇴적물을 부유시키고, 퇴적물 입자는 수초 동안 물에 뜨게 된다. 이때, 파랑류(波浪流, wave-induced current)나 조류는 퇴적물을 해안선에 평행한 방향으로 또는 해안선에 수직한 방향으로 운반한다. 세립질 퇴적물, 즉 실트(silt)와 점토(clay) 같이 입자가 작은 퇴적물은 오랫동안 떠 있다가 대륙붕을 지나 더 깊은 해저에 도달되기도 한다. 이와 같이 해저퇴적물의 분포는 파랑 또는 흐름 등의 외력의 특성을 반영하게 되는데, 이를 외력에 의한 해저퇴적물의 체분류 작용이라 한다.

미국 동부 해안선의 장기 변화

해안선의 변화를 시간개념에서 보면 수만 년 단위의 지질학적 시간에서 10초 내외인 풍파의 주기에 해당하는 시간의 범위 안에 있다. 공간적으로는 대륙의 크기에서 모래 물결(sand ripple)의 파장에 해당하는 작은 크기의 범위가 해당된다. 지질학적 시간개념으로 보면 해안선 위치의 변화는 지구의 지각변화와 장기 기후변화에 따른 해수면 변화에 지배된다. 지난 15,000년간 해수면이 약 120m 정도 상승한 것으로 추정되며 현재에도 꾸준히 상승하고 있다. 이는 다음 빙하기에 반대의 경향이 나타나기까지 계속될 것이다. 주민이나 연안공학 측면에서의 주요 관심사항은 파랑이나 흐름 같은 외력에 따라 짧은 시간에 일어나는 변화다. 이러한 짧은 시간은 인간의 수명 또는 연안역 인공구조물의 내구연한 같은 상당히 긴 시간이나 태풍, 폭풍 등과 같은 짧은 시간에 해당된다고 할 수 있다.

한편, 지구상의 빙하가 모두 녹으면 해수면이 70m정도 상승할 것으로 추정된다. 지구 온난화현상으로 세계 곳곳의 빙하가 녹는 가운데 21세기말 해수면 상승 최대 예상치는 99cm이다. 해수면이 지금보다 이처럼 높아지면 바닷가 도시에 엄청난 피해가 올 수도 있다.

● 해저퇴적물의 이동

해빈을 구성하고 있는 모래나 자갈 같은 해저퇴적물은 대부분 파랑이나 물의 흐름에 따라 이동 분포되며, 이같은 해저퇴적물의 이동현상 또는 이동되는 퇴적물을 표사(漂砂, littoral drift)라 한다. 바람에 의한 모래의 이동현상 또는 이동되는 모래는 비사

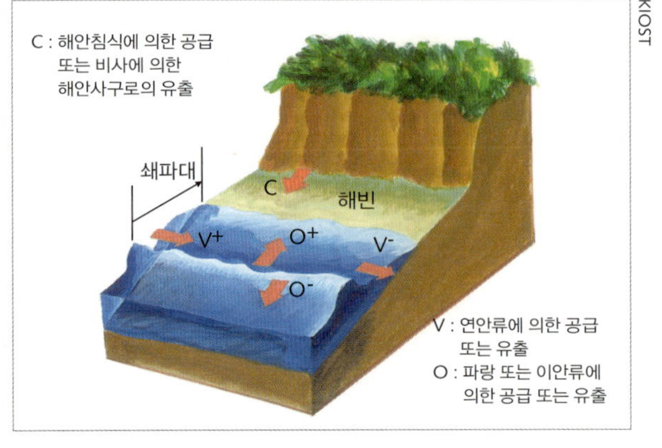

(飛砂, wind-blown snad)라 하며, 표사에 포함시키기도 한다.

해빈변화의 주요인은 표사이동이며 표사이동에 직접 영향을 미치는 요소는 파랑, 조류, 바람 등의 자연외력이다. 이들 중 파랑은 조위변동에 따라 해수가 육상에 도달하는 최고점의 위치와 쇄파대를 결정한다. 또한 조위변동에 따라 해저퇴적물이 침식되기 시작하는 임계위치도 약간씩 달라진다. 따라서 표사이동량을 알기 위해서는 조위변동에 대한 자료가 필요하며, 이 밖에 파랑특성에 따른 쇄파대와 임계점의 위치변화 또한 매우 중요하다.

해빈변형에 영향을 미치는 토사의 이동

해빈에 공급 또는 유출되는 토사량이 균형을 이룰 때 안정된 해빈이 된다.

해빈에서 표사이동은 해안선에 수직한 방향으로 이동하는 표사(cross-shore transport, 또는 onshore/offshore transport)와 해안선에 평행한 방향으로 이동하는 표사(longshore transport)로 대별된다. 표사이동의 연직분포를 고려하면 소류사(bed load, 밑짐) 형태와 부유사(suspended load, 뜬짐) 형태로 구분 지을 수 있다. 소류사 형태의 표사이동은 바닥에서부터 토사입경의 수배 범위 내에서 토사가 이동하는 것을 말하며, 부유사 형태의 표사이동은 소류사 이동의 경계점에서 수면까지 토사가 부유되어 흐름에 따라 이동하는 것을 말한다. 보통 표사이동은 파고가 크더라도 파랑의 작용에 의한 이동량은 크지 않으며, 흐름과 만났을 때 그 흐름의 방향으로 현저하게 나타난다.

연안퇴적물이동에 따른 침식과 퇴적으로 생기는 해빈변형(海濱變形, beach processes)은 파랑의 직접 작용과 파랑에 의해 발생, 순환되는 파랑류의 영향이 지배적이다. 그러므로 해안선 보호 또는 침식 예방대책을 마련하기 위해서는 연안역에서의 파랑 변형, 파랑류 발생과 순환에 대한 이해가 매우 중요하다.

연안류와 이안류

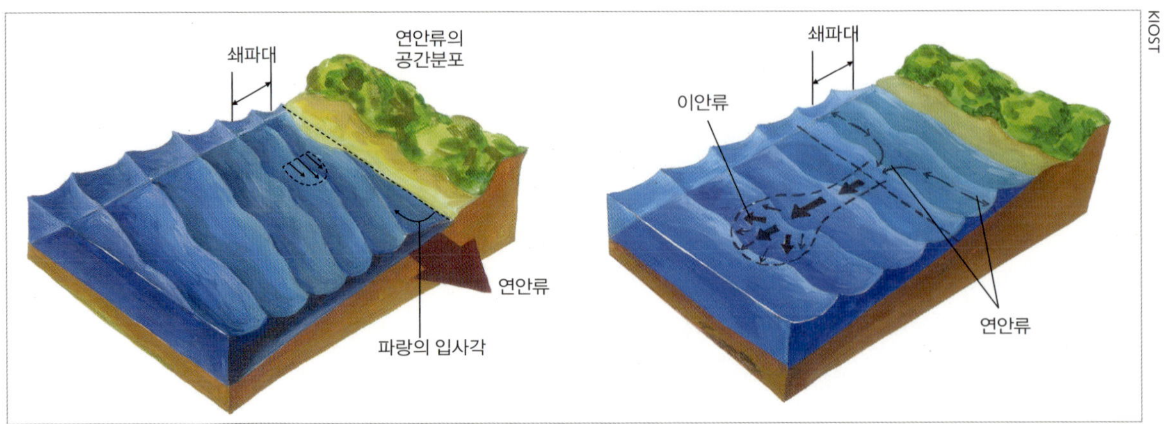

해안에 형성된 이안류

● 연안역의 흐름

연안역에서 일어나는 모든 해수운동은 해저퇴적물 이동에 그 영향을 미친다. 폭풍해일이나 지진해일은 해안선 및 해저지형 변화에 짧은 시간 동안 큰 영향을 미치나, 이들로 인한 침식과 퇴적에 대해 대책을 마련하는 것은 매우 어려우며, 자주 발생하는 현상이 아니기 때문에 해저퇴적물 이동에 따른 연안역 해저지형변화의 측면에서는 중요하게 다루지는 않는다. 연안역의 흐름을 원인별로 분류하면 바람에 의한 취송류(吹送流, wind-driven current), 파랑이 변형되면서 발생 순환하는 파랑류, 수온차 또는 해면경사로 생기는 해류, 그리고 조류(tidal current) 등으로 나눌 수 있다. 이 중 조석운동이 약한 연안역에서 흐름의 에너지는 주로 파랑으로부터 공급되며, 파랑류가 지배적이다. 보통 연안역의 흐름과 파랑류를 통칭하여 해빈류(littoral current)라 하기도 한다. 파랑류는 그 흐름방향에 따라 해안선과 평행한 방향으로 흐르는 연안류(沿岸流, longshore current), 해안선에서 외해 방향으로 흐르는 이안류(離岸流, rip current), 외해에서 해안 방향으로 흐르는 향안류(向岸流, onshore current), 그리고 해수면에서는 해안 방향으로 흐르나 해저면에서는 외해 방향으로 흐르는 저층이안류(底層離岸流, undertow)로 나누어진다.

쇄파대 밖에서 파랑은 일정한 형상을 갖는 것으로 간주할 수 있다. 그러나 쇄파대에 근접하거나 쇄파대 내에서는 파랑이 급격히 변화되어 고유의 파형을 잃게 되고 결국은 쇄파된다. 쇄파는 쇄파대 내에 난류와 흐름이라는 2차 흐름을 유발시킨다. 이러한 2차 흐름은 그 에너지가 충분할 경우 다시 파랑에 영향을 주고, 이들 원인(입사파)과

방파제 등 연안에 축조되는 구조물은 크든 작든 해안선 변형에 영향을 미친다.

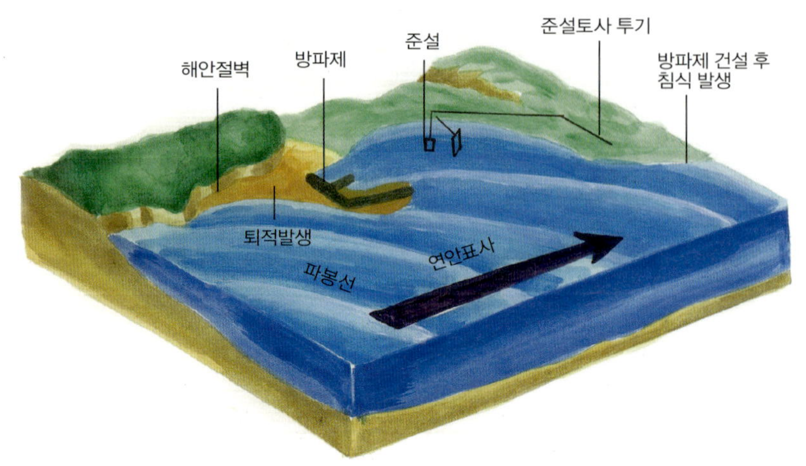

결과(난류와 흐름) 간의 상호작용은 때때로 무시할 수 없을 만큼 크다. 입사파랑에너지의 일부는 반사되어 중복파가 형성되기도 한다. 나머지 파랑에너지는 부서진 파도의 포말이 도달하는 조간대 상부의 포말대에서 소멸된다.

밀려들어오는 파랑의 방향은 해안선에 평행한 방향과 해안선에 수직한 방향으로 나눌 수 있다. 수직한 방향의 성분은 연안 쇄파를 만들지만 평행한 성분은 해안선을 따라 흐르는 연안류를 발생시킨다. 연안류는 해안선을 따라 퇴적물을 이동시키는 중요한 역할을 한다. 폭풍파와 같이 파고가 큰 파랑이 내습할 경우 파랑은 다량의 물을 해빈 위로 밀어 올리게 되며 이 물은 해빈경사를 따라 폭이 좁고 강한 흐름을 형성하며 외해 쪽으로 흐르게 된다. 이것이 이안류이다. 또한 경우에 따라서는 상층의 물은 육지방향으로 흐르나 저층에서는 외해방향으로 강한 흐름이 발생하기도 한다. 이를 저층이안류라 하며, 대개 이안류나 저층이안류는 폭이 좁으나 매우 강하여 해수욕장 익사사고의 원인이 되기도 한다.

● 해안선 변화의 영향

연안을 연안해역(좁은 범위의 연안해역, 여기서는 12해리의 영해 정도까지의 바다를 의미함)과 연안육역을 묶어 하나의 공간으로 정의할 때, 연안은 바다와 육지를 연결하는 접속구역 또는 전이구역이며, 자연적 또는 인위적 변화가 상호 민감하게 영향을 미치는 구역이고, 그리고 내륙이나 외해에 미치는 영향을 조절하는 완충구역이기도 하다. 즉, 육지와 해양의 서로 다른 물리적, 화학적, 생물학적, 지질학적 환경 사이에 물질과 에너지의 순환이 상호 영향을 주고받으면서 역동적으로 일어나는 공간이며, 독특한 생태계를 구성하고 있는 공간이기도 하다.

연안역은 인간 활동을 위한 자연자원으로 인식되어 왔으며, 대부분의 문화와 경제활동이 일어나는 곳이다. 바다, 그 가운데서도 근해는 어로활동, 양식, 교통과 여가활동 등 다양한 목적으로 이용되고 있으며, 배후지역은 농업, 산업, 주거공간과 여가활동 공간으로 개발되어 왔다. 우리나라 연안의 현황을 살펴보면 연안해역은 그 면적이 우리나라 관할해역의 면적에서 내수 면적과 대륙붕 면적을 제외한 337,229km^{2}에 달하며, 이는 우리나라 국토 육지면적의 약 3.4배이다. 우리나라 해안선의 길이는 2009년 조사에 따르면 12,750km이며, 육지면적에 비해 상대적으로 길어 굴곡이 심하고 복잡한 해안선을 가지고 있음을 알 수 있다. 우리나라 연안에는 무인도 2,876개를 포함하여 총 3,358개의 섬이 있으며, 해안선을 따라 조그만 어촌·어항을 포함하여 1,019개의 항만이 있고, 이 중 31개가 무역항으로 개항되어 있다. 또한 연안습지 면적은 2,550km^{2}로 영해면적의 약 5%를 차지하며, 총 316개소의 해수욕장이 개설되어 연간 약 1억명 정도가 이용하고 있어 인구 1인당 1년에 약 2회 정도 해수욕장을 방문하는 것으로 나타나고 있다.

이러한 활동공간의 안전과 효율적인 이용을 위하여 연안역에는 다양한 시설물이 설치되었으며, 그 대부분은 지난 반세기동안 이루어졌다. 처음에는 시설물의 안정성과 내구성이 주요 관심사항이었으나, 이러한 시설물이 연안환경에 미치는 영향이 연안공학자는 물론, 연안역의 주민과 사용자, 정부에게도 관심의 대상이 되었다. 특히 전세계적으로 해안침식이 일어나고 있는데, 이러한 해안침식은 해수위 상승, 폭풍, 하천에서 퇴적물 유입 감소, 연안구조물의 축조로 인한 연안역 토사이동의 왜곡 등에 그 직접적 간접적 원인이 있다.

하나의 예로서 우리나라에서 최초의 공설 해수욕장으로 1913년 개장한 부산의 송도해수욕장의 경우를 들 수 있다. 1960년대에는 신혼부부가 찾을 정도로 전국적인 관광명소였던 송도해수욕장은 주변지역의 난개발과 하수의 무단방류에 의한 해수의 오염, 시설물의 노후화, 그리고 반복되는 태풍에 의한 피해 등으로 백사장의 면적이 현저히 줄고 2000년대 들어서는 해수욕장으로서의 기능을 완전히 상실하게 되었다. 송도를 되살리기 위해 2002년부터 잠제, 이안제 및 호안의 설치 그리고 양빈 등 다양한 연안공학적 수단이 동원된 송도연안정비사업을 실시하고 있다.

현재는 어느 정도 완성 단계에 있으며, 연안정비사업 전 연간 18만 명 정도에서 사업 후 약 450만 명으로 관광객이 늘어 다시 찾는 명소로 거듭나고 있다. 한편 송도해수욕장은 외부로부터 공급되는 모래가 거의 없어 해수욕장을 유지하기 위해서는 매년 인위적으로 모래를 공급하여야 하지만, 인문학적 가치를 포함하는 연안의 가치를 극대화할 수 있는 연안의 개발과 보존의 어려움과 가능성을 동시에 보여준다고 할 수 있다.

갯벌 생태계의 기능 및 역할

연안의 생태계를 종합적으로 보여주고 있는 갯벌은 해양을 구성하는 생태계 내에서도 중요한 위치를 차지하고 있을 뿐 아니라, 상업적으로 어민들의 소득과 직결되어 있다.

김동성 한국해양과학기술원

우리나라 서해안은 그 어느 곳을 가도 드넓게 펼쳐진, 끝이 보이지 않는 갯벌을 만날 수 있다. 우리의 갯벌은 세계에서 5번째 안에 드는 면적을 자랑한다. 국토의 면적에 비하면 갯벌이 꽤 넓게 분포하는 셈이다. 갯벌은 해양을 구성하는 생태계 내에서도 중요한 위치를 차지하고 있을 뿐 아니라 상업적으로 어민들의 수익과 직결되어 있다. 생물의 서식지 기능 뿐 아니라, 오염을 정화시켜주는 기능, 관광과 교유의 장으로서의 문화적 기능, 자연 그대로의 다양함을 보여주는 심미적 기능 등 개인의 이용을 뛰어넘어 공공의 효율성이 매우 높다. 그러나 이러한 갯벌은 발전과 개발이라는 명목 하에 그 가치도 제대로 인식하지 못하는 상태에서 매립되어 상당한 면적이 손실되었다. 최근 들어 갯벌의 중요성이 새롭게 인식되면서 과거 육지로 변형된 매립지역을 다시 갯벌로 돌리는 '서식지 복원' 연구가 일부지역에서 이루어져 그 방법을 찾아가고 있다.

● 갯벌이란?

갯벌은 '조수 간만에 따라 주기적으로 공기 중에 노출되는 펄이나 모래의 평평한 해안 지역'을 일컫는다. 다른 말로 '개펄', '갯뻘', '간석지'라고도 한다. 연안습지의 일부분으로 간조와 만조 차이로 드러나는 해안의 공간을 말하는데, 사전적 의미는 '고조 시에는 잠기고 저조시에는 드러나는 연안의 평탄한 지역'이다. 즉 갯벌이란, 조류로 운반되어 온 미세한 흙들이 파도가 잔잔한 해안에 오랫동안 쌓여 생기는 평탄한 지형을 말하는 것이다. 이러한 갯벌은 육상과 해양 생태계를 연결하고, 완충작용을 하며 연안생태계의 모태 역할을 한다. 갯벌이 만들어지려면 모래나 펄이 있어야 한다. 비가 온 후 흙탕물이 강을 따라 바다로 흐르면서 모래와 같은 무거운 입자는 하구 가까이에

김동성

우리나라의 다양한 갯벌
① 가로림만의 갯벌
② 고운 뻘입자의 강화도 갯벌
③ 영종도 갯벌의 갯골

있는 해안에 쌓이고, 가벼운 펄과 같은 아주 미세한 물질은 바깥쪽으로 멀리 운반되는데 이러한 물질이 파도가 잔잔한 만이나 후미진 해안에 쌓여서 갯벌을 이룬다. 갯벌에는 아주 많은 양의 영양분이 포함되어 있어 여러 바다생물들이 서식할 수 있는 보금자리가 된다.

갯벌이 공기 중에 노출되는 시간이 길어지면 상부 쪽에 염생식물이 나타나게 된다. 이 지역은 바다가 육지로 변해가는 중간단계로서 생태적으로 매우 귀중한 자산으로 염습지 식생 시기를 거쳐서 육상 해안림으로 바뀌는 천이 과정을 보여준다. 이 지역은 만조때 해면과 육지와의 경계선인 고조선보다 다소 위쪽에 위치하나 조석에 따라 해수의 출입이 가능한 장소이다. 특히 해안에서는 염분을 포함한 염습지 식생을 형성하여 독특한 동물과 식물 군집이 분포한다. 이러한 지역을 일컫는 가장 포괄적 의미인 습지(wet land)는 자연적, 인공적, 영구적, 임시적 또는 정체된 물, 흐르는 물, 담수(fresh), 기수(brackish, 약간의 소금기가 있는 물로 담수와 바다가 만나는 수역에 주로 존재), 염수(鹽水, salt water)를 불문하고 소택지, 늪, 토탄지 및 수역을 말하며, 간조 시에 수심이 6m가 넘지 않는 해역을 포함한다. 습지는 호수에서 기수로 전환하는 생태적 천이 단계의 중간 단계로서 두 환경의 특성을 공유하며 각종 물질의 전환을 비롯하여 크고 작은 생물이 다양하게 출현한다. 람사 협약상 습지는 자연적이든 인공적이든, 영구적이든 임시적이든, 물이 정체하고 있든 흐르고 있든, 담수이든 기수이든 함수(salt, 소금기가 많은 해수가 이에 해당)이든 관계없이 습토(marsh), 소택지(fen), 토탄지(peatland) 또는 수역을 말한다. 그러므로 갯벌도 넓은 의미의 습지(혹은 염습지)에 속하는 것이다.

● 갯벌의 종류

해안의 지형이나 바닷물의 흐름과 세기에 따라 갯벌의 모습이 달라지는데, 이는 퇴적물의 조성이 다르기 때문이다. 주로 흐름이 완만한 내만이나 강 하구 후미진 곳의 질퍽질퍽한 개흙질이 많은 갯벌을 '펄 갯벌'이라 한다. 흐름이 빠른 수로주변이나 해변은 모래성분이 많은 '모래 갯벌'을 이루며, '펄 갯벌'과 '모래 갯벌'의 특성을 함께 볼 수 있는 '혼합 갯벌(혼성 갯벌)'도 있다. 펄(니, 점토) 갯벌은 모래의 비율이 낮고(대개 20~30%이내) 펄의 성분이 많은(70~80%) 갯벌을 말하고, 모래 갯벌은 모래가 대부분인(대개 70% 이상) 갯벌을 말한다. 혼성 갯벌은 모래와 펄이 비슷하게 섞여있는(모래가 40~70%) 갯벌이다. 해안 경사가 상대적으로 급한 모래 갯벌은 폭이 보통 1km~2km정도로 좁고, 펄 갯벌은 경사가 모래 갯벌보다 완만하고 갯벌의 폭도 넓어 5km가 넘기도 한다. 한 지역에 이러한 세 가지 갯벌의 형태가 모두 나타나는 것이 일반적이지만, 지역에 따라서는 한 가지 특성만 나타나기도 한다. 우리나라의 갯벌은 전 세계적으로 아주 광활한 면적을 보유하고 있는데, 이렇듯 규모가 큰 이유는 조차가 크기 때문이다. 서해안 지역의 조차는 최대 9m까지도 이른다. 그래서 썰물이 되면 4~5km 폭으로 갯벌이 드러나 전 세계적으로 매우 희귀한 경관과 생태적 가치를 지닌다. 남해안은 보통 2~4km 정도의 조차를 보이고, 동해안은 비교적 다른 만에 비해 적은 조차인 30cm 정도의 조차를 보이는 암반과 모래해안으로 되어 있다. 갯벌의 모양에 따라 주변 염습지나 해안의 모습도 다르게 나타나는데, 육상으로부터 물의 유입이 거의 없는 만 안에 위치한 갯벌의 경우 퉁퉁마디, 칠면초, 갈대, 해홍나물, 천일사초와 같은 염생식물이 많이 서식한다. 반면 하구는 갈대가 대부분을 차지하는 경우가 많다. 모래 갯벌의 뒤편에 주로 소나무 숲과 같이 나타나는 경사가 급한 사구(모래 언덕)의 경우 해당화, 좀보리사초, 순비기나무 같은 사구식물이 서식한다. 그리고 일부 모래 갯벌의 물이 빠졌을 때의 해수가 있는 곳 부근에는 거머리말(또는 잘피)이라고 하는 다른 형태의 현화식물(顯花植物)이 서식하는 곳도 있다.

갯벌의 종류 ①, ②, ③

① 펄갯벌
② 모래갯벌
③ 혼합갯벌

갯벌에 서식하는 식물들 ④, ⑤

④ 조간대 상부의 잘피 (*Zostera japonica*)
⑤ 시화호의 염생식물 군락

김동성

● 갯벌 생태계

갯벌은 강이나 육지 혹은 바다로부터 끊임없이 유기물이 흘러 들어와 다른 지역에 비해 영양이 아주 풍부한 곳이다. 풍부한 영양분은 갯벌에서 살아가는 다양한 생물들이 산란하고 성장하기에 좋은 환경을 제공한다. 또한 갯벌 생태계는 다양한 생물들과 복잡한 영양단계로 구성된 해안생태계로서 육상과 해양생태계의 중간에 위치하여 두 생태계의 완충역할을 한다. 갯벌의 일차생산자는 저서규조류와 염생식물이며 미생물은 유기물조각을 분해하고 동식물들은 복잡한 먹이망을 형성하고 있다. 더불어 부패물식자들이 활발한 활동을 하고 있으며 내서동물에 의해 수많은 서식 굴이 존재하기도 한다. 오염 정화에 공이 높은 퇴적물식자(堆積物食者, deposit feeder)들의 퇴적물 정화작용이 일어나기도 한다. 갯벌은 미생물을 비롯하여 저서생물(底棲生物, benthos), 물고기와 새에 이르기까지 다양한 생물의 서식지이다. 갯벌의 종류에 따라 서식하는 생물도 차이를 보이는데 펄 갯벌에는 주로 칠게, 두토막 눈썹 참갯지렁이, 가리맛조개 등 내서동물(內棲生物, infauna)이 우점하며, 모래 갯벌에는 서해비단고둥, 동죽, 맛, 가시닻해삼 등 상대적으로 표서동물의 서식밀도가 높다.

김동성.

갯벌 생태계를 파악하기 위한 생물 채집
체에 걸러 내는 과정을 통해 생물만을 채집한다.

갯벌 퇴적물 사이에 있는 물을 간극수라고 하는데, 이 물은 보통 바닷물보다 염분이 많고 보유하고 있는 산소량이 희박하다. 여름에는 뜨거운 햇볕 때문에 증발량이 많아 염기가 높아지고 산소량이 부족해지며, 겨울에는 물이 없어 기온이 내려가고 얼기 쉽다. 또한 갯벌은 대기에 장기간 노출되어 외부 환경에 취약해지는 약점이 있다. 따라서 갯벌의 생물은 이러한 열악한 환경을 극복하고 살아가야 하기 때문에 대체로 몸의 크기가 작고 생명이 짧으며 번식률이 높다. 또한 다른 생물의 먹이가 되기 쉬워 깊고 복잡한 구멍을 파고 숨어 지내는 경우가 많다. 이렇게 굴을 파고 들어가 사는 닻해삼, 게, 갯지렁이, 고둥, 조개 등과 같은 생물을 저서생물이라고 한다. 저서생물은 노출에 견디면서 적에게 잡혀 먹히지 않도록 삶의 형식을 적응시켰고, 갯벌을 파고 들어가 숨어 삶으로써 갯벌을 고유한 서식지로 선택했다. 이러한 진화과정을 통해 지금까지 종족을 유지해 올 수 있었던 것이다. 저서생물은 보통 갯지렁이류, 연체동물(굴, 꼬막, 조개 등), 갑각류(게, 새우 등), 극피동물(불가사리, 해삼 등), 자포동물(산호, 말미잘, 해파리 등)로 구분한다.

● 갯벌을 구성하는 생물들

갯벌에 서식하는 식물은 태양에너지를 이용하여 무기물에서 유기물을 합성하는 이른바 1차 생산자들이다. 이들은 크게 4개의 그룹으로 구분할 수 있다. 고조선이나 그보다 높은 장소에 번식하는 염생식물, 조간대를 중심으로 번식하는 대형 해조류, 모래나 펄 바닥의 표면에 착생하는 미소저서조류(微小底棲藻類), 만조 때 갯벌 위의 수층에 서식하여 나타나는 식물플랑크톤이다. 그 중 갯벌이 나타나는 해안가에서 가장 눈에 잘 띄는 것이 염생식물이다. 염분이 있는 땅에 사는 식물을 염생식물이라 하며 주로 해변이나 해안사구, 내륙의 소금기 있는 땅 등에 서식하는 육상 고등 식물인 경우가 많다. 우리나라에 생육하는 염생식물은 총 16과 40여 종이 보고되었으며 특히 서남해안 갯벌의 상부 지역에 군락이 잘 발달되어 있다. 염습지에서 염생식물 군락을 형성하는 식물 종은 생육 특징에 알맞은 입지 조건에서 자생한다. 뻘성이 많은 땅에서는 퉁퉁마디, 해홍나무, 나문재, 칠면초, 갯개미취, 강피, 갯는쟁이, 갈대, 천일사초 등이 서식하는데 한 종류가 큰 면적을 차지하기도 하고 몇 종류가 섞여 나타나기도 한다. 최근 들어 이들 중 일부 종을 식용 및 한약재로 사용하게 되어 향후 보다 더 경제적이고 효율적인 활용이 기대된다. 동물의 경우 밤 모양으로 주황에 가까운 살색을 가진 밤게, 가무락이 대표적이며 혼합 갯벌에 주로 나타난다. 물이 거의 빠지면 기어 다니며 치설(齒舌)을 이용하여 주로 조개나 다른 고둥을 포식하는 큰구슬우렁이가 나타난다. 입수관을 통해 들어온 해수를 여과하여 바닷물을 정화시키는 역할을 하는 부유물식자인 바지락은 우리나라 서해의 모래펄 또는 모래 갯벌에서 표층 퇴적물식을 하는 고둥류이다. 그 외에도 장소에 따라서 엄청난 밀도로 서식하는 서해비단고둥, 주로 식용으로 많은 각광을 받는 맛조개, 동죽 등이 있다. 부유물식자인 동죽은 서해안 모래펄 갯벌의 중부조간대에 많이 나타난다. 이들과 더불어 갯벌에 아주 많이 나타나는 것이 갯벌에서 먹이를 구하는 바닷새들이다. 갯벌은 하천으로부터 풍부한 영양염이 공급되기 때문에 저서생물의 생산성이 매우 높은 곳이다. 도요새나 물떼새는 이러한 풍부한 벅이 소선에서 내랑 서식하는 갯빌 생물의 포식자이며, 따라시 갯벌 생대계에서 매우 중요한 부분을 차지한다. 도요새나 물떼새류의 대부분은 북만주나 시베리아 등지에서 해마다 4월말에서 7월초까지 번식하고 태국, 필리핀 등의 동남아시아나 뉴질랜드 등지로 이동하는 9월과 10월을 전후하여 우리나라의 갯벌에 날아오며 일부는 월동하기도 한다. 이들은 동남아시아에서 겨울을 난 뒤 이듬해 봄에 우리나라를 거쳐 다시 번식지로 돌아간다. 즉, 휴식이나 에너지의 보충을 위하여 가을철과 봄철에 우리나라에 들르며 이러한 과정이 바닷새들을 갯벌 생태계의 중요 구성원으로 자리잡게 하는 셈이다.

● 갯벌의 생물 분포 및 적응

갯벌에 서식하는 생물의 특징 중 하나는 대상분포(帶狀分布, zonation)이다. 갯벌에 서식하는 생물의 생활 조건은 조위에 따라 다른데, 갯벌 상부는 육상의 환경 조건, 하부는 바다의 환경 조건에 가깝다. 이러한 서식 환경조건의 차이는 갯벌에 서식할 수

갯벌에 서식하는
다양한 종류의 생물들

① 댕가리류 군집
② 서해비단고둥
③ 조간대 상부 파래위의 무늬발게
④ 태안갯벌의 밤게류
⑤ 조간대 하부의 바다선인장
⑥ 강화갯벌의 낙지

김동성

갯벌 서식 생물들은 종류에 따라 다른 형태의 굴을 파서 서식한다.

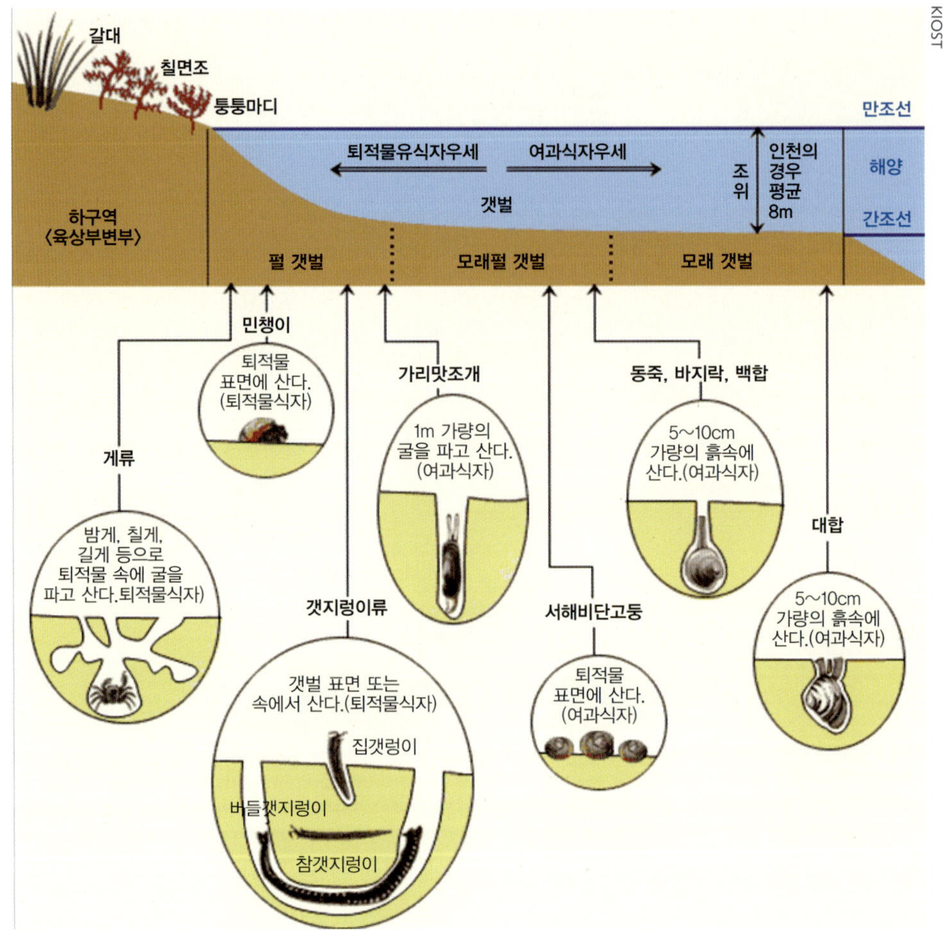

있는 생물의 종류에 영향을 준다. 이렇듯 특정 조위에 따라 해수면에 수평으로 분포하면서 높이에 따라 달라지는 생물의 분포를 대상분포라 한다. 즉, 갯벌에서 같은 조위에 같은 생물들이 띠를 이루어 쭉 나열되어 있는 현상을 말한다. 이러한 대상분포를 만드는 일차 요인은 조석운동에 의한 노출과 침수시간이다. 퇴적물의 입도 역시 중요한 요인으로 작용한다. 이러한 대상분포는 수분 손실의 최소화(건조적응), 저온에 강하고 고온에 약함(온도적응), 기질에 강력하게 부착(파도적응), 하구역 또는 장마 등의 심한 염분 변화에 적응, 대기 중에 노출이 많이 되는 동물들의 호흡 적응 등과 같은 환경 및 생리적 특징에 의해서도 이루어진다. 또한 갯벌에 서식하는 생물들은 섭식기작의 측면에서 여과물식자(濾過物食者, filter feeder), 퇴적물식자, 부패물식자(腐敗物食者, scavenger)로 크게 구분되며, 여과물식자는 모래 갯벌을 선호하고, 퇴적물식자는 펄 성분이 많은 곳을 선호한다. 해수 중에서 유기물을 걸러먹는 여과물식자는 펄 성분이 많은 곳에서는 먹이섭취기관이 막힐 가능성이 높아 모래기질을 선호하며,

저서규조류나 퇴적물 내 유기물을 섭취하는 퇴적물식자는 모래보다는 펄 성분에 먹이가 월등히 많기 때문에 뻘 기질을 선호한다. 이러한 섭식 특성도 생물들의 서식처를 결정하는 한 요인이다.

● 갯벌의 기능

정화 기능

갯벌은 육상으로부터 유입되는 각종 오염물질을 정화하는 기능을 가지고 있다. 뿐만 아니라 갯벌 자체에서 발생하는 죽은 생물 시체의 분해 등 자체적인 정화능력도 가지고 있다. 하천이나 강, 또는 비나 장마 후의 육지로부터 유기물의 농도가 높은 물이 갯벌로 흘러들어오면 갯벌의 가장자리에 자라고 있는 각종의 염생식물이나 잘피 등의 식물이 유속을 떨어뜨려 부유물질 등을 퇴적시킨다. 더불어 갯벌에 서식하는 다양한 종류의 미생물이 이들 유기물질을 분해하여 수질을 개선시킨다. 생화학적으로는 탈질작용처럼 혐기성 또는 호기성 미생물의 작용과 기타 화학적 침전작용이 있어 특정 화학 물질을 물에서 제거하기도 한다. 일본의 미카와만 이시키 갯벌(10km^2)에서의 연구 결과를 보면, 만조 때 들어온 식물플랑크톤을 중심으로 하는 현탁 유기물은 여과식성 이매패류를 중심으로 한 저서동물들의 활발한 섭식활동에 의해 해수로부터 빠른 속도로 제거되는데, 여과율로 보면 시간당 약 8%의 비율로 감소하고, 이것을 한 조석(12시간) 주기로 계산하면 전체 해수의 96%를 여과하며, 동시에 24시간 동안에 166.6kg의 질소가 소실되었다는 것이다. 이것을 하수 처리 시설과 비교하면 4,801kg의 'COD/일'을 제거하게 된다. 또한 이 연구 결과는 10km^2 정도의 갯벌이 인구 10만 명이 거주하고 면적 25.3km^{2}의 도시가 배출하는 오염물질을 정화 할 수 있는 하수 종말처리시설에 상당하는 것이 된다. 미국의 오덤(Odum)교수는 0.01km^{2}의 갯벌이 생물학적산소요구량(BOD) 21.7kg을 정화한다고 발표하였다. 이것을 새만금 갯벌(208km^2)에 적용하면 새만금 갯벌의 정화능력은 리터당 100mg의 BOD를 정화할 수 있는 10만 톤 규모의 하수처리장에 해당하는 결과가 된다. 코스탄자(Costanza) 등이 〈Nature〉에 발표한 내용에서는 습지의 정화 기능이 갯벌 전체 경제적 가치의 67%를 차지한다고도 하였다.

재해방지 및 기후 조절 기능

갯벌과 같은 습지는 일반적으로 빗물이나 홍수와 같이 평상시와 다르게 급작스럽게 유입되는 급류를 일차적으로 차단하는 기능을 가지고 있다. 습지 자체가 이를 차단한 후 흡수된 양을 다시 천천히 방류시키는 역할을 하는 것이다. 이렇듯 순간적으로 일어나는 물의 양을 저장한 후 다시 방출시키기 때문에 수위가 높아지는 현상을 조절할 수 있는 것이다. 이를 통해 연안의 침수와 같은 재해를 방지하며 홍수 등과 같은 순간적인 피해도 그 피해정도를 경감 시킬 수 있는 것이다. 특히 도시 하천수 주변의 습지는 육지로부터 흘러내리는 표면수의 급작스런 증가로 일어나는 범람의 피해를 완화시켜 주는 역할을 한다. 습지가 가지고 있는 이런 조절 능력으로 인하여 이미 복원의 과정을 많이 진행시켜온 일부 유럽국가들이나 미국의 일부 주정부에서는 태풍이나 허리케인 등으로 일어나는 피해의 완화를 위하여 습지를 복원하고 있다. 습지를 구성하는 식물의 뿌리는 토사를 붙잡아 고정하고, 줄기나 잎은 파랑 에너지를 흡수하며 강한 유속을 약화시킨다. 이뿐 아니라 해안 습지가 토사를 고정시키면 이에 동반하여 자연히 지반도 상승되기 때문에, 최근의 지구 온난화에 따른 해수면 상승의 효과적인 대비책으로도 알려지고 있다. 이와 더불어 갯벌에 서식하는 생물들로 인한 대기 중의 이산화탄소 감소 능력과 깨끗한 산소의 공급 등 기후조절 요인도 최근에 활발히 연구되고 있다.

산란장·보육장으로서의 기능

연안역은 드넓은 바다 전체에서 차지하는 그 면적은 좁지만 일반적으로 그 생산성은 아주 높다. 특히 생물들의 성장 시기인 어린시기를 자신들을 잡아먹는 포획자로부터 안전하게 대피해, 성장·발달하는 아주 중요한 보육장이 되는 것이다. 우리나라 주변에 서식하는 대부분의 중요한 어류들도 그들의 산란장은 대부분 내만역이며, 이들이 부화한 후 어린 유생의 시기를 천해역에서 지낸다고 연구결과 알려져 있다. 미국의

최형태

경우도 어획생물의 약 70%가 내만, 하구역에서 어린 시기를 보내는 것으로 알려져 있어 이들 지역이 전체 생태계를 유지하는데 얼마나 중요한 해역인지 알 수 있다. 습지의 잘피밭을 주거지로 하는 어류들은 일반적으로 소형의 어류들이며, 다른 해역에 비해 상당히 높은 생물량을 유지한다. 주로 배도라치, 실고기, 망둑어류들이 서식하고 있다. 이들 종류들은 이곳에 풍부한 갑각류나 다모류를 먹이로 삼으며, 대형어류에게는 먹이생물로 잘피밭의 이차생산을 먹이사슬 상부로 전달하는 역할을 한다. 이곳에서 유어기를 보내는 종들은 갯벌 천해역과 마찬가지로 대부분 저어류로서 쥐노래미, 볼락, 농어같은 종들이 봄철 대량 출현한다. 봄 산란종인 감성돔과 망상어 등은 여름에 대량 출현하고 가을이 되면 이 곳을 떠난다. 볼락과 같은 종은 잘피밭을 주된 보육장으로 사용한다. 이러한 갯벌 천해역의 역할은 우리나라 연근해 수산물의 자원량 변화로부터도 알 수 있는데, 1980년대 이후 연근해의 자원량은 반 이하로 감소하였다. 이의 주된 원인은 남획과 더불어 매립과 개발 등으로 사라진 연안 보육장의 변화라고 할 수 있다.

높은 생산력의 생태적 기능

해양에서 생태계를 구성하는 가장 기본적인 요소인 1차 생산력을 전 세계 해양에서 살펴보면, 연평균 생산율은 하구역이나 해조숲·산호초 생태계에서의 생산력이 상당히 높아 대륙붕, 용승 해역에 비해 4배 정도 더 높고, 외해역과는 거의 10배 이상의 차이를 보인다. 또 습지 생태계의 생산력은 대륙붕보다 10배, 외해역보다는 거의 30배 이상 높아 지구상에서 단위면적 당 가장 높은 생산력을 보인다. 외해역의 경우는 생산력은 낮지만 그 면적이 전 세계 해역의 90% 이상을 차지하고 있기 때문에 지구 규모로 보면 해양 생산력의 60% 이상을 차지하게 된다. 이와 관련된 미국에서의 연구 결과를 살펴보면, 멸종 위기에 처하거나 위협을 받고 있는 생물 종의 약 1/3 이상이 습지 생태계에서만 발견되고, 해양생물의 50% 가까이 습지 생태계에 의존하고 있다고 한다. 최근의 다른 연구 결과에서도 연안가의 염습지 식생과 갯벌 등으로 구성되는 해안 습지가 전체 해양 생물의 다양성을 유지하는 데에 있어 아주 중요한 역할을 담당하고 있다는 것이 밝혀졌다. 우리나라 서해안의 갯벌은 다른 해역에 비해 특히 생물 다양성이 매우 높다. 인하대학교 홍재상 교수팀이 연구한 결과에 의하면 인천 용유도의 을왕리와 덕교리 갯벌에서 수행한 저서성 대형 무척추동물의 계절별 조사 결과 갯지렁이류, 갑각류, 연체동물 등 총 214종이 발견되었다. 이 중에는 우리나라에서 맨 처음으로 세계 학계에 신종 보고된 것만도 단각류 5종과 갯지렁이류 2종이 있다. 우리나라 갯벌에서 조사한 중형저서생물의 경우 그 개체수가 다른 그 어느 해양환경보다 높았고, 그 종류수도 무척 많았다.

제종길

바닷새들의 낙원 갯벌
새들이 서식하기에 더 없이 좋은 공간

문화적 기능

우리의 삶이 다소 여유로워지고, 특히 주 5일 근무제가 되면서 주말에 가족이나 연인, 친구들과 갯벌을 찾는 국민들이 많아졌다. 과거처럼 여름에 해수욕을 즐기는 것은 물론이고, 낚시, 휴식, 관광 등 다양하게 갯벌을 이용하고 있다. 특히 이러한 갯벌이 존재하는 바닷가에 유행처럼 들어선 펜션도 이에 한 몫하고 있다. 이뿐만 아니라 이러한 자연을 카메라에 담는 사진작가, 그림으로 남기는 화가, 글로써 이를 표현하는 작가들이 갯벌의 다양한 자연스러운 변화들을 작품의 소재로 활용하면서 갯벌의 문화적 가치도 더욱 중시되고 있다. 한편으로 지금은 많이 사라지고 없지만 갯벌을 끼고 자리잡은 작은 마을들이 갖고 있던 갯벌을 주제로 한 전통 민속 행사 등, 지역의 특색이 스며있는 여러 문화가 이어져 내려오고 있다. 즉 갯벌과 같이 지역적으로 특색있는 경관들은 다른 물리적 속성들을 반영하여 각기 다른 문화적 가치를 지녀왔던 것이다. 이러한 토속적인 문화 활동들이 더욱 활발해지고, 과거의 것들을 복원 시켜나간다면 갯벌의 문화적 가치는 한층 더 높아질 것이라 생각된다.

심미적/경관적 기능

페퍼(S.C. Pepper)에 의하면 사물의 배경과 의미에 대한 지식은 사물의 미적 감상에 대한 감정적 측면을 간절하게 한다고 하였다. 더불어 인간은 서로 상이한 문화적 감각 및 배경을 가지고 있기 때문에 갯벌이 주는 자연경관을 바라보는 심미적 차이,

자연미의 인지도도 다르게 나타난다. 즉, 같은 갯벌을 바라보아도 그것을 받아들이는 정도는 사람에 따라 아주 다양하게 나타날 수 있다는 것이다. 일반적으로 전문적인 경관학자들에 의하면 갯벌을 포함한 습지는 연안에 형성되는 모든 종류의 습지와 함께 다른 경관들과 비교해 볼 때, 인간이 감상하는 경관적 특징에 있어 높이 평가된다. 이러한 갯벌은 물과 함께 특이한 경관을 만들며, 하나의 갯벌은 다른 갯벌과 비교되어서 사람들이 인식하게 된다. 또한 인접지역의 경관과 함께 바라보게 되며, 갯벌 전체의 모습과 그 안에 또 여러 개로 작게 특징별로 나뉜 모습을 보게 된다. 가장 특징적인 것은 갯벌은 물리적 뿐 아니라 생물학적으로도 역동적으로 생명감 있게 움직이고 있는 것을 보게 된다. 이러한 갯벌의 지역별 특성을 간단하게 요약하면, 갯벌 경관이 바닷물의 조석 차이와 지형에 따라 각기 특색 있게 나타나고, 각 지역 간 그 규모와 형태도 다르게 나타남을 알 수 있다. 이런 모습은 주민들에게는 생업의 터전임과 동시에 자연스럽게 형성된 자연 경관으로서, 타 지역의 주민들에게는 지역적으로 다른 경관적 미를 보여주는 자연성이 풍부한 곳이 된다. 이러한 다양함으로 인해 갯벌은 우리 인간들에게 생존 및 건전한 몸과 마음의 유지를 위해 반드시 필요한 가치를 가지고 있다 할 수 있겠다.

교육의 장으로서의 기능

주말에 갯벌에 나가보면 초등학생부터 어른에 이르기까지 단체로 갯벌 교육 및 체험을 하는 모습을 종종 볼 수 있다. 주말 뿐 아니라 평일에도 기업이나 학교에서 학생들을 가르치는 선생님들이 학습 및 체험의 장으로 갯벌을 이용하는 모습도 자주 볼 수 있다. 갯벌은 앞에서 언급하였듯이 아주 다양한 살아있는 자연을 손쉽게 접근하여 직접 몸으로 체험할 수 있는 안전한 자연 학습장이다. 갯벌에는 일차생산자인 규조류부터 아주 작은 모래 사이에 서식하는 간극생물, 눈으로 구별이 가능한 조개류, 게류, 불가사리류 등의 저서생물, 또 바위나 작은 돌들에 붙어 서식하는 부착생물, 더 나아가서는 이들 저서생물을 먹이로 하는 수 많은 종류의 새들이 서식하고 있는 다양한 해양생물의 살아있는 교육의 장이라 할 수 있다. 그런데 다가가기 쉽고 만지기 쉽다는 장점 때문에 생긴 문제도 있다. 무분별한 방문과 체계적이지 못한 교육, 호기심에 따른 무작위의 생물채집 등으로 인해 자연에 피해를 주는 사례가 많아지고 있다는 점이다. 자연 전체에 해당되는 것이지만, 갯벌은 스스로의 생태계를 유지하기 위한 균형이필요하다. 무분별한 훼손으로 인해 우리의 귀중한 자산인 갯벌 생태계를 파괴함으로써 결국에는 건강한 자연의 모습을 잃어버릴 수도 있다는 점을 간과해서는 안된다. 따라서 제한된 채집과 자연을 보존하면서 할 수 있는 교육의 장이 되기 위하여 서로가 세심한 배려를 기울여야 한다.

김상수

갯벌의 교육적 기능

● 바닷새들의 먹이공급/서식처

갯벌에 완전히 정착하여 살고 있는 생물은 아니지만, 갯벌 생태계를 구성하는 주요한 대상생물로 도요새나 물떼새 같은 철새를 들 수 있다. 이러한 철새의 대부분은 북만주나 시베리아 등지에서 4월 말부터 7월에 걸쳐 번식한 후 태국, 필리핀 등지의 동남아시아나 호주, 뉴질랜드 등으로 이동하는 중간 기착지로서 우리나라의 갯벌을 찾아오는데, 그 시기가 대략 9월과 10월경이다. 이들 일부는 우리나라에서 겨울을 나기도 한다. 이들은 다음 해 봄에 우리나라를 거쳐 다시 번식지로 돌아간다. 갯벌이 발달된 서해안은 한강과 임진강, 금강 등 주요 강으로부터 만들어지는 커다란 하구 생태계를 형성하고 있는 것으로도 유명한데 이러한 곳들이 이들 철새들의 주된 경유장소가 된다. 그 이유 중 하나는 이러한 지역은 하천으로부터 풍부한 영양염이 공급되기 때문에 저서생물의 생산성이 매우 높은 곳으로 이들의 먹이가 많이 서식하고 있기 때문이다. 더불어 인접한 곳에 있는 농경지나 염전들도 이들에게 먹이와 휴식처를 제공해 주고 있다. 이러한 다양한 환경적 요인으로부터 서해안이 세계적인 철새도래지인 이유를 찾을 수 있다.

우리들이 쉽게 볼 수 있는 새들로는 민물도요, 흑꼬리도요, 뒷부리도요, 청다리도요, 붉은어깨도요, 흰물떼새, 왕눈물떼새, 개꿩 등이 있다. 지금까지 지구상에 알려진 야생조류는 약 10,000여 종에 달하는데, 그 중 10%가 넘는 종들이 여러 가지 이유로 멸종 위기에 처해있다고 알려져 있다. 물새류(waterbirds)는 습지에 의존하여 사는 새들을 말하고 세계적으로 32과 833종이 여기에 해당한다. 우리나라에 알려진 조류 418종 중 약 절반 이상이 하천 및 하구를 포함하는 습지에 의존해서 사는 것으로 밝혀졌다. 연구 결과에 의하면 서해안 습지에 의존하는 상당수의 종들이 서서히 감소하고 있다고 한다. 이러한 이유 중 중요한 요인 중 하나는 서해안 갯벌의 많은 면적이 매립과 개발로 인하여 공업단지, 농경지, 항만, 연안 도시 등으로 탈바꿈하고 있어 이들 철새들의 서식지를 위협하고 있다는 것이다. 갯벌 등 습지에 도래하는 이들 철새들을 보호하고 우리의 아름다운 자연을 구성하는 요인으로 오랫동안 유지하기 위해서는 우리나라 간척 및 연안개발의 친환경적이고 체계적인 계획 수립이 절실히 필요한 시점이라 하겠다.

우리는 앞에서 갯벌이란 어떤 곳이고, 갯벌의 종류에는 무엇이 있고, 이들 갯벌에는 어떠한 생물들이 각자 어떠한 방식으로 서식하고 있고, 이러한 갯벌이 갖는 기능에는 어떤 것들이 있는지를 살펴 보았다. 자연은 무한의 축복이라는 말이 있듯이, 갯벌이 가진 기능은 실로 다양하다는 것을 알 수 있다. 더불어 그러한 기능들로 인해 우리나라 갯벌이 연간 10조 원에 이르는 아주 높은 가치를 지니고 있음도 알 수 있었다. 그럼에도 불구하고, 국가의 발전과 더불어 개발이라는 명목 하에 갯벌을 수없이 매립하고 간척하여 후손에 물려줄 귀중한 자연 자산을 없애고 있는 과오를 우리가 저지르고 있다.

과거에는 갯벌이 가지고 있는 기능이나 가치에 대해 잘 알지 못하여 현실적으로 필요한 농지, 산업지로 개발하여 일차적으로 국민의 필요한 부분을 채워왔지만, 이제는 시각을 바꾸어 무한하고 다양한, 그리고 살아있는 가치를 보존하여 자연적인 상태 그대로 활용하는 것에 보다 더 중점을 두어야 할 시기다. 그나마 다행인 것은 정부의 일부 관계자나 국민들이 이것을 인식하기 시작하였다는 것이다. 일부지만 과거에 없어졌던 이러한 갯벌을 다시 되돌리는 복원사업이 시행되고 있는 것도 다행이라 하겠다. 하지만 아직도 국민들이 무분별하게 갯벌을 방문하여 무작위로 자연을 훼손시키고, 교육이라는 명분하에 갯벌 생태계를 파괴하는 일들, 개발 우선주의에 사로잡혀 눈앞의 이익에만 몰두해 있는 비상식적인 일들이 지금까지 비일비재하게 일어나고 있다. 늦어도 한참 늦었지만 지금부터라도 해양을 연구하는 기관과 정부 관련기관을 중심으로 이러한 갯벌을 관리하고 보존하는 체계적인 시스템을 하루빨리 만들기를 바라며, 더 나아가서는 과거의 훼손된 자연을 다시 대체하거나 복원하는 일들도 동시에 활발하게 추진되어야 할 것이다.

하구역

하구는 육지와 해양의 수문순환을 자연스럽게 연결하는 고리역할을 한다. 그리고 담수와 해수의 전이지대로 환경충격을 줄여주는 완충 역할과 하구로 유입되는 오염물질을 걸러내는 필터 역할을 한다.

조홍연 한국해양과학기술원

● 하구의 범위(정의)

하구는 순 우리말로 강어귀이다. 한문을 그대로 해석하면 하천의 입(입구)이다. 바다와 관련된 단어는 전혀 보이지 않지만 바다에서 바라 본 하천의 입구(시작)가 되니 참으로 적절한 표현이다.

강이 바다를 만나는 공간. 설명으로는 간단하지만 구분이 모호한 공간적 범위를 구체적으로 정의하기 위해서는 염분을 적용하면 된다. 즉, 하구는 강과 바다의 전이지대(轉移地帶, transition zone)로, 염분이 0.5~1.0psu에서 대략 30~32psu 정도가 되는 공간을 의미한다. 하구의 하천방향 경계염분을 담수조건(0.0psu)으로 정의하면 하천공간이 모두 포함되기 때문에 바람직하지 않고, 바다방향 경계염분을 해양평균(약 34psu, 황해의 경우 약 32psu)으로 정의하면 바다가 모두 포함되기 때문에 바람직하지 않다. 강과 바다 없이는 하구가 존재하지 않지만 강과 바다를 모두 포함하는 하구의 정의로서는 부적합한 것이다. 경계염분의 수치는 사람의 전공분야와 하천 및 해양특성에 따라 다를 수 있다. 하구의 하천경계염분 기준은 사람의 체액농도에 해당하는 9psu 또는 조금 낮은 5psu 정도로 본다. 한편 하구의 바다방향 경계염분은 약간 유동적이기는 하지만 개념적으로는 하천 담수의 영향이 미치는 영역(최대 확산영역)으로 정의할 수 있다. 그렇다면 하천의 영향을 받지 않는 바다의 염분이 필요한데, 그 농도가 바다마다 그리고 시기마다 조금 달라 정의하기가 어렵다. 그러나 우리나라 연안은 대략 32-34psu을 기준으로 하면 된다. 하천의 영향을 받는 염분영역(Region of Freshwater Influence, ROFI)이란 염분변화에 있어 하구 영역에서 멀리 벗어난 바다의 염분변화보다는 그 변화가 큰(실질적으로 관측 장비로 감지할 수 있는) 영역으로 정의

한국수자원공사

할 수 있다. 그러므로 바다의 배경 염분을 기준으로 하여 약 5~10%가 되는 2~3psu 정도가 적당하다. 따라서 하구의 바다경계는 염분이 약 30~32psu이 된다. 하구의 바다 경계염분을 크게 정의하면 하구가 아니라 바다가 대부분을 차지하게 된다.

하구는 차이가 분명하지만 종종 갯벌, 연안, 습지 등과 혼용되어 사용된다. 하구 근처는 하구 갯벌이라고도 할 수 있지만 하구와는 무관하다. 염분도 바다 수준이다. 하천이 육지에 소속되어 있다고 보면, 연안은 갯벌과 하구를 모두 포함하는 공간이다. 습지(wetland)는 갯벌과 같이 젖어 있는 땅이다. 갯벌보다 넓은 의미이지만, 습지를 특징짓는 것은 식생(vegetation)이다. 바다근처에 있는 습지(salt marsh)는 갯벌과 하구를 포함할 수 있지만, 일반적으로 하구와 갯벌의 식생분포 영역을 습지로 본다. 대표적으로 서식하는 생물을 기준으로 생태공간을 구분하면 하구의 수생(水生, aquatic)생물, 갯벌의 저서생물, 연안습지의 염생식물이다. 연안은 이 모두를 포함한다.

● 하구의 특징과 기능(역할)

하구는 육지와 해양의 수문순환(hydrological cycle)을 자연스럽게 연결하는 고리역할을 한다. 그리고 담수와 해수의 전이지대로 환경충격을 줄여주는 완충(buffer)역할과

새만금 방조제
가력배수갑문

송원오

하구로 유입되는 오염물질을 걸러내는 필터역할을 한다. 연안 해역의 환경오염은 낮더라도 하구의 환경오염은 심각한 경우가 많다. 바다보다 작은 하구가 하천으로부터 유입된 오염물질을 바다로 내보내지 않고 있기 때문이다. 또한 하구의 대표적인 기능은 연안에 영양염류를 공급하고 해양생물의 산란 및 보육 공간(spawning and nursery grounds)을 제공하는 것이다.

하구의 이러한 기능과는 별도로 하구는 그만의 특징과 매력이 있다. 간략하게 단어로 표현하자면, 복잡하다(complex), 역동적이다(dynamic), 극단적이지만 풍부하다(extreme, but rich) 등이 될 수 있다. 하구는 강과 바다의 힘겨루기가 끊임없이 이루어지기 때문에 복잡하고 역동적이다. 하구의 환경변화는 극단적이지만 그 환경에 적응한 생물은 풍부한 먹이로 보상받는다.

● 하구의 종류

하구는 하구의 흐름을 결정하는 특성인자를 기준으로 다양하게 분류된다. 가장 쉬운 방법은 눈에 보이는 하구의 지형으로 분류하는 방법이다. 하구의 흐름을 결정하는 대표적인 인자는 하천 수량, 파도와 조석이다. 하천의 영향이 큰 하구에서 생성되는 대표적인 지형은 삼각주(delta)이다. 파도의 영향이 큰 하구에서는 연안 석호(lagoon)가, 조석의 영향이 큰 하구에서는 갯벌이 대표적인 지형으로 형성된다. 하구도 확장하면 만(bay), 갯벌, 석호를 모두 포함한다. 그러나 다양한 연안개발로 하구 지형이 변화되고, 자연적인 형태를 유지하고 있는 하구가 적은 우리나라의 경우에는 자연의 영향이 우세한 자연적인 하구와 인간의 영향이 우세한 인위적인 하구로 구분할 수 있다. 자연적인 하구는 열린 하구, 인위적인 하구는 닫힌 하구로도 구분한다.

이미 우리나라의 많은 하구가 닫힌(막힌) 하구이고, 어떤 점에서는 이미 하구의 기능을 상실한 하구로도 볼 수 있기 때문에 인위적인 하구만을 구분하는 시도도 필요하다. 우리나라의 하구둑(표준어로는 '하굿둑'이 맞지만 실질적으로 하구둑이라는 단어가 통용되고 있음)은 하구둑이라는 명칭만을 본다면 낙동강 하구둑, 금강 하구둑, 영산강 하구둑으로 모두 3개이다. 지도를 보면 하천의 끝(하류)부분을 횡단하여 흐름을 차단하는 하구둑을 쉽게 확인할 수 있다.

하구둑이라고 부르지는 않지만 물에 잠겨있는 수중 하구둑이 있다. 바로 한강 하구둑이다. 수중 하구둑은 여러 가지 목적으로 건설되며, 공식 명칭은 건설 목적에 의하여 결정된다. 한강 하구둑은 경기도 김포 신곡 지점의 물속에 있는 댐으로 공식 명칭은 신곡 수중보이며, 한강의 최소 수위 유지 등 목적으로 한다. 반면 울산 태화강에도 수중 하구둑이 있는데 이는 방사보(防砂洑)라고도 한다. 이 방사보는 울산의 항만부두가 하천으로부터의 모래 유입으로 퇴적되는 과정을 방지하기 위한 시설이다.

열린 하구는 임진강, 섬진강, 울산 태화강, 포항 형산강이다. 태화강도 수중하구둑이 건설되어 있었으나 최근 2006년에 완전 철거하여 열린 하구가 되었다. 우리나라 최초로 바람직한 하구복원의 대표적 사업이 추진된 하천이다. 서해안의 감조하구(感潮河口)가 대표적인 하구라고 생각할 수 있지만 동해안의 하구도 엄연한 하구이다. 강이 바다를 만나는 곳이기 때문이다. 다만 그 규모가 서해안에 비하여 다소 작을 뿐이다. 동해안의 하구 중에서도 태화강 하구는 규모가 크다. 하천 환경이 좋아지고, 하구 환경이 개선된다면 태화강 하구는 생태학적으로 높은 가치를 가진 공간이 될 것이다.

다시 인위적인 하구를 구분하는 기준을 살펴보자. 방조제는 내만(內灣, inner bay)의 얕은 부분을 막는 것이다. 하천이 끝나는 하구의 하천 경계부분과는 멀리 떨어져 있으나 역시 막힌 하구가 된다. 하구둑과 방조제 모두 막는 지점의 차이가 있을 뿐 하구를 막는다는 면에서는 동일하다. 막힌 하구에서 강물을 바다로 흘려 보내기 위해 수문(gate, 배수갑문)을 이용한다. 막힌 하구는 하천의 크기, 바다와 강 사이에 있는 저수공간의 크기를 기준으로 구분할 수 있다. 하구둑이 있는 막힌 하구는 하천폐쇄형 하구이고, 저수공간이 매우 넓은 하구는 만폐쇄형 하구이다. 하천규모도 작고 저수공간도 작은 막힌 하구의 대부분은 매립하여 땅을 만들고, 좁은 수로(배수로, 강우에 의하여 유역에서 유출되는 담수를 바다로 배출하기 위한 수로. 바다로 배출하지 않을 경우에는 저수공간 주변이 침수)만을 물길로 남겨두기 때문에 인공수로형 하구로 본다.

동해안의 몇몇 하구에서는 파도의 영향으로 모래 둑으로 막힌 하구가 형성되어 있는 경우를 볼 수 있는데, 이러한 하구는 자연폐쇄형 하구이다. 자연적으로 막힌 것이라 하구 부분에 정체수역이 형성되는데 육상에서 발생한 오염물질이 유입하여 체류되다보니 그 오염이 심각하다.

● 하구의 흐름 및 염분 구조

하구의 흐름구조는 불규칙적으로 발생하는 파도의 영향을 배제하면 조석과 하천수량, 지형을 기준으로 구분할 수 있다. 하천의 영향이 우세한 경우, 하구로 강물이 밀고 들어오면 약간의 차이지만 바닷물보다 가벼운 강물은 하구의 윗부분(표층 또는 상층)을 차지하며 흐르고, 바닷물은 그 아랫부분(하층 또는 저층)을 차지한다. 하구의 표층에서 바다방향으로 흐르는 강물은 바다로 나가면서 점점 속도가 줄어들고 어느 영역에서는 멈추게 된다. 여기까지를 보통 담수전선(freshwater front) 또는 담수 영향영역이라고 하며, 하구의 바다방향 경계가 된다. 장마나 집중호우시기에는 하천의 기세가 당당하여 토사를 많이 포함한 아주 탁한 강물이 하구를 지나 바다로 가기 때문에 그 경계가 눈으로 식별할 수 있을 정도로 매우 뚜렷하다. 이러한 경계는 시간이 지나면서 서서히 바닷물과 섞이면서 사라지는데 비가 그친 직후 하구가 보이는 산 정상이나 높은 언덕에서 잠깐 보이기도 한다.

강물이 계속하여 흐르는 경우 하구 표층에서 바다방향으로 흘러가는 것은 장마나 집중호우시기와 같지만 그 범위가 상당히 축소되어 눈으로 확인하기는 매우 어렵다. 하지만 이 시기에는 실질적으로 평균적인 하구의 바다방향 경계가 형성되기 때문에 염분관측 장비(CTD)로 염분을 조사하면 그 범위를 쉽게 판단할 수 있다. 강물이 하구의 상층에서 바다방향으로 흘러가면 상층-하층 경계에 있는 바닷물이 어느 정도 상층으로 끌려 올라가게 된다. 이런 경우 하구의 상층은 강물과 아랫부분에서 끌려 들어오는 바닷물이 합쳐져서 바다로 흘러가게 된다. 하층의 바닷물이 하구의 상층으로 끌려 들어가서 바다로 흘러가게 되면 그 만큼의 하층 바닷물은 바다로부터 보충된다. 따라서 하구 윗부분(상층)은 바다방향으로 흐르고, 상대적으로 약하지만 하구 아랫부분에서는 윗부분으로 올라가는 흐름이 형성되고, 하구 아랫부분(하층)은 바다로부터 유입되는 하천방향의 흐름구조가 형성되어 전체적인 흐름구조는 하구순환(estuarine circulation)이 된다. 이러한 하구 순환의 흐름과 하천 수량은 파악할 수 있지만, 하구 아랫부분에서 윗부분으로 끌려 올라가는 바닷물의 유량, 그 규모를 파악하기 위해서는 염분 분포 조사가 필요하다.

조석의 영향이 강한 하구에서는 조석흐름의 영향으로 하구의 윗부분과 아랫부분이 서로 혼합된다. 강물은 밀물 때에는 바다로 흘러가지 못하고 하구 하천 경계부근에서 대기한다. 썰물 때에는 바닷물과 함께 빠르게 하구를 지나 바다로 흘러가지만, 하구의 윗부분과 아랫부분의 염분차이가 없는 완전혼합하구가 되어 상대적으로 연구가 쉽다. 완전혼합하구에서의 염분은 강에서부터 하구를 거쳐 바다방향으로 가면서 서서히 증가하기 때문에 하구의 염분분포 농도자료가 있다면 강물과 바닷물이 하구의 어느 지점에서 어느 정도의 비율로 혼합되고 있는가를 정확하게 알 수 있다.

● 하구에서의 물질 이동

하구에서의 물질 이동은 생태·환경적인 측면에서 매우 중요하다. 육상에서 발생한 오염물질은 주로 하천을 통하여 바다로 유입되기 때문에 연안환경을 연구하는 사람은 얼마나 많은 오염물질이 하구로 유입되며, 하구를 거쳐 얼마나 멀리 바다로 유출되는지 연구한다. 오염물질은 스스로 이동하는 능력이 없기 때문에 흐름을 따라 이동하고 퍼져 나갈 뿐만 아니라, 대기나 바닥의 퇴적물질과 상호 교환하는 과정을 거친다. 하구에서의 물질 이동 연구의 기준(지표)이 되는 것은 염분이다. 흐름에서 뿐만 아니라 물질 이동 연구에서도 염분은 매우 중요하다. 염분 조사는 다른 오염물질에 비하여 간단하다. 염분은 대기나 바닥으로부터의 물질교환이 거의 없기 때문에 보존되는 물질로 간주할 수 있다. 하구에서의 염분 분포는 하구 연구의 가장 기본이자 첫 단계이다.

우선 상대적으로 쉬운 염분을 기준으로 하구에서의 물질 이동 과정을 설명해보자. 염분으로 강물과 바닷물의 혼합비율을 알 수 있기 때문에 하구의 염분을 기준으로 다른 오염물질 또는 환경인자가 혼합된다는 가정을 적용하면 그 비율과 양상을 추정할 수 있다. 하천에서 농도가 높은 오염물질은 하구를 거쳐 바다로 가면서 희석과정만을 거친다고 가정하면, 염분이 증가할수록 바닷물로 희석이 되기 때문에 오염물질의 농도가 염분의 증가비율에 따라 일정한 비율로 감소하게 된다(그림의 실선 참조). 그러나 오염물질은 희석과정만이 아니라 다양한 반응 및 물리과정을 거치기 때문에 염분 변화에 대한 오염물질의 농도 변화를 그래프로 나타내면 희석곡선에 해당하는 직선이 아니라 그 직선위로 볼록한 형태를 보이거나 직선 아래로 오목한 형태를 보이게 되는 경우가 있다(그림의 점선 참조). 희석곡선보다 위로 나타나는 경우는 희석의 영향과

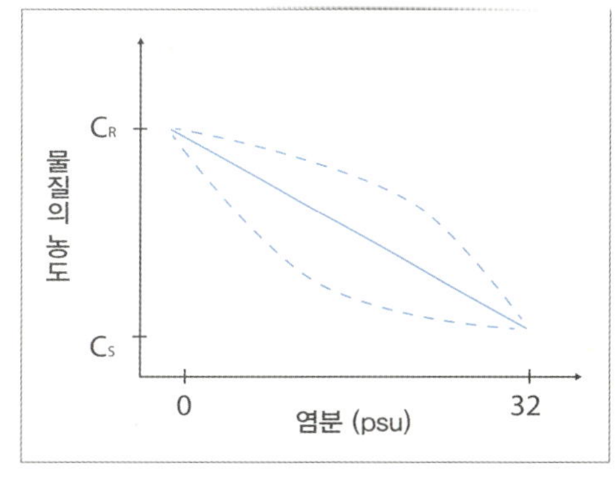

더불어 그 오염물질이 하구에서 생성되고 있음을 의미한다. 반대로 희석곡선보다 아래로 곡선이 나타나는 경우에는 그 오염물질이 하구에서 제거되고 있음을 의미한다. 여기에서 다양한 물질의 농도를 하구의 가장 낮은 염분영역에서 가장 높은 염분영역까지 조사하여 농도변화를 도시하게 되면 원인까지 파악할 수 는 없지만 하구의 모든 부분에서 그 물질의 생성-제거 양상을 파악할 수 있다.

하구에서의 염분은 하구에서의 강물과 바닷물의 영향정도를 반영하고 있으며, 염분은 보존성을 비교적 잘 만족하고 있기 때문에 바닷물과 강물의 혼합비율을 정확하게 파악할 수 있는 근거가 된다.

어떤 물질의 강물에서의 농도가 Cr, 바닷물에서의 농도가 Cs 라고 하고, 보존성 물질이라고 가정하는 경우, 하구에서의 농도변화는 염분으로 강물과 바닷물의 비율을 계산할 수 있기 때문에 염분 변화에 따른 물질의 농도변화도 강물과 바닷물의 비율을 가중계수로 하여 계산할 수 있다. 염분을 x-축, 희석농도를 y-축으로 하면 앞의 그림과 같이 직선으로 표현되며, 이 직선을 이론적인 보존성 물질의 희석선(dilution line)이라고 한다. 물론 강물에 녹아 있는 물질의 농도가 바닷물에 녹아 있는 물질의 농도보다 작은 경우는 염분이 증가할수록 농도는 증가하는 모습을 보일 것이다. 참고로 하천보다 바다에 더욱 풍부하게 존재하는 성분으로는 Ca, Mg, K, Cl, SO_4 등이 있고, 바다보다는 하천에 더욱 풍부하게 존재하는 성분으로는 용존 유기물질과 육상에서 발생되어 유입되는 오염물질로 Fe, Al, P, N, Si 등이 있다.

● 하구의 생물(생태계)

하구의 생물을 생산자-소비자-분해자로 구분할 때, 생산자는 식물플랑크톤, 소비자는 동물플랑크톤, 어류 등, 분해자는 생물사체를 먹이로 이용하는 박테리아이다. 빛을 받아서 유기물을 생산(탄소를 생산)하는 신비한 능력을 가지고 있는 식물이 육지에 있다면 강, 하구, 바다에서는 식물플랑크톤이 대부분을 차지하는 조류(藻類, algae)가 그 역할을 담당한다. 그러나 햇빛만으로는 한계가 있다. 육지에서 공급되는 영양염류(nutrients)는 조류의 성장에는 충분하지만 하구가 탁한 경우 햇빛이 전달되는 깊이가 얕아지기 때문에 표층에서만 겨우 광합성을 할 수 있다. 또한 하구는 염분변화가 크기 때문에 담수 식물플랑크톤은 점점 사라지고 해수 식물플랑크톤이 그 자리를 차지하게 된다. 식물플랑크톤의 성장~번식과정은 가까운 연안과 유사하지만 가장 두드러진 환경특성은 탁도(turbidity)이다. 연안에서 수심이 얕은 영역은 흐름이나 파랑의 영향으로 바닥의 퇴적물질이 부유하여 탁해질 수 있으나, 하구는 탁한 정도가 더 심하다. 따라서 이러한 탁한 특성은 식물플랑크톤의 번식을 방해하는 요인이 되면서도 풍부한 영양염류의 공급으로 식물플랑크톤의 성장을 촉진하는 요소가 되기도 한다. 따라서 하구의 흐름이 강한 하천방향의 경계보다는 탁도 최대지역을 지난 바다방향의 경계 부근이 이론적으로는 식물플랑크톤 번식의 최적 장소가 된다. 그러나 하구는 급격한 염분변화로 먹이는 풍부하지만 살기는 어려운 장소이다. 그러므로 하구의 생물 다양성은 강이나 바다에 비하면 낮다. 따라서 하구 고유종 보다는 하구를 일시적으로 이용하는 생물이 많다. 그러나 하구환경에 대처·적응할 수 있는 생물은 하구에서 번성하게 된다. 해양과 하천으로부터 운반되는 풍부한 영양염류는 하구를 식물플랑크톤 성장에 적합한 환경으로 만든다.

한편 죽은 식물플랑크톤 등 떠다니는 쇄설물(detritus)은 미세박테리아, 균류, 원생동물과 다른 미생물에 의하여 상당 부분이 분해되고, 분해된 유기잔사물질은 단백질이 풍부하여 바다벌레(worms), 달팽이, 조개, 굴, 치어(juvenile fish), 새우 등과 같은 작은 동물에 의하여 소비된다. 작은 동물은 보다 큰 어류나 조류(鳥類)에 의하여 다시 먹히면서 점점 먹이사슬의 상위단계로 올라가게 된다.

● 하구의 이용 및 관리-복원

인간이 하구를 이용하는 이유는 무엇인가? 우리나라의 경우 기본적으로 소유자가 없는 공간(땅)을 확보하기 위하여 가까운 바다 또는 얕은 바다가 선택되었다면, 그 선택 공간이 육지로 둘러싸인 만이나 하구인 것이다. 엄밀히 말해서 하구의 어떤 기능을 이용한다고 하기 보다는 하구를 통하여 바닷물이 들어오는 것을 막기 위해 하구의 모든 기능을 포기했다는 표현이 보다 정확하다. 특히 조수간만의 차가 큰 서해안에서는 조석의 영향으로 하구를 통하여 바닷물이 강을 거슬러 깊숙하게 들어오기 때문에 물로 덮이는 땅이 필요하지 않은 상황에서 들어오는 물을 막아 땅을 만드는 작업이 불가피하다. 그렇게 하나 둘 막힌 하구가 서해안의 전부를 차지하고 있다고 해도 과언이 아니다. 남해안도 대부분 그렇다. 동해안의 경우는 별로 없지만 막는다고 해서 굳이 유리한 점이 없기 때문이기도 하다.

바다도 우리의 영토이다. 그러나 여전히 이용하기에 익숙한 땅만을 고집한다면 가치가 높은 하구와 연안은 점점 매립되어 사라질 것이다. 특정 개인이나 단체의 경제적 가치로 환원될 수 없는 우리나라의 환경생태 자산인 바다, 연안, 하구는 공공의 이익에 기여하기 때문에 총체적인 가치는 엄청나다.

지금 우리가 하나의 하구를 살리고, 복원하고자 한다면 흐름복원이 첫 단계가 되어야 한다. 하구는 전이지대이기 때문에 흐름복원이 없는 하구 복원은 하구 근처에서 수행되는 또 하나의 연안개발사업일 뿐이다.

안전한 연안

The Safe Coast

삼면이 바다에 접한 우리나라는 매년 나쁜 기상으로 큰 피해를 입고 있으며,
기후변화로 인한 해수면 상승으로 저지대 연안역의 침수 위험이 가중되고 있다.
이러한 해양환경변화에 대한 면밀한 검토와 적절한 대비가 필요하다.

해수면 상승

전 세계적으로 많은 비율의 인구가 연안에 거주하고 있다. 따라서 해수면 상승은 인류에게 심각한 위협이 되고 있다. 해수면 상승은 기후변화로 인해 나타나는 대표적인 해양 현상 중의 하나다.

강석구 한국해양과학기술원

해수면 상승은 기후변화로 인해 나타나는 대표적인 해양 현상 중의 하나로 국내뿐만 아니라 국제적으로 많은 관심을 불러일으키는 이슈이다. 이는 인류의 많은 비율이 연안에 거주하고 있기 때문에 거주지가 심각한 위협을 받을 수 있기 때문이다.

해수면 상승의 주요 원인은 크게 두 가지로, 열팽창과 대륙빙하의 해빙이다. 두 요인의 현재 해수면 상승에 대한 기여도는 대략 비슷한 것으로 보고한다. 그러나 향후에는 해수면 상승에 대륙빙하의 해빙 효과가 점차 커질 것으로 예상되고 있다. 해빙 효과 중 급격한 역학적 변화(Rapid Dynamical Changes)로 인한 효과가 제대로 반영되지 못하여 기후변동에 관한 정부간 패널(Intergovernmental Panel on Climate Change, IPCC) 4차 보고서의 해수면 예측 오차는 20cm 내외에 이를 것으로 예상하고 있다.

해수 온도상승에 따라 해수의 부피가 증가하는 열팽창 효과는 명확하다. 물은 4℃일 때 가장 부피가 작은데, 수온이 1℃씩 올라갈 때마다 0.05% 가량 부피가 늘어난다. 이것을 해수의 열팽창이라고 하는데, 0.1%만 증가해도 4m 정도의 해수면이 증가하게 되는 것이다. 20세기에 전 세계 헤수면은 매년 평균 1.8mm씩 상승한 것으로 보고되고 있다. 북서태평양 해역은 연간 5mm 안팎이며, 높은 해표면 온도로 유명한 서태평양 저위도 적도부근은 연간상승률은 '10mm/년'을 상회한다. 우리나라는 검토하는 기간에 따라 세계평균치와 유사하거나 평균치보다 2배 정도 상승하는 특성을 보이는 등 장기변동성이 크다. 국립기상연구소가 최근 국제 표준 온실가스 시나리오를 이용해 산출한 기후변화 전망 자료에 따르면 2050년까지 우리나라의 평균기온은 3.2℃, 강수량은 16%, 해수면은 평균 27cm 상승할 것이라고 한다.

IPCC 4차보고서에 따르면 지난 25년간 지구표면 기온 상승률은 10년을 기준으로 했을 때, 평균 0.177℃이다. 과거 150년 간의 10년 평균 상승률(0.045℃/10년)보

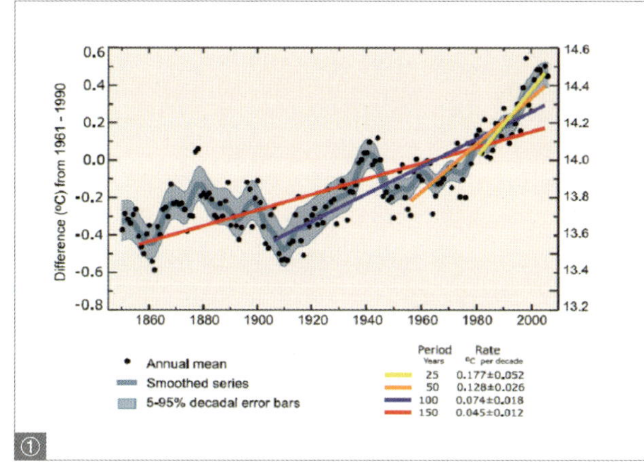

①

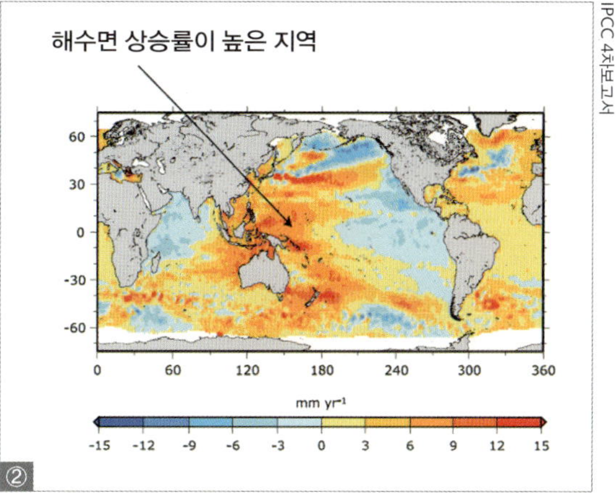

②

다 가속화되고 있다. 지난 10여 년간 전지구 해수면 상승률은 '3mm/년' 이상으로 보고(IPCC)되고 있으나, 해수면 상승은 지역적인 변화가 크며 우리나라는 상승률이 큰 북서태평양 해역에 속한다.

전지구 표면온도 상승 ①
1993-2003년간 전지구 해수면 상승률 ②

● 해수면 상승과 관련된 실질적인 이슈들

1,192개의 산호섬으로 이루어진 인도양의 아름다운 섬나라 몰디브에서 지난 2009년 사상 최초로 '해저 각료회의'가 열렸다. 대통령을 비롯한 10여 명의 각료들이 산소통을 맨 채 물속에서 수신호로 회의를 진행한 것인데, 이는 매년 2.5m씩 해수면이 상승하고 있는 몰디브의 현실을 세계에 알리기 위한 하나의 퍼포먼스였다. 이대로 가다가는 몰디브가 물속으로 사라질 것은 분명하다. 대체 무엇이 아름다운 섬 몰디브를 가라앉게 하는 것일까. 원인은 다름 아닌 지구 온난화로 인한 해수면 상승이다. 사실 해수면의 변화는 자연스러운 지구 활동의 하나로, 지구의 역사 가운데 끊임없이 변화를 반복해 왔다. 하지만 지구 온난화로 인해 지구 평균 기온이 상승하면서 남·북극의 빙하와 히말라야 산맥의 만년설이 녹고 있으며, 이것이 바다로 유입돼 해수면을 상승시키는 2대 원인 중의 하나가 되고 있다.

지난 1978년 이후 지속적으로 북극의 여름철 해양 빙하 면적은 10년마다 7.4%씩 줄어들면서 북극곰의 서식지가 줄어들고 있다. 2005년부터 2007년까지 약 20%가 넘는 북극 빙하가 사라지면서 북극 빙하의 면적은 미국의 절반에도 못 미치는 424km^2에 불과할 정도로 줄어들었다. 이는 북극해와 대서양 북부의 해수염분 변화에 크게 영향을 미치고 있다. 남극 역시 주변 기온이 현재 지구 평균 온도보다 5배나 빠르게 상승하고 있다.

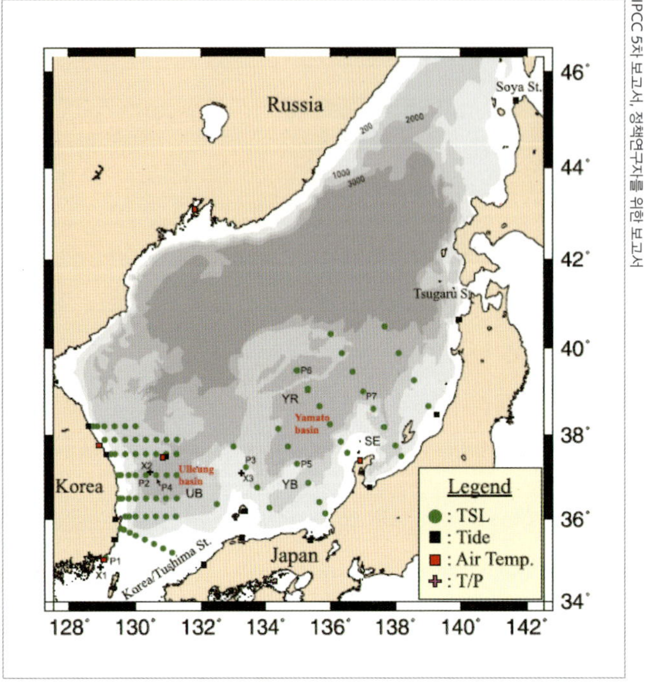

IPCC 5차 보고서, 정책연구자를 위한 보고서

동해 해수면 평가를 위한 검조소, 수온, 염분 관측점(녹색) 및 기상관측점

동해 전역에 존재하는 위성관측점(14,000여 지점)은 표기하지 않음.

해수면 상승이 야기하는 주요 문제 중의 하나는 침식이다. 인도 순다르반스에 있는 네 개 섬은 이미 물 속으로 사라졌고, 앞서 소개했던 몰디브의 상황처럼 가라앉을 위험에 처한 곳도 상당수다. 2020년까지 연안침식 또는 범람 위기에 처할 인구수는 15만 8천 명을 넘을 거라는 예상이 있는가 하면, 수몰 위기에 놓인 남태평양의 작은 섬인 키리바시는 새로운 섬을 구입해 전 국민이 이주하는 방안을 고려중이다.

● 우리나라 주변해 해수면 상승

우리나라 동해 해수면 산정결과 1993년 이후 9년간 해수면 상승률은 '5.4mm/년'이고 동해남부는 '6mm/년' 이상으로 전지구 평균보다 약 2배의 상승률을 보고 있다.

동해남부의 경우, 위성자료는 '6.6±0.4mm/년', 검조자료는 '6.5±3.3mm/년'으로 유사하며 이중 열팽창기여는 '5.7±2.4mm/년'으로서 열팽창이 해수면 상승의 약 80%를 설명하는 것으로 밝혀졌다. 즉 열팽창이 동해 해수면 상승의 대부분을 설명하고 있음을 보였다.

그림에서 초록색으로 표기된 지점은 해역의 수온 및 염분자료를 획득한 지점이다. 검조소 자료로부터 얻는 정보는 전체 상승 크기를 이해하는 데 사용되는 반면 수온, 염분자료는 해수면 상승의 기작을 이해하는 데 정보를 제공하고 있다.

서해나 남해는 얼마간의 차이는 있으나 동해의 해수면 상승경향과 유사할 것으로 예상된다. 이는 해수면 상승이 전 세계적으로 발생하는 특성이고 그 요인이 전세계적으로 비슷하기 때문이다. 물론 전 세계 해수면이 해역에 따라 큰 편차를 보이고는 있으나 우리나라와 같은 경우 북서태평양내의 현상이라는 비슷한 상승요인에 의해 지배받으며 비교적 좁은 해역이기 때문이다.

참고로 서해의 경우, 연안의 검조지점은 하구언 등 연안개발에 의해 많은 영향을 받을 수 있고 실제 그러하다. 따라서 서해안 검조소 자료 분석결과에 근거하여 서해 연안의 해수면 상승 경향을 해석하고자 할 때에는 이와 같은 오차 요인이 내재되어 있음을 감안해야 한다.

● 실질적인 이슈

삼면이 바다로 둘러싸인 우리나라 역시도 해수면 상승으로 저지대 연안역이 침수영향을 받을 수 있다. 지난해 한국 환경정책·평가연구원(KEI)이 발표한 '국가 해수면 상승 사회·경제적 영향평가' 협동연구 보고서에서는 2100년까지 가장 많은 곳은 1,434km^2(전남)가, 가장 적은 곳은 88km^2(제주)가 침수될 것으로 예상하고 있다. 해안지역의 경우, 습지 등과 같이 보존가치가 높은 자연생태계는 물론 주거, 관광, 항만, 산업단지 등이 집중되어 있기 때문에 더 큰 문제이다.

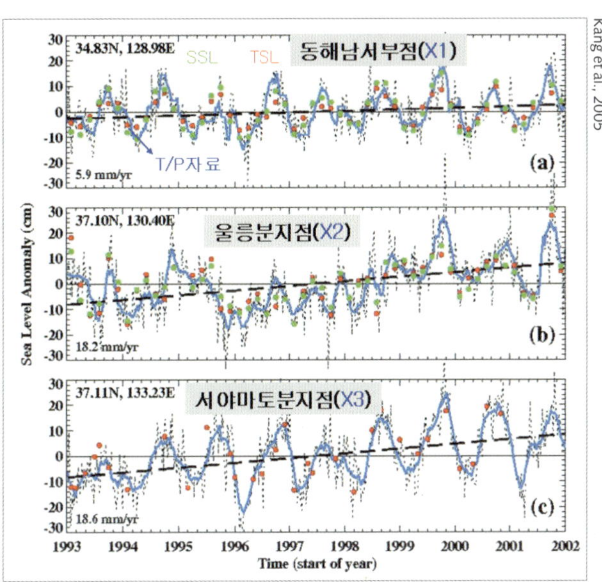

동해 주요 3개 지점에서의 해수면 상승 특성

동해 3개 지점에서의 위성으로 관측된 해수면 상승치와 열팽창 및 밀도변화로 인한 해수면 상승치를 보여주고 있다.

잘 알려진 바와 같이 후쿠시마 원전의 쓰나미 범람으로 인한 원자력발전소 폐쇄문제는 세계적인 이슈이다. 우리나라도 연안에 각종 연안구조물이 산재해 있으며, 연안구조물의 위치와 해역 특성에 따라 해수면 상승 시나리오에 따른 면밀한 검토와 대비가 필요할 것이다.

해수면 상승과 관련된 현상은 해수면 상승 자체로 인류의 거주지를 제한하는 직접적인 영향은 물론 다른 부차적인 많은 문제를 야기한다. 즉 해수면 상승과 결부된 빙하에서 녹아내린 담수가 해양으로 흘러가는 바다의 염분 비율을 낮춰 해양순환, 해양환경 변화와 대기-해양 상호작용에 의한 대기운동과 기온변화 등에 영향을 끼친다.

지금과 같은 속도라면 금세기 내에 1m 해수면 상승이라는 매우 현실적인 재해가 우리 눈앞에 펼쳐질 지도 모른다. 우리의 몫은 지구 온난화를 줄일 수 있는 일들에 대해 생각하고 실천하는 일이다. 지구 온실 가스를 낮추는 일에 동참하고 우리의 바다에 어떠한 일이 일어나고 있는가를 모니터링하여, 현재의 조건에서 미래의 가능한 현상을 정확히 예측하는 과학적인 예측기술을 축적하기 위해 더욱 노력해야 할 것이다.

해수범람으로 침수된 군산시가지

태풍과 해일

우리나라 연안에서 발생하는 재해 중 인명과 재산 피해의 원인이 되는 현상은 태풍, 태풍 통과 시에 발생하는 큰 파도와 강한 바람 그리고 태풍에 의한 폭풍해일 등을 들 수 있다.

박광순 한국해양과학기술원

2013년 11월 8일, 제30호 태풍 하이옌(HAIYAN)이 필리핀 전 지역을 관통하면서 사상 유례 없는 피해를 입혔다. 온전한 건물을 찾아보기 힘들 만큼 완전히 파괴된 마을, 여기저기 방치된 시체, 해안으로 밀려 올라온 폐선박의 모습에서 2004년 인도양 쓰나미, 2011년 동일본 대지진 때의 참상이 겹쳐지기도 했다. 인간이 손 쓸 수 없는 재앙을 불러일으키는 태풍이 출현한 것이었다.

UN 발표에 의하면, 하이옌의 순간 최대풍속은 379km(초속 105m)로 관측사상 역대 최대였으며, 3m 이상의 폭풍해일이 겹쳐 4천 명이 넘는 희생자와 수만 명의 이재민 및 사상자가 발생하였다. 이러한 위력으로 하이옌은 '살인태풍'으로 일컬어지기도 했다.

하이옌이 살인태풍이라 불릴 정도로 위력이 강한 슈퍼태풍으로 발달할 수 있었던 몇 가지 요인이 있었다. 우선 기본적으로 이동거리가 길었고, 과거에 비해 바닷물의 열용량(어떤 물질의 온도를 1℃ 올리는 데 필요한 열량)이 커지면서 필리핀 수변 해역의 수온이 29℃까지 뜨거워져 지속적으로 에너지를 축적할 수 있었다. 그런데 이러한 요인은 일회적인 것이 아니다. 가속화되고 있는 지구 온난화로 인해 대기가 채 흡수하지 못한 열이 바다 표면을 뜨겁게 하여 공기 순환이 빠르게 일어나면 초대형 슈퍼태풍이 형성될 수 있다. 그러므로 앞으로도 제2의, 제3의 하이옌이 발생하지 않으리란 보장이 없다.

태풍 하이옌의 피해

연합뉴스

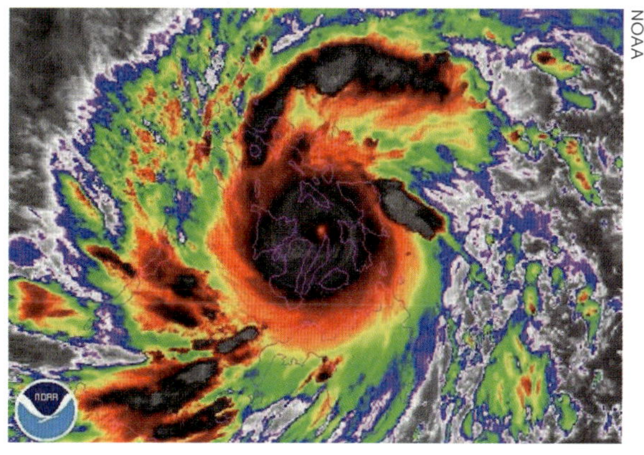

태풍 하이옌의 위성사진

삼면이 바다에 접한 우리나라 연안에서는 매년 여러 차례의 태풍, 온대성 저기압 그리고 동계의 강한 계절풍 등의 악(惡) 기상으로 인한 해상의 큰 파도가 발생한다. 이때 함께 수반되는 해일(storm surge)에 따른 범람현상으로 연안 침수, 각종 연안 시설물의 붕괴 및 유실, 해안침식 등에 의한 피해가 발생한다. 연안에서 발생하는 이상해면 상승에 의한 해수범람은 주로 태풍 또는 폭풍에 의한 해일 발생이 음력 보름과 그믐 무렵에 밀물이 가장 높은 때와 중첩될 때, 복합작용에 의한 해면 상승으로 인해 나타난다. 대개 이상해면 상승은 큰 파고를 동반하며 해안선 부근에서 파도에 의한 해수면의 상승(wave set-up)이 일어나면 이들이 합쳐져 더욱 커진다. 이로 인해 연안에서는 해수면 상승에 따른 저지대 범람에 의한 농경지, 주거지의 침수 피해가 발생한다. 또한 평소에는 도달하지 못하던 연안지역에 해일에 의해 상승된 해수면이 더해져 파도의 작용을 받게 되면서 해안침식, 구조물의 파괴 등이 일어난다.

우리나라 연안에서 발생하는 재해 중 인명과 재산 피해의 원인이 되는 현상은 태풍, 태풍 통과 시에 발생하는 큰 파도와 강한 바람 그리고 태풍에 의한 폭풍해일 등을 들 수 있다. 우리나라에서 발생하는 해일은 주로 폭풍해일이며, 대부분이 태풍 내습 통과시와 저기압으로 인한 기상 악화 시에 발생한다.

● 태풍

태풍(typhoon)은 저위도 지방의 따뜻한 공기가 바다로부터 수증기를 공급받으면서 강한 바람과 많은 비를 동반한 저기압으로 발달해 고위도로 이동하는 현상이다. 일반적으로 열대 해상에서 발생하는 전선을 갖지 않는 대류권내 저기압성 순환을 열대저기압(tropical cyclone)이라고 부른다. 태풍은 열대 저기압 중에서 중심 부근의 최대풍속이 '17m/초' 이상 되는 강한 폭풍우를 동반하고 있는 것을 말한다.

열대저기압은 지구상 여러 곳에서 1년에 평균 80개 정도 생기며, 발생하는 장소에 따라 명칭이 다르다. 북태평양 서부에서 발생하는 것을 태풍, 북대서양, 카리브해, 멕시코 만, 북태평양 동부에서 발생하는 것을 허리케인(hurricane), 인도양, 아라비아 해, 벵골 만에서 생기는 것을 사이클론(cyclone)이라 부른다. 태풍의 크기는 작은 것이 직경 200km 정도에 이르며, 큰 것은 무려 1,500km에 달하는 것도 있다.

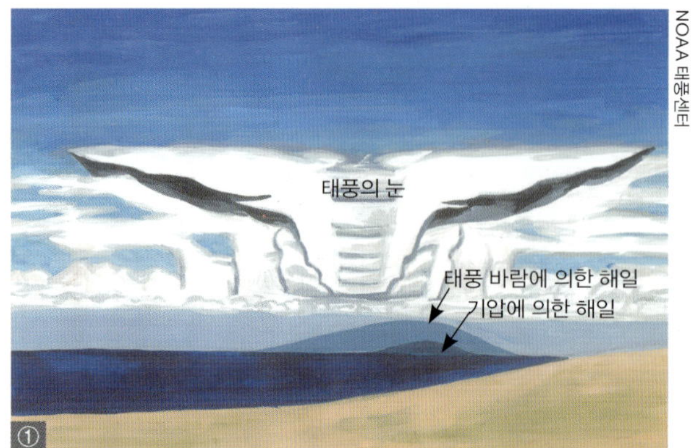

태풍해일의 바람과 기압성분 ①
인공위성에서 촬영된 태풍 영상의 예 ②

세계기상기구(World Meteorological Organization, WMO)에서는 중심 부근의 최대 풍속에 따라 열대저압부, 열대폭풍, 강한 열대폭풍, 태풍 이렇게 4계급으로 분류한다. 우리나라와 일본은 열대폭풍(tropical storm) 이상의 중심풍속을 형성하는 것을 태풍이라 부른다.

태풍의 발생 원인을 살펴보면, 태풍발생의 온상인 적도전선은 한대전선과는 달리 양측의 기류사이에 온도나 수증기 함유량의 차가 작다. 또 적도 부근의 해양에서는 보통 공기의 온도가 높고 습기가 많아 대기가 불안정해 적란운이 쉽게 생기며, 가끔 강한 스콜(squall)이 온다. 이 스콜이 처음으로 발생한 공기의 작은 소용돌이가 되며, 이것이 수렴기류로 인하여 적도 부근에 모이게 된다. 소용돌이가 한 곳으로 모이면 큰 소용돌이가 된다. 이것이 바로 태풍의 씨앗이다. 이 씨앗이 적도전선에서 점차 커져 마침내 태풍이 된다.

태풍은 수증기를 많이 함유한 열대기류가 주위로부터 흘러들어 중심 부근에서 강하게 상승하면서 적란운이 형성되어 강한 비를 내린다. 이때 수증기가 응결하면서 많은 열을 방출하여 주위의 공기 온도를 높여 상승기류를 강화시킨다. 강해진 상승기류는 수증기를 즉시 강한 비로 바꾼다. 태풍이 따뜻한 바다 위를 이동하면서 이러한 과정이 반복되고 점점 커진다.

태풍의 구분

중심부근 최대풍속		17m/초(34knots) 미만	17~24m/초(34~47knots)	25~32m/초(48~63knots)	33m/초(64knots) 이상
구분	세계기상기구	열대저압부 Tropical Depression (TD)	열대폭풍 Tropical Storm (TS)	강한 열대폭풍 Severe Tropical Storm (STS)	태풍 Typhoon (TY)
	한국 일본	열대저압부	태풍		

태풍백서, 2011

태풍은 주로 북서태평양 필리핀 동쪽의 넓은 해상에서 생겨 북서쪽으로 서서히 세력을 키우며 이동하다가 동중국해 부근에서 진로를 바꾸어 북북동 혹은 북동쪽으로 포물선을 그리면서 움직이는 것이 보통이다. 그러나 태풍의 발생지점과 이동경로는 일정하지 않고 계절에 따라 변하며 때때로 예상 외의 경로를 따라 이동하기 때문에 예측하기 어려울 때도 있다. 최근 30년간 태풍의 발생빈도에 관한 통계를 보면 연평균 25.6개가 발생하며, 지역적으로는 130°E~145°E, 4°N~20°N 사이에서 가장 많이 발생하고 7, 8, 9, 10월의 4개월간에 발생빈도가 가장 높다(태풍백서, 2011).

태풍은 육지로 상륙하면 점차 약해지지만 이때부터 호우와 폭풍이 위력을 떨치며 큰 피해가 발생한다. 특히 우리나라는 비가 많이 내리는 7월과 8월이 태풍 내습기와 겹치기 때문에 피해가 더 크다. 또한 6월과 9월에도 태풍의 통과로 인해 피해를 입기도 한다. 기상청의 태풍백서(2011)에 따르면, 지난 1904년부터 2010년까지 107년간 우리나라에 영향을 미친 태풍의 수는 모두 327개이다. 1년에 평균 3개 정도의 태풍이 우리나라에 영향을 미치며, 태풍이 가장 많이 영향을 미치는 달은 8월, 7월, 9월의 순이고 7월과 8월의 두 달 동안에 영향을 미친 태풍의 수는 전체의 2/3에 달한다.

태풍은 북태평양 남서쪽 해상에서 발생하여 북상하기 때문에 과거에는 그 실체를 파악하기가 쉽지 않았다. 하지만 최근에는 기상레이더와 기상위성(GMS)의 등장으로 태풍의 실체가 거의 밝혀지고 있으며, 발생에서 발달 및 쇠약까지 예측하고 항상 감시할 수 있다. 태풍이 육지에 접근해 오면 지상에 설치된 기상레이더가 그 위력을 발휘하게 된다. 기상레이더의 최대탐지 거리는 약 300~400km 정도이나 산악이 많은 우리나라는 전파 빔(beam)이 산악에 막히게 되므로 내륙에서의 탐지거리는 훨씬 작아진다. 기상레이더는 연속적으로 관측할 수 있기 때문에 북상중인 태풍의 구조와 동태를 시시각각으로 추적할 수 있다

북반구에서는 바람이 반시계방향으로 불면서 중심으로 몰려들며, 중심에 가까워질수록 비바람이 점점 강해지고 중심에서 50~60km의 거리에 이르면 절정을 이룬다. 그러나 다시 태풍 중심으로 갈수록 비바람이 점차 약해져서 가장 중심이 되는 부분에는 바람이 약하고 구름도 없는 구역이 원형으로 나타나는데 이것을 '태풍의 눈' 이라고 부른다. 태풍의 눈에 해당하는 구역에는 하강기류가 있어 하늘이 맑게 개이며, 태풍에 따라서는 그 크기가 직경 수십km에서 수백km에 달하기도 한다. 보통 중심기압이 900~990hPa의 범위이고 태풍의 눈을 제외한 중심의 전방에 많은 비를 뿌린다. 대부분 전선을 동반하지 않으며, 진행방향으로 볼 때 우측이 좌측에 비하여 바람도 강하고 강우량도 2배 정도 많다.

한편 태풍이 접근해 올 때 태풍의 진로, 이동속도, 최대풍 반경 등을 예측하는 것이 매우 중요한데, 태풍의 진로나 이동속도를 정확히 예상하는 것은 매우 어렵다. 현재

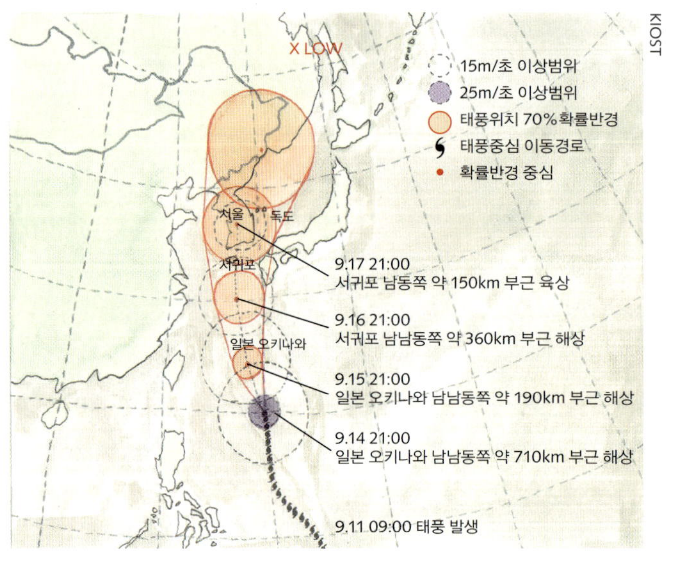

2012년 16호
태풍 산바의 예상진로
(2012. 9. 14)

발전된 기상학과 컴퓨터를 이용한 태풍 진로 예보는 크게 향상되었으나 24시간 예보의 평균 오차범위는 190km 내외로 아직까지 완전한 수준에는 미치지 못하고 있다. 우리나라의 태풍예보는 선진국과 같이 예보모델에 의한 수치예보 자료와 통계에 의한 예보방법 등을 사용하고 있으나 한반도에 접근하는 태풍은 진로 변화가 심한 북위 25°~30° 부근의 전향점을 거쳐 북상하기 때문에 태풍진로에 관한 장시간 예보는 더욱 어렵다.

태풍이 접근해 오면 기압이 하강하고 풍속도 점차 강해진다. 반대로 기압이 점차 상승하고 바람도 서서히 약해지면 태풍이 우리가 있는 곳에서 멀어지고 있는 것이다. 바람은 태풍 진행 방향과 태풍권 내의 바람 방향이 비슷한 오른쪽 반원에서 가장 강하다. 파도와 강우량은 태풍권 내에서도 변화가 심하게 나타나지만 대체로 태풍진행 방향의 전방에서 크고 많다. 강우량은 태풍권 내에서도 변화가 심하게 나타나지만 대체로 태풍진행 방향의 전방에서 많다. 해일은 태풍 진행방향의 오른쪽 반원에서 주로 발생한다. 태풍이 해안에 접근할 때 오른쪽 반원에서 강풍이 해안 쪽을 향해 불고, 해일과 함께 높은 파도가 발생하므로 폭풍과 풍파에 의한 파랑이 해일과 동시에 작용하여 선박이나 해안 시설물을 파괴한다.

● 해일

해일이란, 태풍 또는 발달한 저기압에 의해 생기는 해수면의 이상상승(異狀上昇)을 말한다. 즉, 태풍 또는 발달한 저기압이 통과할 때 생기는 폭풍과 현저한 기압강하로 인해 예보조위보다 수위가 현저히 상승하면 이것을 폭풍해일이라 하며, 보통 예측조위로부터의 편차를 가리킨다. 태풍이나 온대성 저기압에 의한 폭풍해일의 발생원인은 해저지진, 해저화산 폭발, 해저사면 붕괴, 해안의 붕괴 등에 의한 지진해일과는 구분된다.

태풍중심에서 해수면은 기압이 1hPa 하강할 때마다 1cm씩 상승한다. 예컨대 중심기압이 960hPa의 태풍인 경우 권외의 해면기압을 1,010hPa이라 하면 해면이 50cm(1010-960=50hPa)나 상승하게 되며, 중심으로 향하는 강풍 때문에 매우 높은

폭풍해일의 개념도

해일을 일으킬 수 있다. 태풍 통과시에 발생하는 폭풍해일은 태풍의 눈이 상륙하는 지역 가까이의 해안을 가로지르며 수십km 넓이에 걸쳐 거대한 해수돔(dome)을 밀어붙인다. 해일은 외해에서도 생기지만 실제 영향도 적고 별로 눈에 띄지 않는다. 하지만 해일이 만조 시에 일어나면 수위가 매우 높아져 방조제, 연안시설, 가옥을 파괴하고, 인명피해를 발생시키기 때문에 해일의 발생시각과 수위 상승량을 정확히 예보하는 것은 매우 중요하다.

연안에서의 자연재해로 인한 인명피해는 대부분 폭풍해일이나 지진해일에 의해 발생한다. 해일로 인한 피해는 해일이 갖는 큰 유압과 강한 풍랑으로 생기는 인명피해, 항만시설과 제방의 파괴, 선박피해, 해안 근처의 농경지 침수와 양식장 피해 등을 들 수 있다. 해일은 하천의 홍수와 달리 육지가 단시간에 침수되기 때문에 해안선의 넓은 범위에 걸쳐 피해가 일어난다. 따라서 인구 밀집지역에서 해일 내습경보와 대피가 적절히 이루어지지 않으면 큰 인명피해를 입을 수 있다. 우리나라에서 해일로 인한 피해는 주로 태풍내습 시에 발생하는데, 태풍에 의한 인명과 재산 피해 중에서 해일로 인한 피해만 구분하여 통계를 낸 자료는 드물다. 태풍백서(기상청 2011)에 따르면, 재산피해의 경우, 1987년의 태풍 셀마(THELMA)를 빼고는 모두 1990년대 이후에 발생하였으며, 2000년대 이후에 발생한 태풍이 5개로 조사되어 최근의 급격한 도시팽창 및 각종 산업시설의 단지화와 유수지 등의 상대적 감소로 피해가 급증하고 있음을 알 수 있다. 반면에 인명피해는 1987년 태풍 셀마, 2002년 태풍 루사(RUSA)를 제외하고는

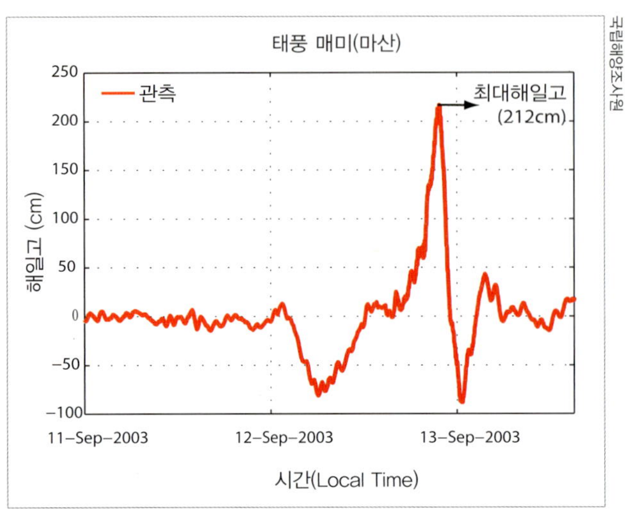

2003년 14호
태풍 매미 통과 때
마산의 해일관측자료

1980년대 이전에 발생하여 인명피해에 대한 양상의 변천에 특징을 보여주고 있다.

태풍 때 발생한 폭풍해일과 고파랑으로 인한 피해를 보면, 1987년 태풍 셀마때 선박피해가 3,116척으로 과거 평균 1회당 64척이었던 선박피해에 비해 50배나 증가했다. 태풍 셀마의 피해가 컸던 이유는 셀마의 내습시간이 야간이었고, 태풍의 중심원이 경남 마산 지역을 스치면서 만조시간과 일치하여 강한 해일을 유발시켰기 때문으로 분석된다.

열대성 저기압으로 생긴 해일은 우리나라 뿐만 아니라 오스트레일리아, 벵갈 만, 미국동부해안, 멕시코 만 등 많은 곳에서 일어나고 있다. 오스레일리아의 북부해안은 허리케인으로 빈번하게 피해를 입고 있는데 1899년 3월 5일에는 타운스빌 북쪽의 퀸스랜드를 내습한 중심기압 914hPa의 초대형 태풍으로 생긴 해일로 해수가 내륙 5km까지 침입했다고 한다. 인도양 벵갈 만 안쪽은 해일침수 상습지대로 1876년에 상륙한 사이클론이 높이 12m에 달하는 해일을 일으켜 외해쪽의 섬과 해안 저지대를 침수시켰는데 이때는 사망자 수만 약 10만 명에 이르렀다. 일본의 경우 1934년 9월 21일 내습한 태풍으로 일본의 긴키(近畿), 시고쿠(四國)에서 사망자와 행방불명 3,066명, 부상자 15,361명, 가옥의 전파 또는 반파가 42,000호에 달했으며, 이중 해일로 생긴 사망자는 전체 인명피해의 반을 넘는 1,900명 정도로 추정되고 있다. 북해에서는 온대성 저기압으로 생긴 해일이 알려져 있다.

연안에서 해일에 의한 연안침수, 제반 연안방재 시설물의 붕괴·유실, 해안침식 등과 같은 연안재해 피해를 줄이고 방지하기 위해서는 폭풍해일, 큰 파도 등 연안재해 요소에 대한 정밀 관측시스템과 예·경보 시스템이 구축되어야 한다. 이와 함께 해일피해 예상지역의 침수구역지도 작성 및 방재시설물의 설계조건 산출 등 연안재해에 대한 체계적이고 과학적인 대응기술을 개발해야 한다.

최근 한국해양과학기술원에서는 운용해양예측시스템(Korea Operational Oceanographic System, KOOS)의 개발·구축 연구를 진행 중이다. 우리나라의 연안과 해양에서 발생하는 연안재해·재난 대응, 유류오염 확산이동 예측, 해난사고 시 수색구조, 적조확산 예측 등 현안문제 해결을 위한 지원뿐만 아니라, 안전항해지원, 어로작업, 군작전, 연안·해양공사 지원, 레저활동 지원 등 각종 해상활동의 지원을 위한 시스템이다. 운용해양예측시스템 KOOS를 통해 정밀격자 해양기상 정보생산시스템,

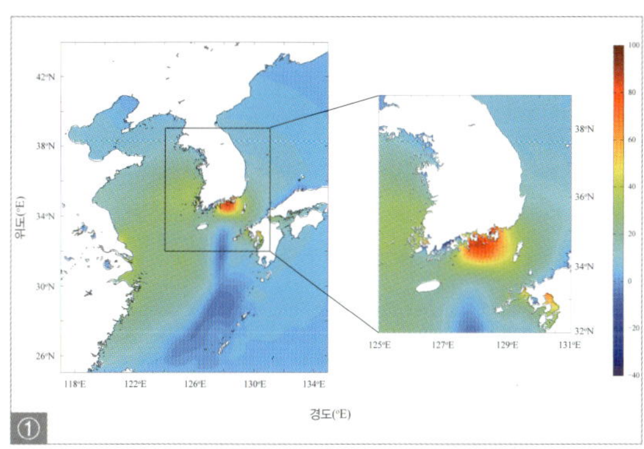

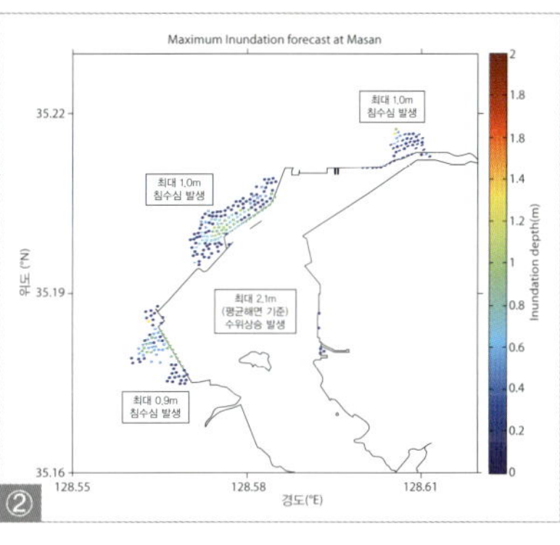

2012년 12호 태풍 산바(SANBA) 통과시 72시간 해일 예측 예 ①

2012년 16호 태풍 산바(SANBA) 통과시 마산지역 침수범람 예측 예 ②

정밀격자 연안 해상상태(파랑, 조석, 조류, 폭풍해일, 풍성류 등) 예측시스템, 3차원 해양·연안순환 예측시스템, 활용예측시스템(유류오염 확산, 수색구조 예측시스템, 부유사, 오염물 이동확산 예측시스템, 항만·수로 실시간 해양환경 현황·예보시스템)등이 개발, 구축되고 있고 현재 KOOS의 초기 시스템이 구축되어 시범 운영되고 있다.

KOOS에는 국지정밀 폭풍해일예측 시스템도 포함되어 있는데, 이 시스템에서는 태풍이나 폭풍 내습 시 연안의 지역별 해일 발생 예상시간, 해일 높이, 해일로 인한 침수범람 지역 예측 등 정밀 해일에 대한 정밀예보정보를 생산·제공함으로써 사전에 인명 대피 및 대책 수립에 활용할 수 있도록 하고 있다. KOOS에서는 국지정밀 폭풍해일예측 시스템을 이용하여 2012년 16호 태풍 산바(SANBA) 통과 시 남해안의 해일 높이와 해일로 인한 침수 범람이 예상되는 지역을 사전 예측하였다.

이와 같이 태풍과 태풍 등의 기상악화로 발생하는 폭풍해일은 연안재해를 일으켜 국민의 생명과 재산 피해를 입히는 주요한 요인이다. 그러므로 해일의 발생시각과 수위 상승량, 침수지역을 정확히 예보하는 것은 매우 중요한 일이다. 현재 구축된 국지정밀 폭풍해일예측 시스템은 시범운용과 지속적인 개선 연구를 통해 예측정확도를 높여 가까운 미래에는 실제로 활용할 수 있을 것이다.

우리나라 운용 해양 예보시스템(KOOS)의 개념도

지진해일, 쓰나미

쓰나미는 주로 지진이나 화산활동으로 인한 해저지형의 급한 변동으로 인해 해양에 생기는 장파의 전파현상으로, 강풍이나 기압의 저하로 인해 발생하는 폭풍해일과는 다르게 파장이 매우 길고, 파고가 높은 것이 특징이다.

김경옥 한국해양과학기술원

지진해일은 지진에 의해 생기는 해일이며, '쓰나미'로도 불린다. '쓰나미'라는 용어는 본래 일본어 진파(津波, つなみ)에서 유래되었으며, 20세기 후반 이후 세계적으로 널리 사용되고 있다. 바다에서는 큰 파도가 없었으나 항구에서 큰 피해가 나오는 현상을 말한다. 쓰나미를 일으키는 원인으로 가장 흔한 것은 해저지진 즉, 진원지가 해저에 있는 지진이다. 이 밖에 해안 지역에서 일어나는 산사태, 해저 화산 활동, 해저 산사태 등 지질학적 요인과 해양의 운석낙하로 인해 발생하기도 한다. 국내에서는 지진으로 인한 해일이라는 좁은 의미로 지진해일이라는 용어를 사용하고 있으며, 과거 17세기에 발행된 『탐라지』에도 '지진해일'이 언급된 바 있다.

쓰나미는 주로 지진이나 화산활동으로 인한 해저지형의 급한 변동으로 인해 해양에 생기는 장파의 전파현상으로, 강풍이나 기압의 저하로 인해 발생하는 폭풍해일과는 다르게 파장이 매우 길고, 파고가 높은 것이 특징이다. 바람으로 인해 발생하는 해양파와는 성격이 다르며, 해저지형이나 해수의 부피를 단시간에 변화시키는 충격파에 의해 대량의 해수 덩어리가 육지에 밀려와 각종 재해를 발생시킨다. 바람에 의해 발생되는 파랑은 해수면 부근의 현상으로 파장은 몇m~수백m 정도이나, 지진해일의 파장은 수km에서 수백km로 아주 길다. 또한 지진해일은 지진 등으로 인해 해저지형이 변형되어 주변의 넓은 범위에 있는 해수 전체가 단시간에 상하로 움직이고, 그로 인하여 해면에서 발생한 파가 주위로 확산되어 가는 현상으로, 해저에서 해면까지의 모든 바닷물이 거대한 물 덩어리가 되어 해안에 밀려온다. 따라서 지진해일은 해안에 도착했을 때 그 세기가 약해지지 않고, 연속적으로 밀려오기 때문에 높이는 증폭된다.

지진해일을 일으키는 지진의 운동은 단층의 모양과 단층이동거리 및 각도로 계산할 수 있다. 과거에는 단순한 단층모양을 가정하고 지진해일을 예측하였으나, 최근

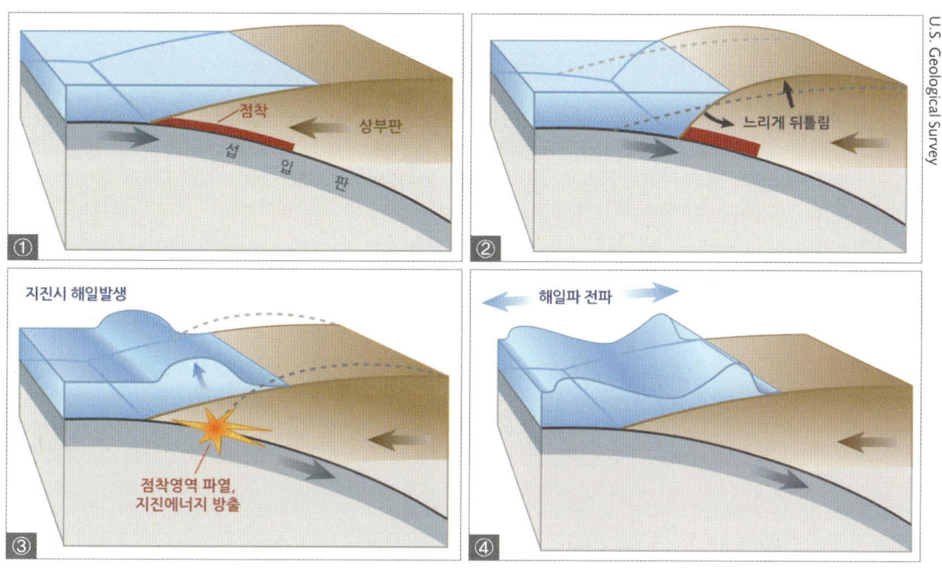

U.S. Geological Survey

지진해일의 발생과정
① 지진이 일어나기 전의 지각판의 경계부분
② 압박으로 지각판의 융기가 일어남
③ 지각판이 미끌어 지면서 지반이 침하하고, 이 위치에너지가 물에 전달됨
④ 전달된 에너지는 지진해일 파도를 생성함

지진계측 기계 및 GPS를 이용한 지반이동 거리를 정밀하게 얻을 수 있게 되면서 더욱 정밀한 단층모양과 이동거리를 산정할 수 있게 되었다. 단층지역을 정형의 격자로 구성한 유한단층 모델은 복잡한 거대 지진의 발생 과정을 이해하는데 도움을 주며, 유한단층의 거동으로 인한 바닥표면의 변화를 지진해일 파의 초기수면조건으로 가정하고 해일을 산정한다.

지진해일 파는 반사·굴절·간섭 등의 파랑의 성질을 그대로 가지면서 여러 조건에 의해 변화하기 때문에 예측되지 않는 곳에서도 피해가 발생할 수 있다. 지진해일 파는 파랑의 종류 중 고립파로 분류되며, 그 중에서도 전파 중에 모양과 속도가 변화하지 않고 서로 충돌해도 안정적인 특징을 갖는 솔리톤으로 분류된다. 지진해일이 해안에 도착하면 바닷물이 빠르게 빠져나가면서 다음 해일이 밀려오는 일이 되풀이 된다. 지진해일 파가 얕은 바다로 들어오게 되면 파고가 급격하게 높아지는데, 이를 '천수화 효과'라고 한다. 이것이 해안가를 강타함에 따라 엄청난 피해를 발생시킨다. 지진해일의 주기는 짧게는 2분, 길게는 1시간 이상이며, 파장이 100km를 넘기도 한다. 따라서 지진해일이 내륙으로 밀려오면 수위의 증가는

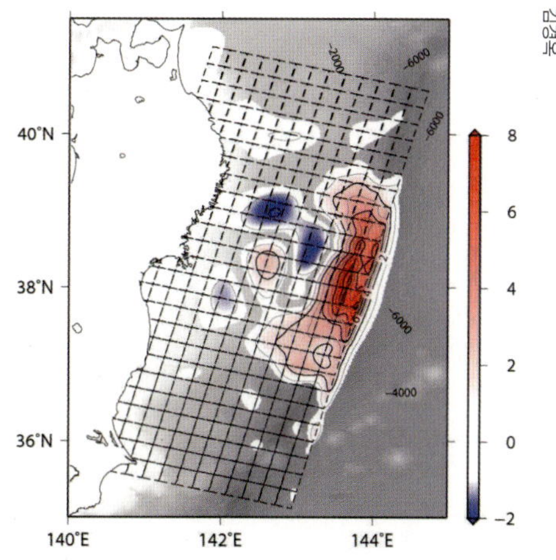

김경옥

USGS에서 발표한 유한단층모형을 이용한 지진해일의 초기 수면변화

마치 해면 자체가 상승한 것 같은 상태가 되어 큰 수압이나 흐름에 의한 파괴력이 증가한다. 또한 지진해일이 밀려나갈 때도 높은 해수면의 수괴가 낮은 해수면 쪽으로 이동하면서 파괴력이 증가한다. 지진해일은 10회 이상의 파가 밀려오며, 제2파, 제3파가 가장 커지는 경향이 있다. 이후 점차 작아지는데, 완전히 없어질 때까지 짧게는 한 시간 길게는 며칠이 걸릴 수도 있다.

지진해일에 의해 해수면의 높이가 높아지면, 그에 따라 해수의 수평적(해일의 진행 방향)인 움직임도 커진다. 해수의 수평적인 움직임이 커지면 수심이 얕은 곳에 서 있는 것도 힘들 수 있다. 유속에 대한 해수욕장의 안전기준은 '0.2~0.3m/초' 이하가 적당하며, '0.3m/초'가 넘으면 유영주의 또는 부분 금지되는 경우가 많다. 일반적으로 지진해일의 높이가 0.2m를 초과하면 유속이 '0.3m/초' 이상이 발생하며, 일본에서는 지진해일의 높이가 0.2m를 초과 할 것으로 예상되는 해안에 해일 주의보를 발표하고 있다. 해일 주의보가 발표되면 바다에서 나와 신속하게 제방보다 육지 쪽으로 이동해야 한다. 해일의 높이가 1m를 넘으면 해안의 주택 등에 피해가 발생할 수 있다. 지진해일은 반사를 반복하기 때문에 여러 번 밀려오거나 여러 파가 겹쳐서 현저히 높은 파도가 될 수도 있다. 따라서 첫 번째 파도보다 나중에 내습하는 지진해일의 파도가 높을 수도 있다.

2004년 12월 26일에 인도네시아의 수마트라 섬 부근 인도양에서 규모 9.0의 강진에 의해 발생한 수마트라 지진해일은 세계적으로 피해가 컸던 지진해일 중 하나로, 인도네시아 11만 229명을 비롯하여 스리랑카·인도·타이 등 주변국 해안지역에서 총 15만 7,002여 명이 사망하였다. 2011년 3월 11일 일본 미야기 현 센다이 동쪽 179km 해역에서 발생한 규모 9.0의 동일본 대지진은 그 자체로 상당한 피해가 발생했을 뿐 아니라, 태평양 연안의 넓은 지역에 초대형 지진해일을 유발함으로써 2만 명에 가까운 사망·실종자와 수십 만 명의 이재민을 발생시켰다. 인근 해안 지역에 있는 원자력발전소들도 그 영향을 받았으며, 특히 후쿠시마 제1원전에서는 원자로의 냉각 기능이 장기간 상실되어 대량의 방사능 물실이 유출되는 사상 초유의 사태가 일어났다.

우리나라에서 발생한 지진해일 중 대표적인 피해 사례는 1983년 5월 26일 일본 혼슈 아키타현 서쪽 근해에서 발생한 규모 7.7 지진에 의한 지진해일로, 지진발생 1시간 30분 후부터 10분 주기로 지진해일이 몰려와 동해안의 여러 지역에 많은 피해를 주었다. 울릉도, 묵호, 속초 및 포항 등지에 최대 2m 이상의 해일이 발생하여 5명의 인명피해 및 81척의 선박피해를 입었다. 10년 뒤인 1993년 7월 12일에도 홋카이도 남서부에서 발생한 지진해일로 인해 동해에서 최대 2.8m의 해일이 발생하였다. 그러나 1983년의 지진해일과 달리, 기상청이 22시 50분 지진해일 특보를 발표하고 신속한 지진해일 대비업무를 수행하여 인명피해는 없었으며 재산피해도 줄일 수가 있었다.

우리나라 지진해일 기록

일시	파원역	지진해일 발생원인	규모	지진해일 발생지역
1643. 7. 24	경상도 동쪽 해역	지 진		경상도
1668. 7. 25	중국 산둥성	지 진		평안도, 철산
1681. 6. 26	강원도 동쪽 해역	지 진		강원도
1707. 10. 28	일본 고치 남해해역	지 진		제주도
1741. 8. 29	일본 홋카이도 남서해역	화산활동에 따른 토사붕괴		동해안
1940. 8. 2	일본 홋카이도 서쪽해역	지 진	7.5	경상도
1964. 6. 16	일본 니가타 서쪽해역	지 진	7.5	동해안
1983. 5. 26	일본 아키타 서쪽해역	지 진	7.7	동해안
1993. 7. 12	일본 홋카이도 남서해역	지 진	7.8	동해안

지진이 발생하면 먼저 지진의 위치와 규모를 정하고, 지진의 위치와 규모로 예상되는 해일의 높이와 도달 시간을 지진해일 예보 데이터베이스에서 검색한다. 이렇게 검색으로 얻어진 지진해일 예측 결과를 이용하여 경보 및 주의보를 발표한다.

지진해일 예보 데이터베이스에는 수많은 시나리오에 따른 지진해일 예보치를 수록하고 있다. 지진에 의한 해저에서의 지하단층의 움직임은 이론적으로 계산할 수 있으며, 이때 단층을 규정하는 것은 단층의 수평 위치와 깊이, 단층의 크기, 단층 방향, 단층의 경사 및 미끄럼 방향·크기이다. 단층의 방향은 주로 과거의 지진을 기준으로 결정하고 있으며, 단층의 수평 위치와 깊이, 그리고 단층의 크기와 미끄럼 크기는 어떤 장소에서 어떤 크기의 지진이 발생하더라도 대처할 수 있도록 수많은 시뮬레이션을 수행하여 데이터베이스에 수록한다. 또한, 단층의 경사와 미끄럼 방향은 가장 큰 해일을 발생시킬 수 있는 경사가 45°의 순수역단층을 가정하여 계산한다. 해저 지각변동으로부터 발생된 지진해일은 수십km 이상으로 전파되는데, 이를 수치로 계산하기 위해 계산 영역을 가로 세로 격자 모양으로 잘게 구분하고, 각 격자에 해당하는 해일의 높이와 속도에 대해 해일 전파 방정식에 따라 시간별로 계산한다.

해일 경보의 기준이 되는 해안에서 예상되는 해일의 높이는 지진해일 전파 시뮬레이션으로 계산된 해안에서의 높이를 그대로 사용하는 것은 아니며, 격자를 더 상세하게 구성한 범람 시뮬레이션을 이용하거나, 계산량을 줄이기 위해 해안에서의 높이를 추정하는 방법을 이용한다. 해안 근처의 수심은 얕고 지형이 복잡할 경우 지진해일 전파 시뮬레이션으로는 지진해일 재현 정밀도가 떨어진다. 이 문제를 해결하기 위해 해안 가까이의 격자를 상세하게 구성하여 범람 시뮬레이션을 계산하는 방법이 있지만, 모든 해안을 계산하기 위해서는 엄청난 시간이 요구된다. 일본의 경우 일본 가까이에서

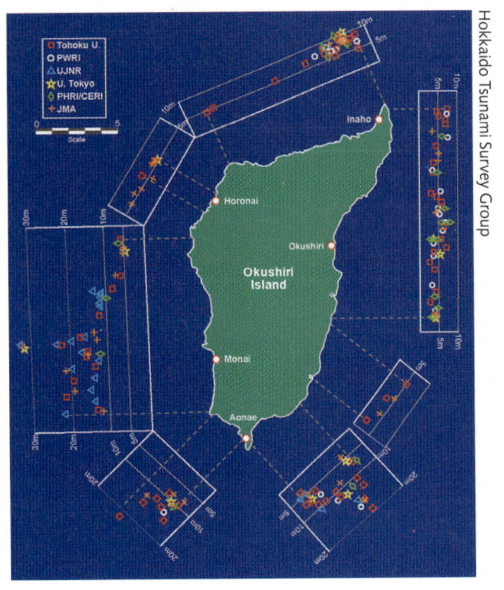

1993년 홋카이도 지진해일에 의한 오쿠시리 섬에서의 관측높이

발생하는 지진은 일본 연안에 바로 급습하기 때문에, 최신 컴퓨터를 사용하더라도 경보를 발표하기에는 시간이 부족하다. 그러므로 지진해일 예보 데이터베이스와 '그린의 법칙'을 이용하여 신속하게 발표한다. 이는 해안에서의 해일 높이를 수심 1m로 추정하여 이용하는 것이다. 수심이 깊은 곳의 지진해일이 수심이 얕은 연안으로 오면 해일의 속도가 느려지고 파의 간격은 짧아지지만 파에 축적되는 에너지는 같다. 파가 해안선에 평행하게 입사하게 되면 파의 간격이 짧아진 것 만큼 파도의 높이가 높아진다. 이것이 '그린의 법칙'이다.

실제적으로 지진해일의 높이는 해안 부근의 지형에 따라 크게 변화하며, 지형에 따라 해일이 육지 위로 뛰어오르는 처올림 현상이 발생할 수 있다. 곶의 끝이나 V자형의 만 안쪽 등의 특수한 지형에서는 파도가 집중하여 큰 처올림이 발생 할 수 있기 때문에 특히 주의해야 한다. 1993년 홋카이도 지진해일의 경우 홋카이도 서쪽에 위치한 오쿠시리 섬에서 30m가 넘는 지진해일고가 관측되었다. 같은 섬의 다른 지역은 20m 내외의 해일고가 분포하였으나, 모나이 지역의 계곡에서는 지형의 영향으로 해일고가 크게 증폭되었다.

일본 난카이 해구에서는 매 100~150년 마다 큰 지진이 발생하고 있으며, 최근 들어 발생위험성이 증가하고 있다. 1946년 발생한 난카이 지진은 그 규모가 작았기 때문에

최대 해일고가 관측되었던 모나이 지역 계곡

아직 에너지가 남아있다고 추정되며 다음 난카이 지진은 100년을 넘기지 못하고 곧 발생할 수 있다고 예측되고 있다. 과거 난카이 지진은 도난카이 지진과 동시에 혹은 연동하여 발생하고 있어, 도난카이 지진의 발생 또한 난카이 지진과도 밀접한 관계가 있다. 난카이 지진은 매번 큰 진동과 지진해일을 동반한다. 1605년에 일어났던 지진 때에는 진동은 작았으나 지진해일로 인한 피해가 매우 컸다. 2011년 동일본 지진의 경우에도 예상했던 것보다 큰 규모의 지진이 발생하여 막대한 피해를 입었기 때문에, 일본정부(내각부)에서는 난카이 해구에서 일어날 수 있는 거대지진을 예측하기 위한 검토회를 설치하여 예상 지진단층 정보와 지진해일고의 분포도를 산정하여 대비하고 있다.

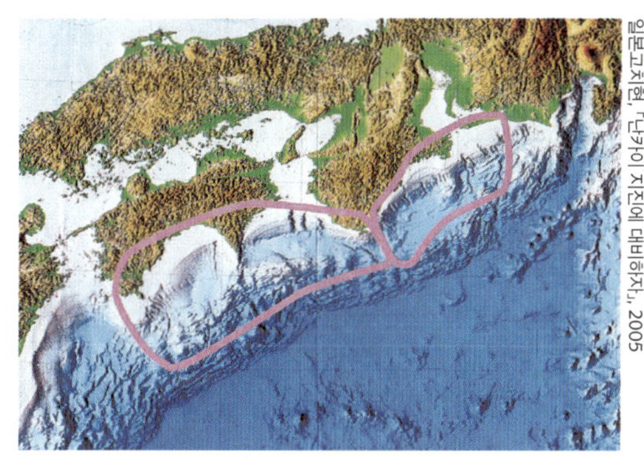
일본고치현, 「난카이 지진에 대비하자」, 2005

해저지형도 및 진원영역
(좌) 난카이 지진,
(우) 도난카이 지진

비교적 작은 규모이긴 하지만, 최근 우리나라도 동해 및 서해에서 지진이 발생하고 있어 지진해일에 대한 안전지대가 아님을 유념하여야 한다. 한반도 주변에서의 지진 발생 가능성을 알아보기 위한 지질조사가 필요하며, 일본 및 태평양 측에서 발생할 지진해일이 전파되어 오는 과정을 모니터링할 수 있는 관측망을 구축해야 한다. 또한 최근에는 컴퓨터 계산속도의 증가로 인해, 실시간적인 지진해일계산 예보시스템의 도입이 가능하게 되었기 때문에, 이를 이용하면 더욱 신속하고 정확한 예측이 가능하다.

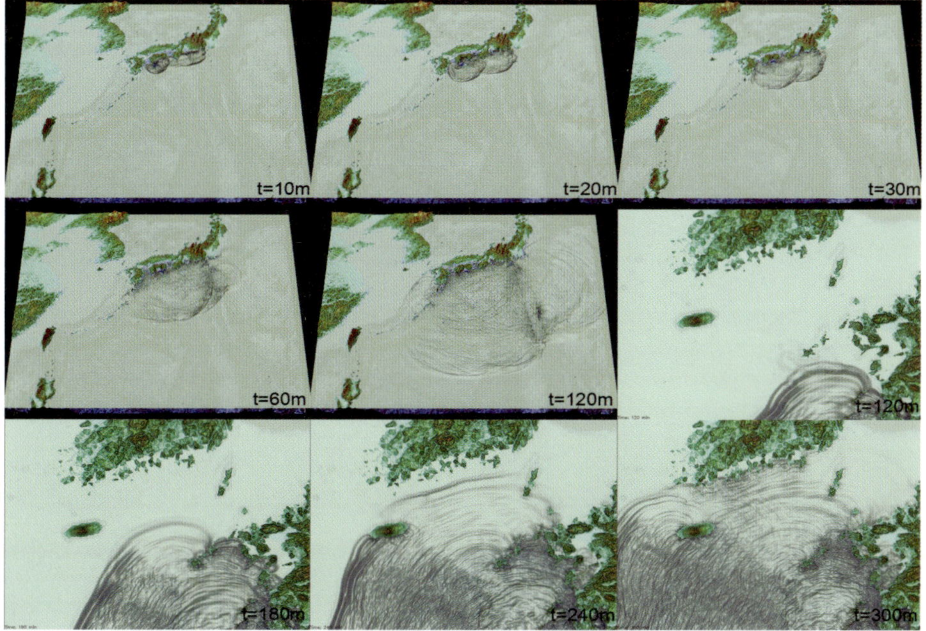

김경옥

일본난카이 해구에서 발생한 가상지진으로부터 계산된 쓰나미의 한반도의 전파과정

너울성 파도

너울이란 바람이 부는 지역에서 벗어나 바람과 관계없이 진행하는 파를 일컫는 것으로, 바다의 어떤 지역에 바람이 불어서 파가 만들어지는 것이 아니라, 다른 해역에서 만들어진 후 전달되어 온 파도를 의미한다.

오상호 한국해양과학기술원

● 너울성 파도란?

최근 우리나라 동해안에서는 현지의 날씨가 화창함에도 불구하고 갑자기 큰 파도가 해안가에 밀려오는 경우가 종종 발생한다. 갑작스럽게 큰 파도가 나타난다 하여 이상 고파(異常 高波)라고도 부른다. 최근 연구에 의하면 이러한 높은 파도는 대부분 너울성 파도의 성격을 띠는 것으로 알려졌다.

너울이란 바람이 부는 지역(風域)에서 벗어나 바람과 관계없이 진행하는 파를 일컫는다. 즉, 바다의 어떤 지역에 바람이 불어서 파가 만들어지는 것이 아니라, 다른 해역에서 만들어진 후 전달되어 온 파도를 의미한다. 예를 들어 태풍의 이동경로 상에 있는 해안가에 밀려오는 파도는 태풍에 동반한 강풍에 의해 만들어지므로 풍파인 반면 이렇게 만들어진 파도가 태풍의 경로에서 멀리 떨어진 지역에까지 전파하여 도달하게 되면 너울이 되는 것이다. 너울은 풍파에 비해서 상대적으로 먼 곳으로부터 전파되어 오기 때문에 그 과정에서 잔물결 성분이 사라져 파도의 표면이 매끄럽고 파장이 긴 특성을 가진다. 또한 너울이 전파되어 오면서 파의 에너지가 다소 감소하기 때문에 대개 너울의 파고는 최초에 만들어진 풍파에 비해서 낮은 편이다. 그러나 우리나라 동해안에서 발생하는 너울성 파도는 경우에 따라서는 일반적인 너울 수준(대개 3m 이내)보다 훨씬 크고 주기도 풍파(대개 9초 이내)에 비해 더 길다. 이처럼 너울과 풍파의 성격을 복합적으로 지니고 있는 파의 특성 때문에 너울성 파도라는 표현이 사용되는 것이다.

최근에는 거의 매년 너울성 파도로 인한 사망자가 발생하며, 선박 및 각종 시설물 파손 등으로 인한 재산피해 규모도 연평균 백억 원을 상회한다. 가장 대표적인 사례는

연합뉴스

너울성 파도로 강원 강릉시 안목항 방파제에서 인명 피해가 발생한 **2008년 2월 24일** 강릉시 사천면 해안가에 높은 파도가 치고 있다.

2008년 2월 24일 16~17시경 강릉 안목항에서 발생한 피해로서 당시 안목항 방파제에서 바다를 조망하고 있던 관광객 18명(사망 3명, 중상 8명, 경상 7명)이 방파제 마루를 넘어서 밀려드는 갑작스런 너울성 파도에 휩쓸렸고, 이들을 구조하기 위해서 출동한 소방구급차 및 경찰순찰차도 파도에 떠밀려 파손되는 등의 피해가 발생하였다. 당시에는 현지 날씨가 맑고 쾌청한 가운데 너울성 파도가 갑자기 출현하여 큰 인명사고가 발생했다.

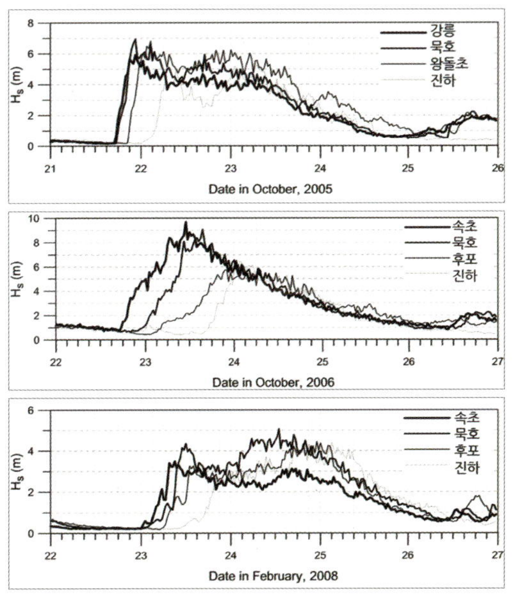

2005년 10월, 2006년 10월, 2008년 2월에 발생한 너울성 파도의 유의파고 시계열

한편, 2006년 10월 23~24일에는 속초에서 울산 지역에 이르기까지 동해안 일대에 강한 바람을 동반한 너울성 파도가 밀려와서 많은 시설물 피해를 입혔다. 당시 속초에서는 유의파고(significant wave height) 9.7m에 이르는 기록적인 파도가 관측되기도 하였으며, 이처럼 높은 파도로 인해 여러 지역에서 방파제 및 어선 파손, 해안도로 붕괴, 주택 침수 등 많은 재산 피해가 발생하였다. 그러나 파고가 훨씬 컸음에도 불구하고 인명피해는 거의 발생하지 않았다. 2008년 2월 강릉 안목항의 경우와 달리 당시에는 해안가에서도 강풍이 불고 비가 내리는 등 해상 날씨가 좋지 않았기 때문에 사람들의 해안가 접근이 통제되었기 때문이다.

● 너울성 파도의 발생 과정

동해안에서 발생한 수차례의 피해 사례를 조사해 본 결과, 대부분의 너울성 파도가 겨울철에 발생하지만 동절기 전후인 늦가을(10월경) 또는 초봄(4월경)에 발생하기도 하였다. 물론, 여름철 해상 및 해안 지역의 악천후 원인이 되는 태풍이 지나간 이후에도 너울성 파도가 해안가에 밀려오는 경우가 있다. 겨울철에는 일반적으로 내륙에는 고기압, 동해상에는 저기압이 위치하는 서고동저(西高東低)형 기압 배치가 쉽게 형성되므로 너울성 파도가 반복적으로 발생한다. 즉, 겨울철에는 계절적 영향으로 중국 내륙 및 우리나라 부근에서 발생한 온대성 저기압이 동해로 진출하여 급속하게 발달하기 좋은 조건이 형성되는데, 이렇게 강한 저기압이 발달할 경우 중심기압이 매우 낮아서 저기압 주변 해상에 강풍이 분다.

특히 중국 내륙에 강한 고기압이 자리잡고 있을 경우 해상에 위치한 저기압과의 사이에 형성된 기압골을 따라 강풍이 지속적으로 불게 된다. 이처럼 동해상에서 태풍 규모의 세기로 급속하게 발달하는 중위도 저기압으로 인해 발생하는 해상 강풍을 동해 선풍(회오리바람)이라고 한다. 이른 겨울철이나 이른 봄철에 형성되는 한랭한 대륙 고기압 전면에 위치하는 저기압은 서해상과 한반도 부근에서는 세력이 약하지만 동해상으로 진출하면 한랭한 북한해류와 온난한 쿠로시오 해류가 만나는 동해상 북쪽 상공에서 창출되는 큰 에너지를 흡수하여 크게 성장한다. 이러한 저기압 발달에 따른 강풍이 동해상에 수 시간에서 수 일간 지속되면 높은 파도가 만들어지고 이 파도가 동해상을 전파하여 우리나라 동해안에 도달하게 된다.

실제로 미국 항공우주국(NASA)에서 제공하는 QuikScat 해상풍 관측자료를 보면 너울성 파도가 발생하기 전에 동해상에서 발생한 강한 바람을 확인할 수 있다. QuikScat은 전지구 해상풍 관측을 위해 NASA가 1999년에 발사한 해양기상 관측위성으로 지구상 모든 해상에서의 풍속 및 풍향에 관한 정보를 12시간 주기(오전/오후)로 제공한다. QuikScat의 데이터는 그리니치평균시(Greenwich Mean Time, GMT) 기준 시각으로 제공되며 우리나라 표준시각(Korean Standard Time, KST)은 이보다 9시간이 빠르다. QuikScat의 오전 데이터는 우리나라 시각으로는 당일 오후 3시에 해당하며, 오후 데이터는 다음 날 오전 3시에 해당한다.

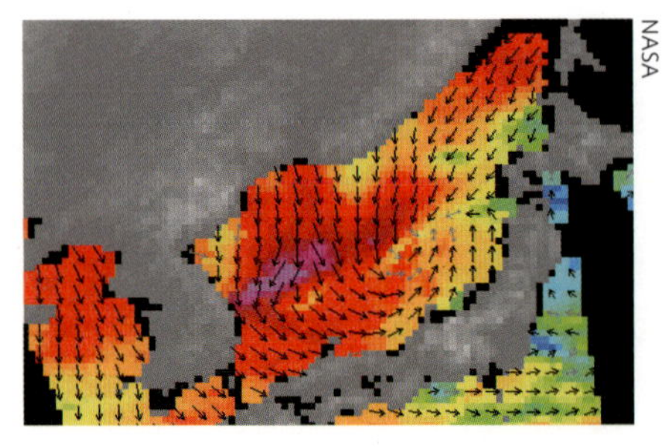

2008년 2월 22일 15시 동해에서의 QuikScat 해상풍 자료

겨울철에는 계절풍(monsoon)의 영향으로 온대성 저기압이 중국 내륙 또는 우리나라에서 생성된 후 동쪽으로 이동한다. 온대성 저기압은 태풍(열대성 저기압)과는 달리 저기압 중심 위치가 주변 기압배치에 따라서 상대적으로 더 큰 영향을

받기 때문에 이동경로의 변화가 심한 편이지만 기상청에서 제공하는 일기도 등 자료를 검토해 보면 온대성 저기압의 동진(東進) 현상을 분명하게 확인할 수 있다. 해상으로 진출한 온대성 저기압은 지속적으로 동쪽으로 진행하면서 중심기압이 낮아지는 경향을 나타내며, 경우에 따라서는 중심기압이 40hPa 이상 하강하기도 한다. 또한 두 개 이상의 온대성 저기압이 인접한 위치에서 발달하는 경우 서로 병합되어 훨씬 강력한 하나의 온대성 저기압을 형성하기도 하며, 이러한 조건에서는 높은 너울성 파도가 발생하기 쉽다.

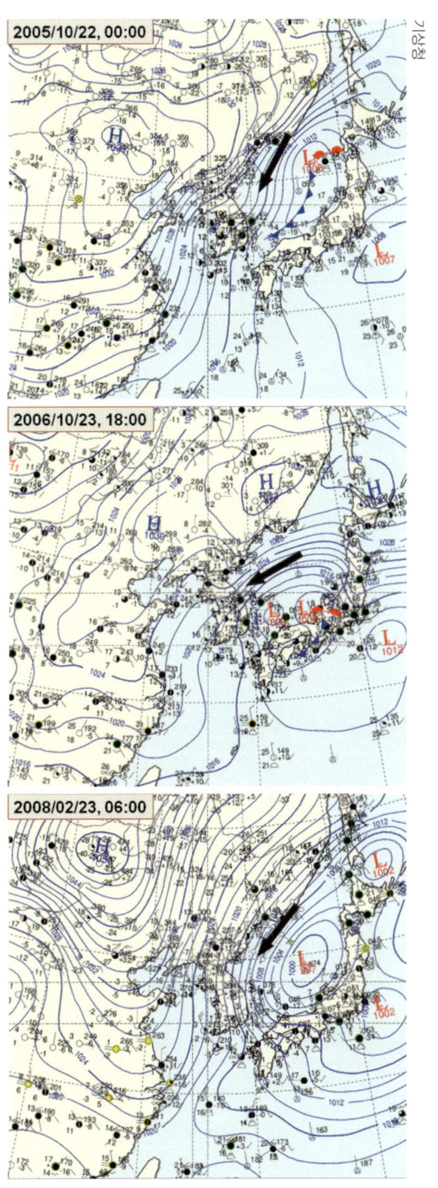

너울성 파도 발생 시기의 우리나라 주변 지상 일기도

● 너울성 파도의 특징

너울성 파도가 주목을 받는 이유는 갑작스런 파도의 출현으로 인한 위험성 때문이다. 너울성 파도는 경우에 따라서 그 발생역(發生域)이 동해 먼 바다에 있어서 파도가 우리나라 동해안에 도달하기까지 오랜 시간이 걸린다. 그러므로 현지의 날씨는 좋더라도 갑자기 높은 파도가 출현하기도 하는 것이다. 2008년 2월 24일에 강릉 안목항에서의 인명피해 사고가 그 예이다. 너울성 파도가 현지 기상상황과 무관하게 돌발적으로 발생할 수도 있기 때문에 해안가 부근에서 활동하는 사람들은 그 위험성에 대해서 잘 인식해야 한다.

우리나라의 동해안은 북동 방향으로 길게 뻗은 동해의 남서쪽 경계를 형성하고 있어 매우 큰 파랑이 도달할 수 있는 지형적 특징을 가지고 있다. 울산을 기점으로 일본 홋카이도 서쪽 앞바다까지의 취송거리는 1,800km에 이르며, 이는 지중해 알제리 항의 800km, 멕시코 만 휴스턴 항의 1,200km보다 훨씬 길다. 또한 겨울철에 전형적으로 나타나는 서고동저형 기압배치로 인해 동해상에 강한 저기압이 수차례 이상 발달하므로 우리나라 동해안은 높은 너울성 파도가 발생할 수 있는 조건을 갖추고 있는 셈이다. 이처럼 동북 방향으로 긴 형태를 지닌 동해의 해역적 특성으로 인해 동해 북동쪽 해상에서 온대성 저기압으로 인한 강풍이 지속적으로 발생하면 우리나라 동해안에는 하루 이틀 뒤에 너울성 파도가 도달하게 된다. 이때 상대적으로 전파 거리가 짧은 속초, 강릉 등 동해안 북부 지역에 가장 먼저 너울성 파도가 출현한다. 너울성 파도는 대개 2~3일 정도 지속되며 파고가 짧은 시간에 급격

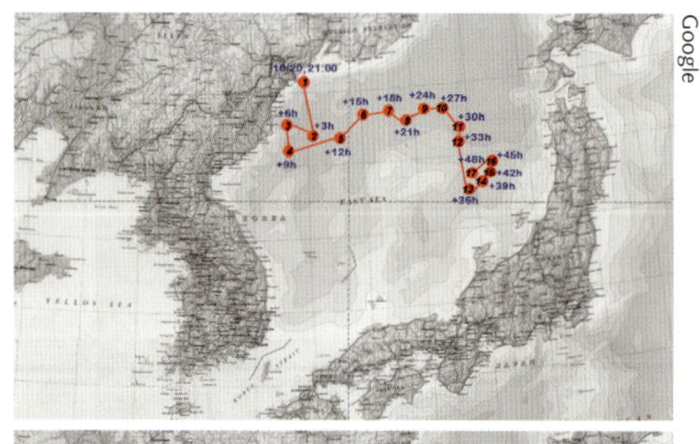

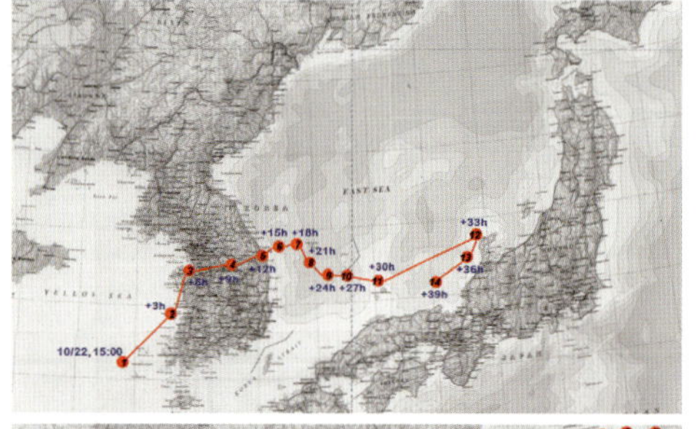

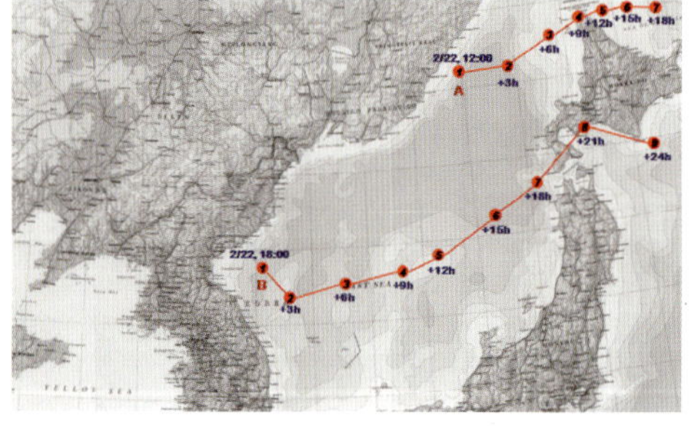

너울성 파도 발생 시기 동안 온대성 저기압의 중심 이동경로

하게 상승한 이후 완만하게 감소하는 경향이 나타나지만, 2008년 2월의 경우와 같이 두 개의 온대성 저기압이 동시에 동해상에 발달하는 경우에는 파고 상승이 2차례에 걸쳐서 나타나기도 한다.

한편, 너울성 파도는 해양에서 가끔씩 발생하는 이상파(freak wave)와는 구별되는 현상이다. 주기가 길고 파고가 높은 파도가 2~3일 정도 지속적으로 해안가에 밀려오는 너울성 파도와는 달리 이상파는 한 두 개의 높은 파도가 매우 짧은 시간 동안 순간적으로 발생했다가 사라지는 현상을 지칭한다. 이러한 이상파는 매우 드물게 나타나며 수심이 얕은 연안보다는 수심이 깊은 대양에서 주로 발생한다. 해양에서 이러한 이상파가 갑자기 나타나게 되면 운항 중인 선박을 덮쳐서 침몰시키거나 석유 시추 플랜트와 같은 해양구조물이 심각하게 파손된다.

● 너울성 파도에 대한 대책

최근 지구 온난화를 비롯한 각종 이상기후 현상이 빈번하게 대규모로 나타나고 있기 때문에 돌발적으로 발생하는 너울성 파도의 위력도 점차 커질 가능성이 있다. 뿐만 아니라 삶의 질을 추구하고자 하는 사람들의 욕구가 커지면서 연안역에서의 레저 및 여가 활동은 앞으로 더욱 증가될 것으로 전망된다. 실제로 바다를 조금 더 가까이에서 보고 즐길 수 있는 수변공간(waterfront)이 더 많이 만들어지고 있으므로 이에 따라 불시에 찾아오는 너울성 파도에 노출될 위험성은 더욱 크다. 따라서 향후 동해안 너울성 파도에 관해서 지속적인 관심을 가져야 한다. 특별히 인명 및 재산 피해를 줄이기 위해서는 너울성 파도 발생을 예측할 수 있는 예보시스템을 확립하는 일이 시급하다.

이를 위해서는 동해 먼 바다에서의 실시간 관측 자료를 확보하는 것이 가장 좋지만, 해안으로부터 수십km 떨어진 위치에서의 파고 관측장비를 지속적으로 운영하는 데에는 현실적으로 많은 어려움과 제약이 따른다. 차선책으로 동해안을 따라 여러 관측점에서 장기 연속 파랑을 관측하여 너울성 파도를 지속적으로 모니터링하는 것이 반드시 필요하다. 현재 한국해양과학기술원에서는 동해안 여러 관측점에서 수압식 파고계 및 부이(buoy)를 설치하여 지속적인 파랑관측사업을 수행하고 있으며, 이렇게 취득된 파랑 자료는 너울성 파도 연구에 매우 귀중한 자료로 활용되고 있다.

한편, 수치모델을 활용하여 동해안 너울성 파도를 사전에 예측할 수 있는 기술을 개발하는 것도 좋은 방법이다. 현재로서는 수치모델만으로 너울성 파도의 발생을 사전에 정확하게 예측하는 것은 매우 어렵지만 기상 자료등을 함께 활용하여 대략적인 너울성 파도 발생의 위험성을 파악하고, 이를 사전에 일반 시민들에게 전달하는 것은 가능하다. 특히, 너울성 파도가 속초, 강릉 등 동해 북쪽 해안가에 도달한 이후 더 남쪽에 위치한 해안 지역에 출현하기까지 수 시간 이상의 시간 차가 있으므로 이들 지역에서는 사전에 재해 발생에 대비할 수 있는 여유가 있다. 따라서 이러한 점을 감안하여 해당 지역 지자체에서 구체적인 대응 방침을 수립하면 너울성 파도로 인한 피해를 많이 줄일 수 있다.

한국해양과학기술원에서 운용 중인 동해안 연안파랑 관측 지점 ①
해양수산부에서 시범 운영 중인 너울성 파도 예·경보 시스템 ②

관계 기관에서는 동해안을 찾는 관광객을 대상으로 연안 해역에서 발생하는 너울성 파도의 위험을 알리고 방파제 및 갯바위 주변에서의 사고를 미연에 방지하기 위한 시스템 및 제도를 도입하고 있다. 해양수산부는 2011년에 주문진항 방파제에 처음으로 자동경보시스템을 설치해 1년간 시범 운영했고, 최근에 삼척항과 속초항으로 확대 설치했다. 이 시스템은 CCTV 등 관측시스템과 기상예측시스템 등으로 구성돼 방파제의 월파(시설물을 넘어오는 파도)를 사전에 예측하고, 경보를 발령한다. 시범운영 기간 동안 경보 예측 정확도를 높인 뒤 정식으로 자동경보 시스템을 도입할 계획이다.

한편, 해양경찰청은 기상청의 예보정보와 각 지역별 현장 근무자의 경험 및 판단을 토대로 총 2단계의 너울성 파도 위험 경보제를 2013년부터 실시하고 있다. 연안 파고가 2~3m이고 방파제 및 갯바위에 간헐적으로 월파(越波)가 발생할 경우 너울성 파도 '경계' 경보가 발령되며, 파고가 3~4m이고 방파제 및 갯바위 월파가 지속적으로 발생하면 '심각' 경보가 발령되며 방파제 및 갯바위 전면통제와 함께 순찰활동이 강화되는 것이다. 이와 함께 위험 경보 발령 시마다 방파제 및 갯바위 주변을 대상으로 경보 방송을 실시하고 파출소, 출장소 인근 LED전광판을 활용해 실시간 상황을 전파하게 된다. 그러나 무엇보다도 일반 시민들이 너울성 파도의 위험성을 충분히 인식하고 해안에 다가가는 것이 가장 중요하다. 방파제, 갯바위, 선착장 등 파도에 휩쓸리기 쉬운 시설물에 접근할 때에는 각별히 안전에 주의를 기울일 필요가 있다.

침식과 퇴적

연안침식은 연안의 환경 · 경제 · 사회적 기능과 가치를 저하시키며 국토 유실 문제를 일으킨다. 지속가능한 연안발전을 위하며 연안회복탄력성을 높여야 한다.

진재율 한국해양과학기술원

● 연안침식과 연안회복탄력성

다양한 해안구조물 건설을 동반하는 연안개발은 침식과 퇴적문제를 발생시킬 수 있다. 연안침식은 단순히 국토유실 문제에 국한되지 않고 내륙에 비해 월등히 높은 연안의 환경·경제·사회적 기능과 가치를 저하시킨다. 아울러 특정분야의 편익 향상을 위한 연안개발이 야기하는 침식문제는 연안공동체의 갈등을 유발하기도 한다. 한편, 항내·항로 퇴적은 항만기능을 저하시킨다.

연안침식이 지속가능한 연안발전에 미치는 영향은 유럽연합이 정의한 연안회복탄력성(Coastal Resilience)에 함축되어 있다. 유럽연합은 2004년 연구개발사업 EUROSION을 통하여 연안회복탄력성을 '해수면 상승, 슈퍼태풍 등 극치사상, 인위적 영향 등에 의한 변화를 수용하면서 장기적으로는 연안고유의 기능을 유지하는 능력'으로 정의하였다. 그리고 '회복탄력성은 퇴적물과 다양한 연안현상에 필요한 공간이 있고 없음에 좌우되므로 만성적인 퇴적물 결손 및 퇴적체계·해안절벽 후퇴와 해안선 후퇴에 따른 퇴적물 재분배를 위해 필요한 공간을 제한하는 시설과 행위가 회복탄력성을 저하시킨다'고 보았다.

우리나라의 경우, 1970년대 호안 축조에 의한 만리포해수욕장 침식과 1980년대 속초항 방파제 연장에 의한 침식·퇴적문제 이후 해안구조물에 의한 침식문제가 최근까지 지속적으로 발생하고 있다. 이와 같은 해안구조물, 댐·보 축조에 따른 하천으로부터의 토사공급량 감소, 그리고 천해역 바다모래 채취 등 다양한 인위적 원인에 의한 침식에 더하여 2000년대 중반부터는 기후변화가 원인인 이상폭풍·이상너울에 의한 침식도 증가하고 있다. 해안침식은 특히 파랑의 영향을 크게 받는 동해안에서 심하다.

강원도의 경우, 2012년의 조사대상 43개 백사장 중 15개소에서 우려, 22개소에서 심각 수준의 침식이 발생하여 연안회복탄력성이 저하되고 있는 실정이다.

한편, 우리나라의 연안침식 국가관리 기본계획은 1999년 제정된 「연안관리법」에 근거하는 10년 단위의 '연안정비기본계획'이며, 그 외 「어촌·어항법」, 「재난 및 안전관리기본법」, 「사방사업법」 등에 의해서도 연안침식대책이 수립되고 있다. 선진국의 침식관리 실패 및 성공사례를 면밀히 분석하고 이를 국내 현황과 비교·검토하는 것이 한반도 연안회복탄력성 유지·개선을 위한 우선과제이다.

2013년 8월 6일 원평해수욕장. ①
해안선 후퇴 방지를 위해 쌓은 모래포대 호안의 높이 2.8m
2013년 10월 9일 태풍 다나스의 영향을 받고 있는 원평해수욕장 ②

도종대

김인호

● Two-Track 대응전략

선진국도 연안침식 문제를 만족스러운 수준으로 해결하지 못하고 있다. 이는 관련 현상이 고전역학 분야에 속함에도 이에 대한 과학적 이해가 아직 부족하고 그에 따라 연안지형변화 예측신뢰도가 불충분하기 때문이다. 따라서 침식·퇴적에 의한 피해를 최소화하기 위해서는 현재의 과학기술 수준을 토대로 합리적인 관리체계를 구축하고 시행결과를 참조하여 이를 발전시킴과 아울러 지속적인 연구개발사업으로 과학적인 대응역량을 향상시키는 양면전략이 필요하다.

최적관리체계

비록 상세한 침식·퇴적현상에 대한 과학적인 이해는 불충분하지만 다양한 해안구조물에 의한 침식·퇴적 유형은 그 동안의 경험으로 파악하고 있으며 이러한 정보를 바탕으로 합리적인 관리체계를 구축할 수 있다. 그러나 선진국들은 1990년대 말에 이르러서야 최적관리체계를 도입하기 시작하였다. 이는 중장기적 환경영향을 고려함과 아울러 다양한 이해집단의 주장을 조정하는 '연안통합관리'의 중요성에 대한 인식이 1992년 리우선언 이후에야 확산되었기 때문이다.

비효율·비과학적 관리에 의해 발생한 침식재해의 전형적인 사례는 미국의 뉴욕

롱아일랜드 파열이다. 롱아일랜드는 동계 폭풍에 의한 침식에 취약하여 1960년에 대책을 수립하였으나 시행이 늦어져 1962년 파열되었다. 이에 1965~1969년 동안 길이 146m의 돌제 15기가 건설되었으나 돌제의 위치 선정과 1960년 대책에 포함되었던 돌제 서측 해안 양빈계획 철회에 정치적 압력이 작용하였다. 해안선 후퇴율이 '4.5m/년'으로 10배 증가하는 등 서단돌제 서측해안의 침식이 심해지자 1973년 주민들이 피해보상 소송을 제기하였으나 패소하였으며, 1984년 소송에서는 판결이 유예되었다. 한편, 1988년에는 대책수립을 위한 전문가 워크숍이 개최되었으나 최적공법에 합의하지 못하였고, 1989년에는 뉴욕주가 연방토목공사 주무기관인 육군공병단에게 우선공법을 제안하였으나 시행되지 않았다. 결국 1992년 12월 약 4일 동안 지속된 폭풍에 의한 침식으로 서단돌제 서측해안 두 곳이 파열되고 246채 가옥 중 190채가파손되었다. 이에 주민들이 제기한 1993년 소송에서 해당 카운티의 4백만불 보상, 육군공병단의 돌제 개선과 40년 만에 한 번 발생할 정도의 높은 폭풍파에 견딜 수 있도록 3,500만m^3의 양빈과 아울러 향후 30년 동안 3년마다 7백만불 규모의 유지양빈 시행에 합의하였다.

과학적이고 체계적인 해안선 관리로 침식에 효과적으로 대처하는 대표적인 나라가 네덜란드이다. 네덜란드 역시 1990년 이전에는 일관된 국가정책 없이 침식문제에 임기응변식으로 대응하였다. 그러나 전국적인 토의과정을 거쳐 중앙정부, 지자체, 과학자, 환경론자 및 백사장과 사구 관련 이해당사자들이 1990년 1월 1일 해안선을 기준해안선으로 정하고 이보다 후퇴하는 구간은 특별한 이유가 없는 한 구조물을 설치하지 않고 양빈으로 복구하는 소위 '동적보존(dynamic preservation)' 정책에 합의하였다.

동적보존정책의 기준해안선 BCL(Basal Coastline)은 일반적 정의와는 다른 개념의 해안선이다. 이를 이해하기 위해서는 네덜란드가 고안한 MCL(Momentary Coastline)에 대한 이해가 필요하다. MCL은 평균저조위를 기준으로 사구 기저부까지의 높이를 상부면, 동일 높이만큼 낮은 면을 하부면으로 설정하고 상하부면에 포함되는 해빈단면적을 상부면에서 하부면까지의 높이로 나눈 값이다. 따라서 MCL은 모래체적, 즉 해빈의 안정성이 고려된 매우 독창적인 관리선이며, 1990년 1월 1일 BCL은 1980~1989년 MCL의 선형 추세선을 외삽하여 구한 것이다. 또한 과거 10년 간 MCL 추세선으로 구한 당해년도 관리선을 TCL(Temporary Coastline)이라 하며 TCL이 BCL보다 후퇴하면 양빈을 시행한다.

연평균 600만m^3의 모래와 2,700만 유로의 비용이 투입된 1단계(1991~2000년) 동적보존정책 시행으로 네덜란드는 해안선 후퇴를 방지하였다. 그러나 1965~1995년 동안 평균해면 아래 20m까지의 천해역에서 모래가 연간 400만~1,000만m^3 유실되었다는 조사결과가 발표되자 수심 20m까지를 'coastal foundation'으로 지정하고 2단계부터 연평균 양빈체적과 비용을 1,200만m^3과 4,100만 유로로 높였다.

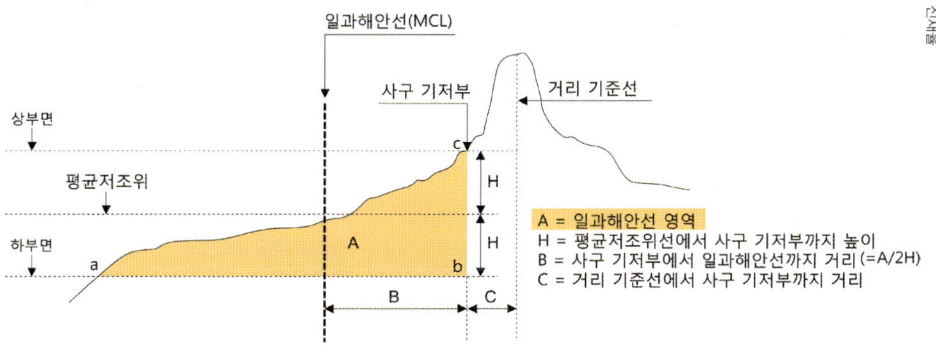

진재율

네덜란드 Momentary coastline 개념도

일본도 침식에 취약한 나라이다. 특히 제2차 세계대전 이후 급속히 진행된 다양한 연안개발에 의해 백사장이 많이 유실되었다. 일본은 연안공학 분야를 선도하는 국가로 해안침식방지를 위한 구조물 시공사례가 많다. 예를 들어 돗토리 가이케 해안의 경우, 하천유출토사 감소로 인한 침식재해가 1940년대부터 발생하였으며, 이를 방지하기 위해 호안, 돌제를 시공하였으나 실패하고 1971년부터 1982년까지 이안제 12기를 설치하여 방호에 성공하였다. 그러나 일본도 침식을 구조물로 방지하기에는 한계가 있음을 인식하고 구조물 설치를 최소화하는 침식대응을 위해 하천과 연안의 모래를 통합관리하기 위한 '수계일관토사관리정책'을 1998년부터 시행하고 있으며, 1999년 전면적으로 개정된 「해안법」에 관리자가 모래를 '해안보전시설'로 지정할 수 있는 조항을 신설하였다. 이와 같이 모래를 연안방호자산으로 간주하는 기조는 2007년 제정된 '해양기본법'에도 이어져, 동법에 따라 2008년 수립된 '해양기본정책' 중 연안통합관리 분야의 제1과제를 육역·해역모래의 통합관리로 설정하였다.

미국의 연방토목공사와 항만·항로관리 주관기관인 육군공병단도 연안을 포함한 유역 퇴적물을 통합적으로 관리하기 위한 '지역퇴적물관리프로그램'을 2000년부터 운영하고 있다. 프로그램의 핵심 목표는 항내·항로 등 퇴적영역의 모래를 침식해안 양빈모래로 활용하고 수요가 없을 경우에는 추후 활용을 위한 저사지(sand reservoir)를 개발하는 것으로 해당 연안주(coastal state)와 공조하여 운영하고 있다.

지속적인 연구개발

연안침식에 효율·효과적으로 대응하기 위해서는 자연적인 혹은 해안구조물 영향에 의한 연안지형변화를 신뢰성 있게 예측해야 한다. 그러나 관련현상에 대한 이해도가 부족하고, 일부 현상의 경우 공학적 목적의 수치·수리모형실험이 취급하기에는 아직 효율성 낮아 예측신뢰도가 불충분한 실정이다.

이와 같은 예측한계를 대변하는 연구개발사업이 미국 육군공병단의 MORPHOS사업

길이 약 3.3km의 가이케 해안 가이케 공구

이안제12기로 방호에 성공하였다. 2005년에는 우측에서 다섯 번째인 3호기 이안제를 잠제로 개량하여 연육사주(tombolo)가 소멸한 대신 해수면 조망을 확보하였다.

일본국토교통성 히노강 하천사무소

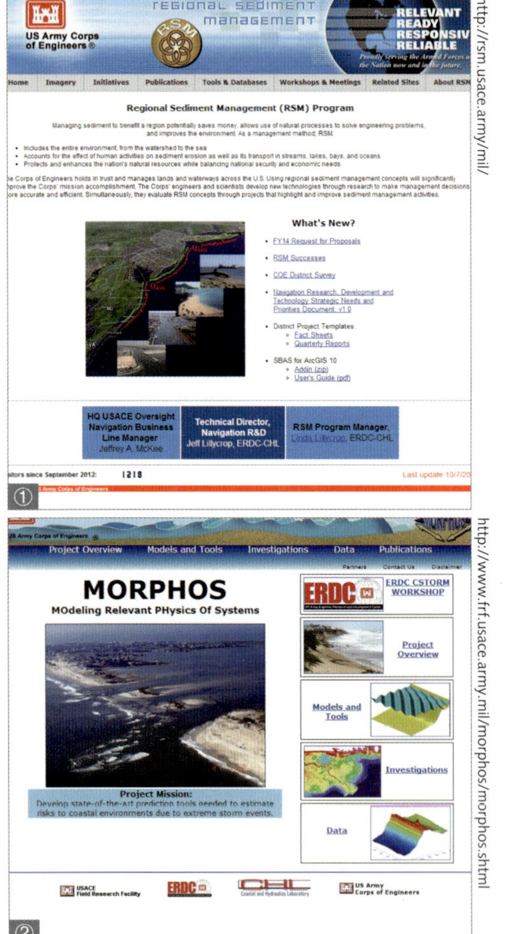

미국 육군공병단의 지역퇴적물 통합관리프로그램 홈페이지 ①

미국 육군공병단의 연구개발사업 MORPHOS 홈페이지 ②

이다. 2004년 여름, 허리케인 4개의 연속적인 상륙으로 미국의 동남부 해안은 막대한 침식·침수피해를 입었다. 이를 기존의 모형이 예측하지 못하자 연안방호대책을 전면적으로 재검토함과 동시에 연구개발사업 MORPHOS를 착수한 것이다. 이 사업의 목적은 허리케인 예측모델 개선, 연안역 위험도 평가기술 개선, 천해역 물리현상을 충분히 고려하는 파랑모형 개발, 3차원 순환모델 개선 및 연안지형변화 예측모델 개선 등이다. 특히 롱아일랜드와 같은 방호섬(barrier island)의 침식에 의한 해안선 후퇴와 파열을 신뢰성 있게 예측하지 못하면 배후지 침수예측 신뢰도를 확보할 수 없으므로 현상에 기반한 연안침식 예측모델이 연안재해 예측에 매우 중요한 역할을 한다.

네덜란드는 연안재해 관련연구의 선도적 역할을 담당하고 있다. 연안침식과 관련해서는 '동적보존정책'의 경제성을 높이기 위해 양빈에 관한 다양한 연구에 집중하고 있으며, 대표적인 성과가 수중양빈이다. 백사장에 모래를 투입하는 전통적인 해빈양빈은 불도저를 이용한 정지작업이 필요하다. 그러나 파랑의 천수변형에 의한 모래의 해안방향 이동특성을 이용하여 적절한 수심에 모래를 투입하면 정지작업이 불필요하므로 경제적이다. 다양한 형식의 수중양빈 효율에 관한 연구결과를 이용하여 2단계(2001-2010) 동적보존 양빈 대부분은 수중양빈으로 수행되었다. 또한 최근에는 양빈 경제성을 더욱 높이기 위한 양빈 'Sand Motor'가 시험적으로 시공되었다. 구간별 양빈주기가 수 년 정도에 불과한 동적보존의 효율성 향상을 위한 실험인 Sand Motor는 초대규모 양빈을 일시에 시공하는 것으로, 바람과 파랑 및 흐름에 의해 모래가 자연스럽게 이동하여 백사장과 사구의 안정성을 높이면서서도 고유한 생태적 가치를 갖는 레크리에이션 공간을 창출하기 위함이다. 해안에서 10km 떨어진 북해 모래를 이용하여 2011년 South Holland 해안에서 시공된 Sand Motor에 투입된 모래체적은 2,150만m^3이며, 초기의 조성면적은 축구장 256개 넓이에 해당하는 128ha이다. Sand Motor의 시공 전에 평면형태, 양빈체적, 변화과정에 대한 수치모형실험 연구가 수행되었으며, 지속적인 모니터링이 실시되고 있다. 네덜란드는 Sand Motor가 성공하면 이를 전국 해안으로 확산시킬 예정이다.

● 연안개발에 따른 국내 연안침식 사례

우리나라의 삼면해안은 장구한 지질학적 기간 동안 해역 고유의 수리조건에 적응하여 자연적인 침식이 큰 문제가 되지 않았다. 그러나 어항 신설·확충, 해안도로와 병행하여 축조한 호안 등 지역경제 활성화를 위한 다양한 해안구조물에 의한 침식이 1980년대부터 본격화되었으며, 아직 정량적인 연구는 수행되지 않았으나 하천으로부터의 모래공급을 차단하는 사방사업과 댐·보 축조, 그리고 천해역에서의 해사채취도 해안침식의 주요원인으로 지목되고 있다.

해안돌출시설

돌제와 도류제와 같은 해안돌출구조물은 일차적으로 해안선을 따른 모래이동, 즉 연안표사를 차단하므로 모래이동 하류 해안의 침식을 야기한다. 또한 돌출길이가

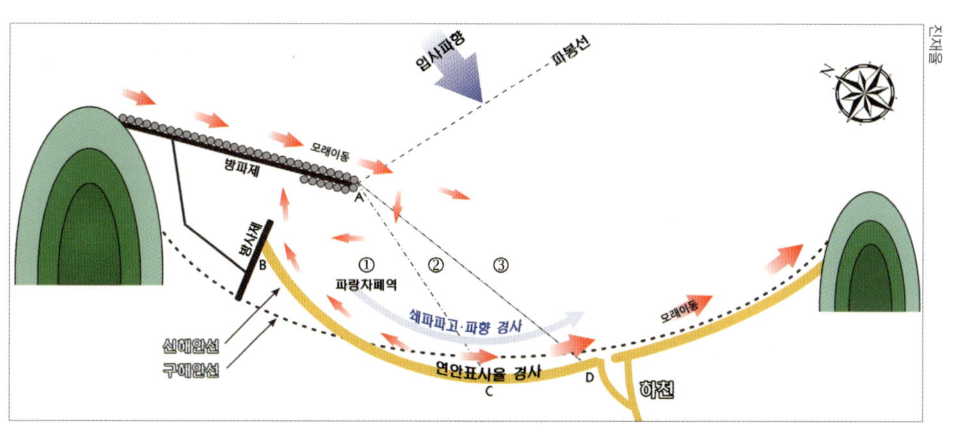

어항방파제에 의한 동해안 동계 침식 모식도
지점 C의 파랑에너지는 방파제 건설에 비해 낮아졌으나 회절에 의한 파고·파향경사가 유발하는 모래이동률 경사, 즉 지점 C로의 모래 유입률보다 C로부터의 모래유출률이 높아짐에 따라 침식이 발생한다. 하계에 북쪽으로 이동하여 항내를 포함한 파랑차폐역에 퇴적된 모래는 동계에 남쪽으로 이동할 수 없으므로 지점 D 남측해안의 모래도 점차 감소한다.

길고 파랑이 사각으로 입사할 경우 시설물에 의해 파랑이 직접적으로 진입할 수 없는 파랑차폐역이 형성되고, 파랑회절에 의해 차폐역 경계 부근에서 발생하는 파향·파고 경사에 의한 표사량 차이에 의해 침식이 발생한다. 1980년대 후반 속초항, 2000년대 중반 강릉항, 그리고 최근의 궁촌항 사례와 같이 그 동안 동해안에서 사회적 주목을 크게 받은 바 있는 침식의 원인은 넓은 파랑차폐역을 형성하는 어항방파제인 경우가 많으며, 이 경우 침식과 함께 항내·항로에 퇴적문제가 발생하는 것이 특징이다.

어항방파제에 의한 대규모 침식은 1980년대 후반 속초항 사례가 처음으로 사회적 주목을 받았으며, 같은 유형의 침식문제가 아직까지 지속적으로 발생하고 있다. 방파제 연장에 따른 해안선 후퇴는 입사파랑의 특성과 지형조건에 따라 매우 민감하여 경북 울진군 오산항의 경우에는 방파제 84m 연장에 의해 해안선이 해안도로까지 후퇴하였다.

특히 어항방파제가 형성하는 파랑차폐역으로 하천이 유입하면, 유출토사가 차폐역에

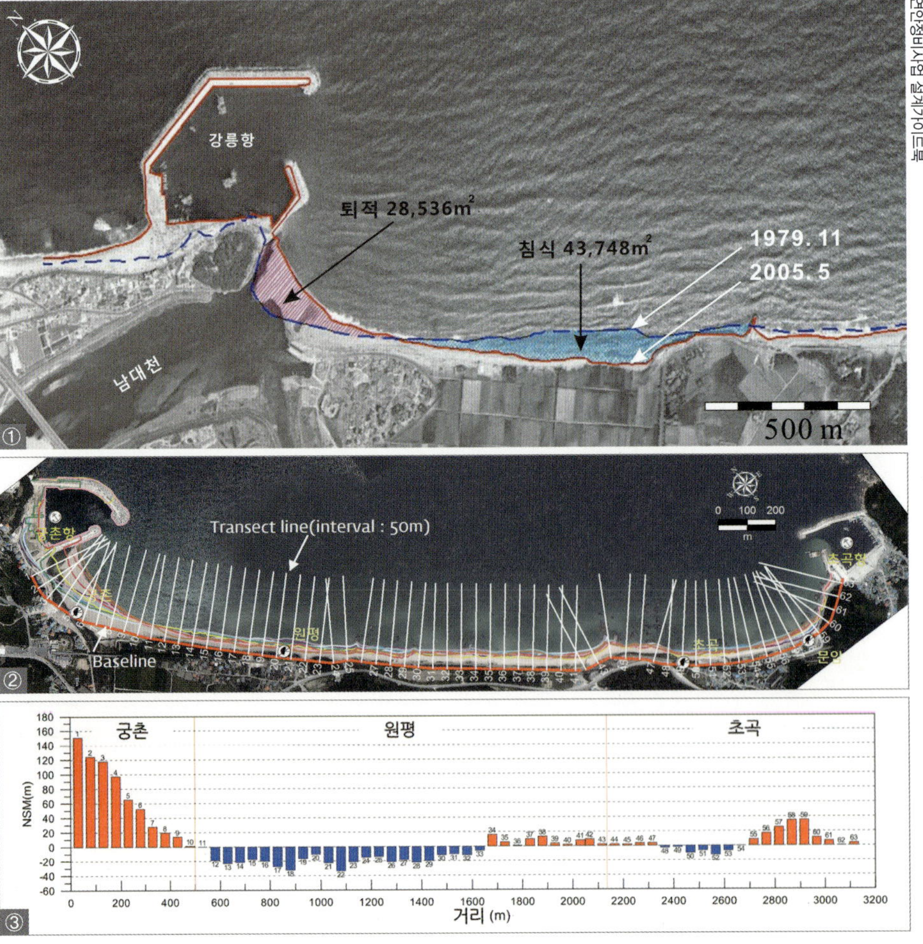

강릉항(구 안목항) 사례 ①

돌출구조물이 형성하는 파랑차폐역으로 하천이 유입하는 경우가 최악의 상황이다.

삼척시 궁촌항-초곡항 해안선 변화 기준선 및 단면 ②

1971-2013년 동안의 단면별 해빈폭 순변화량 ③

연안정비사업 설계가이드북

퇴적되어 더 이상 주변해안으로 이동할 수 없기 때문에 최악의 상황이라 할 수 있으며, 강릉시 강릉항과 사천진항, 양양군 강현면 물치항 등이 대표적이다.

같은 유형의 침식이 삼척시 LNG기지 방파제에 의해 월천해안에서 발생하여 2011년 사회적 주목을 받은 바 있으며, 최근에는 역시 삼척시의 궁촌항 건설 이후 남측 원평해안의 침식이 문제된 바 있다. 1971년부터 2011년까지 8회의 항공사진과 2012년과 2013년의 측량성과를 이용한 분석에 따르면 1971~2013년 동안 차폐역 내의 해안선 최대 전진거리는 약 150m, 차폐역 경계 및 외측 최대 후퇴거리는 약 34m이며, 대부분의 침식과 퇴적은 어항 건설이 활발하였던 2008~2010년 사이에 발생하였다. 또한 2012년에 14,447m^{3}의 모래를 퇴적구간에서 준설하여 원평해수욕장에 투입했음을 감안하면 침식이 활발한 동계 악기상 시기에는 해안선 후퇴가 상당했을 것으로 추정할 수 있다.

호안

호안은 돌출형 해안구조물과 함께 우리나라 해안침식의 중요한 원인이다. 침식원인으로 작용하는 호안 대부분은 해안도로와 병행하여 축조된다. 해역을 불문하고 호안에 의한 침식은 고파랑 내습 시 완충역할을 하는 전방사구 위치에 호안을 축조했기 때문이다.

서해안의 경우 해수가 호안에 이르는 만조와 고파랑이 중첩되는 시기에 집중적으로 침식된다. 만리포해수욕장의 경우 2007년 5월 17일 03시 59분의 711cm 고조와 약 '10m/초'의 북서풍이 중첩하여 호안 전면이 1m 이상 침식되었다. 꽃지해수욕장도

진재율

2007년 5월21일 충남 태안군 만리포 해수욕장

5월 17일 고조 · 강풍이 중첩되어 1m 이상 침식되었다.

2006년 9월 27일 충남 태안군 꽃지해수욕장

인접 방포항 준설토를 이용하여 양빈하였다.

동일한 현상에 의해 지속적으로 침식되고 있으며, 인접한 방포항 준설토를 이용하는 양빈을 부정기적으로 시행하고 있다.

조차가 작아 해수위가 거의 일정한 동해안에서 해안선과 해안도로 사이의 여유 해빈폭을 확보하지 못하면 서해안에 비해 심한 침식이 발생하며, 연안표사가 활발한 해안에서는 그 영향이 확산될 수 있다.

● 당면과제

연안침식 대응 선진화는 효율·효과적인 관리체계를 제도화함으로써 가능하다. 선진국 사례를 참조하고 우리나라 실정에서 중요한 절차를 포함한 일련의 관리흐름은 과학기술절차와 의사결정절차로 양분할 수 있다.

우리나라 연안침식 대응절차에서 정밀조사를 통한 대책적용 필요성을 충분히 검토하지 않고 경성공법을 포함하는 국가지원사업을 선정하는 것은 개선되어야 한다. 또한 의사결정절차에서 가장 시급한 사항은 연안통합관리체계 내에서의 관계기관 공조체계 구축이다. 현재 다양한 법률에 근거한 연안개발 행정계획에 의해 연안침식이 발생하고 있고, 침식대책도 여러 기관에서 시행되고 있는 등 우리나라 체계는 아직 전형적인 후진국형 분산관리체계이다.

일본도 우리와 상황이 유사하였으나 1999년 「해안법」 전면개정을 통하여 연안지자체가 건설성, 농림수산성 및 운수성이 합의한 '해안보전정책'을 따르는 '해안보전기본계획'을 수립할 것을 의무화하였다. 또한 일본의 (사)전국해안협회는 「해안법」 개정에 즈음하여 순환양빈(sand recycle)을 제1신기술로 권장하였다. 모래의 이동배치에 불과한 순환양빈을 신기술로 권장한 것은 어항 관리기관인 농림수산성과 건설성 간의 공조가 미흡했음을 우회적으로 인정하는 것이다.

퇴적이 특정 영역에 집중되는 경우에는 장기적인 효율성 측면에서 자동순환 혹은 자동우회양빈시스템이 유리할 수 있다.

어항방파제가 동해안 침식에 미치는 영향이 적지 않은 우리나라도 어항관리 부서와 침식관리부서와의 공조가 시급하지만 아직 항내·항로 퇴적문제와 항계 외측 침식문제를 공조체계로 해결한 사례가 없다. 경북 울진 구산항 침식대책사업의 경우, 방파제 선단 외측 퇴적고가 9m에 달했으나 이를 이용한 양빈을 침식대책으로 고려하지 않았으며, 항내 준설모래 역시 양빈에 활용하지 않았다. 대신 일본 가이케 해안에서 연육사주를 소멸시키고 조망을 확보하기 위해 시공된 바 있는 고비용 잠제를 동일 목적으로 설치하였으나 일본과 반대로 연육사주가 형성되었다. 해안침식대책은 실패를 단정하기 어려운 경우가 대부분이나 구산해안 잠제는 명백한 실패 사례이다. 다행스러운 것은 당초 2기를 설계하였으나 1호기만 건설하였다.

진재율

의사결정절차		과학기술절차
② 위험도 개략평가 및 대책 타당성 조사 시행여부 (No / Yes)	←	① 연안침식 기본 모니터링
		③ 연안침식 정밀조사
④ 침식대책 적용여부 위험도 평가 및 관계기관 공조 방안 강구 (No / Yes)	←	연안지형변화 예측 (공법적용 필요성 검토)
⑥ 최종안 정밀검토 경제성 정밀평가 및 관계기관 공조 여부 (No / Yes)	←	⑤ 최적공법 설계
⑧ 사업 성과 평가 (필요 시 시공 중 설계변경)	←	⑦ 시공 및 피드백 모니터링

연안침식 최적대응 흐름도

침식관리 선진국의 21세기 대응체계의 핵심은 연안침식을 연안통합관리의 틀에서 관리하는 것이다. 대응공법의 경우도 하천·연안모래자원을 효율적으로 관리하여 퇴적문제와 침식문제 해결을 연계시키는 것이 미국과 일본 등의 핵심정책이다. 모래관리는 침식과 퇴적문제가 동시에 발생하는 경우가 많은 우리나라에 특별히 중요하므로 관계기관 공조체계 구축이 시급하다.

삼아항업

구산해안 잠제 설치 후
연육사주 제거를 위해 일본 가이케 해안에 설치하여 성공한 잠제와 동일한 고비용 잠제를 설치하였으나 예측결과와 달리 연육사주가 새롭게 형성되었다.

가치있는 연안

The Valuable Coast

인간은 주거와 경제 활동을 목적으로 연안을 적극적으로 이용하고 있다. 지혜로운 개발과 현명한 이용을 위해서는 친환경 기술의 확보가 중요하며, 연안의 가치를 지속적으로 유지하기 위해서는 통합관리가 필요하다.

간척과 매립

간척은 토지를 농경지 또는 염전 등으로 이용하기 위하여 근해의 간석지나 호소에 제방을 축조하고 내부의 물을 뺀 후 조성하는 것이며, 매립은 다른 곳에서 토사를 운반하여 지반을 높이는 것으로 항만, 공업단지, 도시용지를 확보하기 위한 것이다.

송원오 · 김동성 한국해양과학기술원

간척은 근해의 간석지나 호소에 제방을 축조하고 조석간만의 차를 이용하여 내부의 물을 배수한 후 토지를 농경지 또는 염전 등으로 조성하는 것이다. 매립은 다른 곳에서 토사를 운반하여 지반을 높이는 것으로 항만, 공업단지, 도시용지를 확보하기 위한 것이다. 엄밀히 말하면 간척과 매립은 다르지만, 일반적으로 매립은 간척의 일부로 간주하며 공유수면매립법에서는 매립으로 정의한다. 간석지는 바닷물이 드나드는 자연 상태의 갯벌을 말하며 간척지는 간척 또는 매립사업을 통하여 조성된 땅을 말한다.

우리나라 서해안은 조석간만의 차가 크고, 간석지(갯벌)가 잘 발달되어 있다. 또한 리아스식 해안으로 굴곡이 심하고, 연안에는 많은 섬들이 산재하여 간척지 개발에 아주 유리한 천혜의 입지조건을 갖추고 있다. 강화도 일대는 고려 말부터 간척지를 개발하여 국난을 극복한 기록도 있다.

● 간척 기술의 발전

우리나라의 간척사업은 1950년대까지는 일제강점기시대에 벌인 사업을 집행하면서 기술모방시대를 거쳐야했다. 1960년대는 UN특별기금으로 영산강 간척사업조사와 서남해안 간척적지 조사, 강화 간척 시범사업 등 선진기술의 습득 및 도입에 힘썼다. 제3공화국시절에는 경제개발계획에 따라 동진강 간척 등 대단위 간척사업에 착수하면서 해외기술연수가 활발하게 이루어졌고, 이때 간척 기술의 기초를 다졌다. 이를 기반으로 1970년대에는 남양, 아산, 삽교천 방조제를 준공하였고, 1980년대에는 영산강, 대호지구 등 대단위사업을 우리의 독자적인 기술로써 준공했으며, 이어서 낙동강,

한국농어촌공사

새만금 방조제 전경

금강 다목적 하구둑이 1987년과 1990년에 각각 건설되었다. 1990년대에는 시화, 새만금 등 대규모 다목적 간척사업으로 건설기술이 선진화되었다.

이러한 기술의 발전에는 각종 건설장비의 역할이 컸다. 1950년대 이전의 운반장비는 궤도인력토운차 및 우마차, 손수레에 의존했으나, 1960년대에는 인력 시공에서 기관차에 의한 기계화 시공으로 전환하였고, 1970년대에는 건설장비의 국산화에 힘입어 덤프트럭을 이용하게 되면서 작업능력이 크게 향상되었다. 1980년대에는 대형 덤프트럭과 준설선 등을 이용한 육상 및 해상 동시작업이 가능해져 대단위 사업으로 발전했다. 1990년대에는 시공장비의 대형화와 각종 새로운 건설장비의 보급으로 난공사인 시화 방조제, 영산강 III지구 방조제, 새만금 방조제의 끝막이를 우리기술로 성공적으로 마쳤다.

개발된 주요 기술은 필터구조, 매트리스공법, 돌망태 공법, 사석, 해사를 이용한 성토공법, 복합형 사석공법, 대형 폐유조선을 이용한 끝막이, 구역분할을 통한 끝막이 등을 들 수 있다.

● 간척지 구조물

간척지 개발을 위한 주요시설은 방조제, 배수(갑)문, 통선문, 어도 등이 있으며, 그 중에서 방조제와 배수문의 비중이 가장 크다.

방조제는 간척지를 해수로부터 방호하기 위한 제방을 말하며, 조위, 홍수, 해일,

태풍, 지진 등의 해수침투에 견딜 수 있도록 안전하고 경제적으로 건설해야 한다. 방조제 건설은 계획 수립 시 방조제 건설로 인한 해수의 흐름, 해저퇴적물의 이동양상의 변화와 이에 따른 해양생태계의 변화 등을 감안해야 한다. 방조제의 구조는 외해수심, 해상조건, 기초지반의 특성, 축조재료, 공법, 제체 활용계획, 간척지 이용계획 등을 종합적으로 검토하여 결정한다. 이때 방조제를 구성하는 각종 구조물 간의 연대성, 유지관리 및 보수의 용이성, 미관 등도 함께 고려한다. 방조제 건설에서 끝막이 작업은 가장 중요하다. 이 작업은 양단에서부터 시작된 방조제를 마지막으로 서로 연결시키는 것으로 통수단면의 축소로 인한 제방 내외 수위차 및 유속이 크게 증가되어 방조제가 유실되는 등 위험도가 높아 특수한 공법 및 자재가 필요하며, 최단 시간 내에 끝내야 한다. 끝막이 공법으로는 사석 및 돌망태 공법, 케이슨공법 등이 있으며, 서산 방조제의 경우 폐선할 대형유조선을 활용한 끝막이 공사가 화제가 된 적도 있다.

배수문은 외부로부터 조수를 차단하고, 홍수 시에 상류에서 유출되는 홍수를 배수하여 간척지 내의 침수를 방지한다. 일반적으로 간척지는 외해수위 보다 낮아 유역면적, 지형, 강우량, 간척지 이용계획에 따라 강제배수 또는 자연배수를 해야 한다. 따라서 배수계통의 최종구조물로서 배수문은 계획홍수 또는 자연배수를 안전하게 처리할 수 있어야 할 뿐 아니라, 고조를 저지하는 역할도 하므로 이상의 여러 가지 기능을 유지할 수 있도록 최적화하여 위치 및 규모가 결정되며 그 구조적 안정성 또한 매우 중요하다.

용수공급은 간척지 개발에 필수적인 요소이며, 일반적으로 간척지 내에 담수호를 조성하여 용수를 확보한다. 담수호에 의한 용수개발은 간척지 내에 조성된 인공호수를 담수화하여 저수지 역할을 하게 하는 것이다. 이러한 담수호는 3가지 유형으로 분류할 수 있다. 하나는 감조하천의 하구에 하구둑을 설치하고 해수와 담수를 분리시켜 저수지로 이용하는 것이다. 이 형태는 하구둑을 건설하여도 간척지는 조성되지 않으며, 하천에 설치된다는 점에서 일반 하천댐과 비슷하다. 금강 하구둑, 낙동강 하구둑이 이런 유형에 속한다. 또 다른 형으로는 하구의 넓은 만을 끼고 방조제를 축조하여 간척지와 담수호를 함께 개발하는 것이다. 이런 유형은 만 자체가 넓은 호수로 조성되기 때문에 저수량도 크고, 용수이용률도 높다. 아산호, 삽교호 등 대부분의 대규모 간척사업으로 조성된 호수가 여기에 속한다. 마지막으로 다른 유역 또는 저수지로부터 용수를 보충받는 형태가 있는데, 남양호, 영암호 등이 여기에 속한다. 이런 유형은 유역면적이 작아 자체적으로 담수화 및 용수공급은 어렵지만, 저수용량이 커서 다른 유역으로부터 보충수를 받아 용수를 확보한다. 자체 유역면적이 작기 때문에 홍수가 별로 문제시되지 않는 것이 이점이다.

통선문과 어도도 방조제의 일부를 구성하는 부대시설이다. 통선문은 수위차가

한국농어촌공사

신시배수갑문

있는 방조제 내부와 외부를 선박이 자유롭게 출입할 수 있도록 하는 구조물로서 주로 하구둑에 설치한다. 어도는 하구둑에 의해 막힌 바다와 하천을 통하게 하여, 이곳에 서식하는 소하성어류의 이동통로 역할을 한다. 어도에는 수로식(평면식, 계단식 등), 엘리베이터식 및 갑문(閘門, lock)식 등이 있다. 계단식 어도는 금강 하구둑, 낙동강 하구둑, 시화호 등에 설치되어 있으며, 통선 겸용 갑문식 어도는 영암호, 석문호 등에 설치되어 있다.

● 새만금 간척사업

새만금 간척사업은 세계 최대의 방조제 건설사업이며, 이 사업으로 여의도 면적의 140배가 넘는 41,000ha의 바다가 국토로 바뀌었다. 군산과 부안을 잇는 방조제를 따라 펼쳐진 금만평야(김제, 만경평야)를 새롭게 만든다는 뜻으로 새만금이라고 명명했다. 전라북도 군산시와 고군산도, 부안군을 연결하는 길이 33.9km의 새만금 방조제는 세계최장의 네덜란드 주다지 방조제(32.5km)보다 1.4km 더 길다. 1991년 11월 착공 후 19년의 공사기간을 거쳐 2010년 4월 준공되었으며, 방조제와 간척지 조성이 마무리 될 때까지 약 2조9,000억 원의 사업비가 예상된다. 공사가 진행되는 동안 환경오염 문제가 제기되어 사업추진에 대한 찬반 논란이 빚어지면서 물막이 공사를 남겨두고 두 차례나 공사가 중지되기도 했다.

방조제 준공으로 1단계사업이 마무리된 새만금 간척사업은 2020년까지 내부개발사업이 진행될 예정으로 농업, 생태환경, 산업, 관광레저, 과학연구, 신재생에너지, 도시, 국제업무 등 8개 용지로 구분하여 개발할 계획이다. 방조제는 평균수심 34m, 최대유속 '7m/초'에 이르는 바다에서 고난도의 심해공사를 통해 순수 국내기술로 조성되었다. 신시도와 가력도 부근에 2개소의 배수갑문(신시배수갑문 10련, 가력배수갑문 8련)이 조성되어 있고, 각 배수갑문에는 선박출입과 회귀성 어종의 보호를 위하여 통선문이 설치되어 있다. 방조제 위에는 4차선 도로가 건설되어 있고, 방조제 내측에는 녹지공간도 조성되어 있다.

새만금사업으로 한반도 서해안의 해안선 모양이 크게 달라졌고, 세계 간척 역사의 신기원을 이루었다. 이 사업의 기본목표는 국토확장, 수자원개발, 우량대체농지조성에 있다. 농경지감소, 식량자급도하락, 기상이변, 국제 쌀 시장의 취약성 등의 문제점을 극복하고, 남북통일시대를 대비한 경쟁력 있는 집단화된 대규모 우량농지를 조성하고자 하였다. 우리나라에서는 1990년 이후 약 10년간 22만ha의 농지가 도로, 택지, 산업용지로 전용되었고, 식량자급도도 절반으로 떨어졌다. 새만금사업이 완료되면 약 14만 톤의 쌀이 추가로 생산되는데, 이는 인구 150만 명의 일 년치 소비량이다. 또한 수자원개발을 통한 수자원확보도 물 부족국가로 분류된 우리나라에서 기대되는 주요 사업효과의 하나이다. 새로 조성되는 담수호에서 연간 약 10억톤의 물을 확보할 수 있으며, 이는 중규모 신규 저수지 200개소 건설과 맞먹는 효과이다. 새만금지구 내 만경강과 동진강 상류의 저지대 농경지의 홍수로 인한 상습적인 침수피해도 막을 수 있을 뿐 아니라, 한발 시에는 담수호 물을 농업용수로 활용할 수 있다. 또한 바다를 가로 지르는 방조제는 군산과 변산반도를 바로 연결하여 육상교통환경이 크게 개선될 수 있다. 방조제 도로는 중요한 사회간접자본으로 활용되어 지역발전에도 크게 기여할 것이다. 새만금지구는 국립공원 변산반도와 인접해 있고, 서해의 아름다운 낙조 등 풍부한 관광자원을 갖고 있다. 여기에 새로 조성되는 거대한 담수호, 생태마을, 철새도래지, 갈대숲, 넓은 평야 등 종합생태관광권 형성으로 세계적인 관광지로서의 도약과 함께 지역경제 활성화에도 크게 기여 할 것으로 기대된다.

● 갯벌의 간척과 보존

우리나라는 국토가 좁고, 산지가 많아 경제적 이용이 어렵다. 그간 서해안 일대의 대단위 간척사업으로 천혜의 넓은 갯벌이 간척농지나 산업단지로 개발되면서 새땅 찾기의 효과는 있었지만, 그 대신 광활한 갯벌이 사라지고 말았다. 그럼에도 불구하고 경제개발에 따른 도시화와 산업화로 택지와 공업용지의 수요는 지속적으로 증가해 왔으며, 이에 대한 토지의 공급은 주로 산지나 농지를 전용하거나 연안 간척 및 매립으로 충당해 왔다. 한편 산업화에 따른 이농현상으로 농촌인구가 감소하고, 농업노동력은 고령화되었다. 더욱이 국제농산물시장 개방화 압력 등으로 농업구조개선을 위한 기계화, 규모화가 가능한 집단 우량농지의 확보가 절실해졌다. 이는 국가차원에서 장기적인 안목을 가지고 대처해야할 과제로서, 이에 대한 방안으로 비교적 적은 비용으로 광활한 농지 및 수자원을 확보할 수 있다는 점에서 갯벌 간척은 대단히 매력적인 사업이다.

일반적으로 갯벌 간척은 간척지의 지력이 높아 우수한 쌀을 생산할 수 있을 뿐 아니라 면적이 넓어 원격조정에 의한 자동물관리, 항공기를 이용한 파종 및 농약 살포가 가능하여 상대적으로 생산비를 낮출 수 있어 가격경쟁력이 높다. 수자원확보와 용수의 효율적 이용으로 주민생활여건도 크게 향상시킬 수 있다.

우리나라의 간척사업은 국가전략 및 식량안보 차원에서 추진되어 왔으며, 국가경제발전에 기여한 바도 크다. 또한 토지이용측면에서 대단위농업종합개발사업으로 조성된토지의 대부분이 집단화된 우량농지로 조성되었으며, 산업시설 및 공공용지의 공급, 택지조성 취락구조개선, 경지정리, 배후지 저지대 배수개선, 육상운송 유통개선, 관광, 항만개발 여건조성 등 타산업 발전에도 크게 기여했다.

그러나 갯벌이 개발 일변도의 논리로 계획되고 집행되어, 갯벌의 기능 및 가치에 대한 인식은 뒤로 밀릴 수밖에 없었던 것도 사실이다. 한때는 갯벌이 아무 쓸모없이 그냥 내버려진 황무지로 인식되었으나, 1980년대부터 환경보전에 대한 관심이 점차 높아져, 갯벌에 대한 인식이 새로워졌다. 특히 시민 및 환경단체들의 환경보호활동으로 갯벌을 보전하려는 노력이 확산되었고, 1977년 우리나라가 습지협약에 가입하면서 사회적 공감대가 형성되었다.

갯벌은 아무데서나 만들어지는 것이 아니며, 일단 사라진 갯벌에 대한 대체습지 조성도 쉽지 않다. 갯벌이 한번 자정회복능력을 상실하면 그 기능을 회복하는데 장기간의 시간을 필요로 한다. 그러므로 연안역개발계획 수립 시에 갯벌을 포함한 천해역의 지혜롭고 지속가능한 이용을 위한 종합적인 관리가 필요하며, 우리 다음세대를 위해 필요한 잠재력을 그대로 유지시키도록 해야한다.

갯벌은 연안바다의 건강성을 유지시켜주는 정화조 역할을 한다. 우리의 현재 여건을 감안할 때 갯벌의 무조건적인 보전만을 고집할 수도 없다. 갯벌은 자정회복능력이 높은 생태계이므로 인위적 유지 및 회복 노력도 필요하다. 간척 및 매립지 조성 등의 연안개발사업 시행 시에는 개발지구와 보전지구를 구분하는 갯벌 보전 방안마련, 기존 갯벌에 미치는 영향완화조치, 대체습지 조성, 연안환경개선, 기존 갯벌의 훼손 및 기능상실 시 이를 회복할 수 있는 방안 강구 등 종합적이고 세심한 기술적 검토가 선행되어야한다.

항만과 어항

항만이란 선박이 출입하며 사람이 타고 내리거나 화물을 선박에 싣고 내릴 수 있는 시설이 구비된 곳이고, 어항은 어선이 안전하게 출입·정박할 수 있는 어업활동의 근거지를 말한다. 항만은 문명의 발달과 함께 해상교역을 위해 개발되어 왔으며, 어항은 수산업을 위해 발전되어 왔다.

이달수 한국해양과학기술원, (주)혜인이엔씨 황철민 (주)대양컨설턴트

항만과 어항은 인간이 연안을 가장 적극적으로 이용하고 있는 형태이다. 항만은 문명의 발달과 함께 해상교역을 위해 개발되었으며, 어항은 수산업의 발달과 함께 발전되었다. 항만이란 선박이 출입하며 사람이 타고 내리거나 화물을 선박에 싣고 내릴 수 있고 해양친수활동 등을 위한 시설이 갖추어진 곳을 말한다. 항만은 해상교통과 육상교통이 연결되는 곳으로서 국내 교통망뿐 아니라 해외 교통망에서도 중요한 부분이다. 일반적으로 항구와 항만을 구분하지 않고 사용하고 있으나 원래 항만은 박지(泊地), 부두시설, 화물 하역시설 등의 종합적인 부두 기능을 포함한다. 우리나라에서의 항만이란 법적인 용어로서 항만법의 적용을 받는 곳만을 가리키며 어촌·어항법의 적용을 받는 어항과도 구별된다. 보통 항만과 어항 모두를 항구라고 부르기도 한다.

어항이란 어선이 안전하게 출입·정박하고 어획물의 양륙 및 선수품 공급, 기상 악화 시 어선이 안전하게 대피할 수 있는 어업활동의 근거지를 말한다. 어항은 국민생활의 안정과 국민 경제의 발전에 이바지하고, 어촌 지역사회의 생활 기반 기능 수행, 어획물의 양륙 및 출어 준비와 어선 안전 확보 등을 위한 어업 활동 기지, 하역과 시장 거래, 소비지에 대한 출하, 수산 가공 등을 위한 유통기지공간이라는 점에서 중요한 기능을 가지고 있다. 또한, 어촌 지역사회의 중심으로서 어촌 주민의 생활 향상과 어업 산업을 통한 지역경제의 발전, 어촌과 벽지·도서의 연결 등, 다양한 기능을 내포하고 있어 그 역할이 매우 중요하다.

최근, 부산북항과 대포항 등과 같이 노후화된 항만과 어항을 리모델링하는 경우를 보면, 대부분 친수공간을 강조하는 복합해양공간으로 변화하고 있음을 알 수 있다. 이는 경제적인 풍요로 인해 항만과 어항의 또 다른 가치를 추구하기 때문이다.

해양수산부

국가 무역항

한국어촌어항협회

국가 어항

● 항만

항만은 문명의 발달과 함께 발전해 왔다. 최초의 항만들은 해안의 높은 절벽 사이에 깊숙이 들어간 좁은 만이나 하천의 자연조건을 최대한 이용하여 소규모로 건설되었다.

페니키아인은 BC 2500년 무렵 티루스(지금의 레바논 남쪽의 티레) 해안에 외해의 연안에서는 최초로 인공항만을 건설하였다. 이들은 항만을 건설하기 위해 구리 조임쇠를 이용하여 큰 돌뭉치들을 만들어 사용하였다. 또한 이집트 북부 나일강 델타 서쪽 끝에 있는 이집트의 제1의 무역항인 알렉산드리아항도 BC 300~200년 무렵에 건설된 것으로 추정된다.

중세 유럽에서는 베니스가 무역도시국가로서 번성하였고 13세기부터는 한자(Hansa)동맹의 여러 항만도시들이 근대화로의 발판을 마련하였다.

유럽의 여러 항구도시들은 무역을 통해 그 지역을 번영시켜 대항해시대의 개막과 함께 신대륙의 발견과 이주, 개발의 거점이 되었다. 런던 항, 로테르담 항, 그리고 함부르크 항과 같은 유럽의 항들은 모두 강이나 하구 또는 만 등에 건설되었다. 미국 최초의 항들인 뉴욕 항, 보스톤 항, 발티모아 항, 워싱톤 항, 그리고 뉴올리언즈 항들도 이러한 곳에 건설되었다.

이렇게 형성된 세계의 주요 항은 19세기에 들어서 비약적으로 발전하였다. 식민지 무역의 번성에 의한 범선의 대형화에 이어 증기기관의 발명으로 원양항해에 대형 증기선이 등장하게 되면서 항만도 더욱 대규모화되기 시작한 것이다. 또한 해상교통량의 증가로 항로 단축의 필요성도 대두되어 1869년에는 수에즈운하가, 1914년에는 파나마운하가 개통되었으며, 호화여객선이 세계의 주요 항에 기항하고 대량의 화물이 항만을 통해 수송되었다.

부산신항

해양수산부

부산항 감만부두

제2차 세계대전 후에는 항공산업의 비약적인 발전으로 장거리 여행에는 항공기의 이용이 보편화되었으나 화물 수송은 대부분 해운에 의존하고 있다. 그 중에서도 석유는 20~30만 톤급의 거대한 탱커에 의해 운반되고 있다. 또한 1960년대부터 일반화물의 컨테이너 수송이 시작되고, 컨테이너선도 점점 대형화됨에 따라 1990년대부터는 수심 15m급의 컨테이너부두가 세계의 각 항에 건설되었다.

1950년대 후반부터 중화학공업을 기간(基幹)으로 하는 경제의 비약적 확대·발전에 따라 국제간에 원료, 연료, 제품을 바다를 이용해 대량으로 수송하게 되었다. 따라서 해상수송비용의 절감과 수송의 안정성 확보의 중요성이 대두되면서 임해공업지대에는 전문부두 또는 전용부두가 건설되었으며, 화물도 벌크 카고(bulk cargo, 산적화물) 분야뿐 아니라, 60년대 후반의 컨테이너화에 의해 제너럴 카고(general cargo)분야로 급격히 증가하였다. 화물의 형태도 급속히 변화되어 정기선 항만에서도 부두터미널을 전문화·전용화 하였으며 항만의 규모도 크게 확대되었다.

세계는 지금 모든 분야에서 무한 경쟁시대로 돌입하고 있다. 또한 삶의 질이 더욱 중요하게 여겨짐에 따라 항만도 고도의 유통거점 항만, 정교한 산업정보 항만, 풍부한 생활공간 항만, 환경친화 항만(eco-port)으로 급속히 발전해가고 있다.

● 항만의 분류와 특성

항만은 그 사용 목적과 위치 그리고 구조양식 등에 따라서 여러 종류로 나뉜다. 사용 목적에 따라서 항만은 상항, 공업항, 어항, 군항, 피난항 그리고 항공항으로 나뉜다.

상항은 상선이 출입하며 일반화물을 취급함으로써 바다와 육지 수송의 연결점 역할을 하는 항만이다. 따라서 상항은 좋은 정박지뿐만 아니라 화물과 여객을 빠르고 싼 비용으로 처리할 수 있는 설비를 필요로 한다. 또한 무역과 해운의 근거지이므로 배후지역을 갖추어 해상과 철도 및 육로와도 원활한 유통이 이루어져야 한다. 우리나라에서는 부산항과 인천항이 대표적인 상항이다.

공업항은 공업지대에 건설된 항만으로서 화물선을 공장지대의 부두에 대고 원료와 제품을 직접 싣고 내릴 수 있는 시설을 갖춘 항만이다. 우리나라에는 울산항, 온산항, 광양항, 포항항 같은 곳이 있다.

어항은 어업의 근거지이며 어선이 출입하고 어획물을 처리·수송할 수 있는 시설을 가진 항만이다. 우리나라의 동해안에는 많은 어항이 있고, 부산항의 일부는 어항을 겸하고 있다. 군항은 해군의 군함과 기타 선박이 정박하며 보급과 수리를 하는 항만을 말하며 여기에는 여러 가지의 군용시설이 있다. 미국의 펄하버, 노포크, 샌디에고, 영국의 포츠머스, 지브롤터, 프랑스의 툴롱, 브레스트, 러시아의 블라디보스토크,

해양수산부

온산항

이탈리아의 타란토는 세계적으로 유명한 군항들이다. 우리나라의 군항으로는 남해안의 진해항을 들 수 있다.

피난항은 먼 바다 또는 연안을 항행하는 선박들이 태풍이나 불의의 기상이변을 만날 때 잠시 입항하여 피난하거나 또는 사고 때문에 긴급히 수리를 해야 할 경우 임시수리를 위해 입항하는 항만이다.

항공항은 수상비행기를 위한 항만이다. 이상 그 사용목적에 따라 항만을 분류하였으나, 일반적으로는 이들을 명확하게 구별할 수 없는 경우가 많다. 즉 상항과 어항, 그리고 공업항은 공용하는 경우도 있다. 예를 들면 부산항은 상항과 어항을 겸하고 있고, 인천항은 상항과 어항 및 공업항도 일부 겸하고 있다.

항만은 위치에 따라 연안항, 하구항, 하항, 호수항 그리고 운하항으로 분류한다.

연안항은 우리나라 대부분의 항만과 같이 일반 해안에 있는 항만이다.

하구항은 하구의 조용한 수면을 이용하기 위하여 하구에 건설한 항만이다. 연안의 일반적인 항만과는 달리 대규모의 방파제가 필요 없고 또한 소형선으로 상류까지의 내륙운송이 가능한 이점이 있지만, 하천에 흐르는 토사나 파도에 의하여 밀려오는 토사 때문에, 항로의 수심을 유지하기 어려운 단점이 있다. 우리나라의 금강하구에 위치한 군산항은 전형적인 하구항이다. 세계적으로 큰 강의 하구에는 큰 항만이 많이 발달한다. 미국의 뉴욕항은 허드슨 강의 하구에 위치한 유명한 항만이다.

하항은 하천의 중·상류에 있는 항만이며 함부르크 항, 로테르담 항, 런던 항 등이 대표적인 예이다. 특히 스위스의 바젤 항은 라인 강의 하구로부터 무려 900km나 상류 지점에 있는 하항이다.

호수항은 호수에 있는 항만이며 미국의 5대호 연안에 있는 시카고 항과 밀워어키 항이

해양수산부

저동항

대흑산도항

그 예라 할 수 있다.

운하항은 운하에 만든 항만이다. 운하를 인공적으로 건설할 때에 새롭게 건설한 항만이거나 또는 종래의 항만을 운하와 연결하여 확장하게 된 것을 말한다. 예를 들어 영국의 맨체스터 항은 종래에는 해안으로부터 떨어진 하나의 국내 도시에 불과하였으나 새로 운하를 개발하여 대형 선박이 출입할 수 있도록 한 항만이다.

구조형식에 따라서 분류하면 항만은 크게 폐구항(閉口港, closed harbour)과 개구항(開口港, open harbour)으로 나뉜다.

조석간만의 차가 큰 지점에서는 간조 때에 선박이 정박할 수 있는 수심을 유지하기가 어렵다. 이와 같은 경우에는 선박이 정박하는 수역(水域)과 외해 사이에 수문(水門) 또는 갑문을 설치하여, 간조 때에도 일정한 수심을 유지시켜 하역에 지장이 없도록 하는 경우가 있다. 이와 같이 항내와 항외 사이에 수문을 설치하는 항만을 폐구항이라고 한다. 우리나라의 인천항은 폐구항의 좋은 예이고, 다른 나라로는 영국의 런던 항과 리버풀 항이 유명하다. 이에 비하여 개구항은 항내와 항외 사이에 수문이 없는 일반항만을 말한다.

폐구항에는 수문식과 갑문식의 두 가지가 있다. 수문식은 입구의 한 곳에 수문을 설치하여 간조 때에도 항내의 수심을 유지할 수 있도록 한 것이고, 갑문식은 입구의 두 곳에 수문을 만들어 항내의 수심을 유지할 수 있는 동시에, 두 곳에 설치된 수문을 조작하여 간조 때에도 선박이 출입할 수 있도록 한 것이다. 위에서 예를 든 폐구항은 모두 갑문식이다.

우리나라는 항만법에서 항만을 무역항과 연안항으로 구분하고 있다. 무역항이란 국민경제와 공공의 이해에 밀접한 관계가 있고 주로 외국 수출입품을 실은 선박이 출입하는 항만으로서 2013년 현재 부산항, 인천항, 군산항, 광양항 등 31개항이다.

연안항은 주로 국내항 간을 운항하는 선박이 출입하는 항만으로서 2013년 현재 부산남항, 용기포항, 울릉항 등 29개항이다.

인천항

해양수산부

항만을 관세에 따라 분류할 경우, 개항(開港)과 불개항(不開港)으로 분류된다.

개항이란 조약이나 법령에 의해 항만을 개방하여 외국과 무역을 할 수 있도록 허용된 항만으로서 내외 국적의 선박이 상시 출입할 수 있는 항만을 말하며 우리나라에는 2013년 현재 부산항과 인천항을 포함하여 31개가 있으며 위의 법령에 지정된 항만

중에서 무역항은 모두 개항에 속한다.

개항 중에서 외국에서 수입하는 제품과 원자재에 대해서 관세법의 구속을 받지 않는 항만을 자유항(free port) 또는 자유무역항이라고 한다. 자유항 제도는 중세시대 이탈리아의 자유도시에서 유래되었다고 한다. 자유항은 다시 자유항시(自由港市)와 자유항구(自由港區)로 구분되는데, 시 전체를 자유항으로 지정하는 경우가 자유항시이고 항만의 특정구역만 관세법의 구속을 받지 않는 경우가 자유항구이다. 자유항에 수입된 물자가 국내로 반입될 때 비로소 관세법의 구속을 받게 된다. 자유항시의 가까운 예는 싱가폴, 홍콩이 있고, 자유항구의 예로는 우리나라의 마산항의 수출단지가 있다.

불개항은 외국과의 통상이나 무역이 허락되지 않은 항만을 말하며 외항선박은 긴급한 사정으로 불가피하게 일시적으로 들어오는 것 이외에는 원칙적으로 사용이 허락되지 않는다. 불개항에는 주로 내국선박이 출입한다.

우리나라의 항만

구분		항명					
무역항(31개)	국가관리 무역항(14개)	경인항	인천항	평택·당진항	대산항	장항항	군산항
		목포항	여수항	광양항	마산항	부산항	울산항
		포항항	동해·묵호항				
	지방관리 무역항(17개)	서울항	태안항	보령항	완도항	하동항	삼천포항
		통영항	장승포항	옥포항	고현항	진해항	호산항
		삼척항	옥계항	속초항	제주항	서귀포항	
연안항(29개)	국가관리 연안항(11개)	용기포항	연평도항	상왕등도항	흑산도항	가거향리항	거문도항
		국도항	후포항	울릉항	추자항	화순항	
	지방관리 연안항(18개)	대천항	비인항	송공항	홍도항	진도항	갈두항
		화흥포항	신마항	녹동신항	나로도항	중화항	부산남항
		구룡포항	강구항	주문진항	애월항	한림항	성산포항

● 어항

어항의 역사는 우리 조상들이 어업을 생활의 한 방편으로 삼기 시작한 때로부터 시작하여 지금처럼 수산물의 소비가 확대되기까지 그 비중이 증가하였다. 특히 어업에서 어항이 갖는 비중은 크다. 우리나라의 어항은 지형여건 상 해안의 굴곡이 심하고, 수많은 도서가 산재하여 천연적인 어항의 형성이 유리하였으며, 생산여건의 확대로 인한 어선 증대 및 원거리 어장의 개발로 인하여 어항의 필요성이 더욱 대두함에 따라

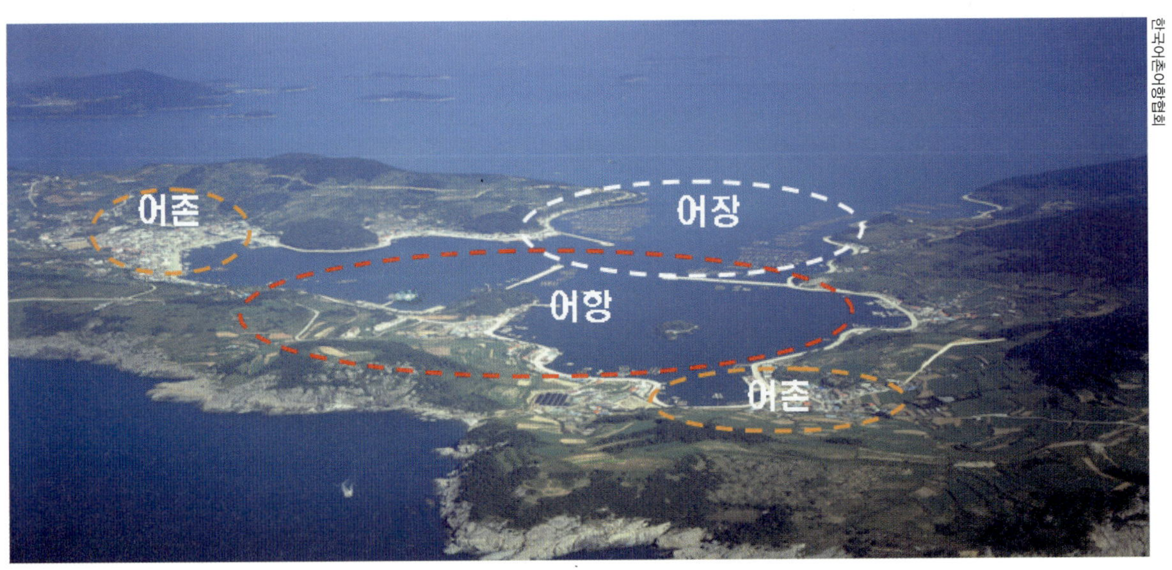

한국어촌어항협회

복합공간으로서의 어항

어업의 핵심으로서 자리 잡게 되었다.

어항은 공간적인 측면에서 어업을 위해 필요한 항구(港口)이며 어촌의 사회적, 문화적 활동 중심지로 종합적이고 복합적인 공간이다. 어항은 어촌 생산공간의 어장과 생활공간인 마을을 연결해주는 결절지임과 동시에 지역어업인의 재산과 어선을 보호하고 생산물의 부가가치 창출을 위한 경제활동이 가장 활발하게 일어나는 공간이다.

어항의 역할과 기능을 살펴보면 어항 활동 지원기지, 수산물 유통기지, 어촌 등 지역사회 기반시설 역할, 도시지역 주민의 휴식 공간 등 그 역할이 다양하다. 어항시설의 종류는 기본시설, 기능시설, 문화·복지시설, 관광·휴게시설, 기타 대통령이 정하는 주민편익시설 등으로 구분된다.

우리나라 전국 연안에는 2,000여 개의 항·포구가 분포되어 있으며, 수산업과 지역발전에 미치는 영향이 큰 어항을 「어촌·어항법」 제2조 제3항에 의거, 국가 어항, 지방어항, 어촌정주 어항, 마을공동 어항으로 지정·구분하며, 이외에 비 법정항으로 소규모항·포구가 전국 연안에 분포되어 있다.

2013년 기준 전국에 989개의 법정 어항이 지정되어 있으며, 국가 어항 109개항, 지방 어항 285개항, 어촌정주 어항 595개항이며, 마을공동 어항은 2012년 어촌·어항법 개정에 따라 신규 도입된 법정항으로 현재까지 지정된 어항은 없다.

우리나라의 어항 지정기준의 변천을 살펴보면, 1976년 최초로 어항 지정기준을 규정한 이후 지역적 여건, 수산업 환경 및 항세 등의 변화로 개정을 거듭해 왔다. 2001년 6차 개정을 통하여 국가 어항, 지방 어항, 어촌정주 어항을 현지 어선, 총 톤수, 외래 어선 항목으로 규정하고, 2005년 어촌·어항법 제정에 따른 시행규칙 제정(7차

2013년말 기준, 법정 어항 총 989개항, 비 법정항(소규모항) 1,309개

국가 어항 109개	지방 어항 285개	어촌정주 어항 595개
이용범위가 전국적인 어항 또는 도서벽지에 소재하여 어장개발 및 어선대피에 필요한 어항	이용범위가 지역적이고 연안어업의 지원 근거지가 되는 어항	어촌의 생활근거지가 되는 소규모 어항

개정)을 통하여 현재의 법정 어항을 규정하고 있다. 세부적으로 살펴보면, 국가 어항은 1971년 최초 62개소의 국가 어항이 지정되었으며, 1990년대에 들어 국가 어항의 비중이 크게 늘어나기 시작하여 1999년에는 105개가 지정되었고, 2007년에 1개소가 해제되고, 2008년과 2009년에 6개항이 신규 지정되어 2010년까지 110개항이 국가 어항으로 지정되었다. 또한, 2011년 3월에 농림수산식품부에서 국가 어항으로 관리하던 강구항이 국토해양부에서 관리하는 연안항으로 항종을 변경하여 109개항이 국가 어항으로 지정되었으며, 현재까지 지속되고 있다. 지방 어항은 1972년도에 255개 어항을 최초로 지정하여 2006년까지 504개항이 지정되었으나 219개항을 해제하여 2012년 기준 285개항이 지방 어항으로 지정되었다. 어촌정주 어항은 2012년 기준 595개항이 어촌정주 어항으로 지정되었으며, 경상남도가 342개항을 지정하여 가장 많은 어촌정주 어항이 지정·개발되고 있다.

● 어항의 역할과 패러다임 변화

어항의 역할은 어업활동지원, 수산물유통, 어촌사회기반시설, 해상교통·물류운송, 해양관광·문화교류로 구분된다.

어업활동 지원은 어선의 안전정박으로 어업인의 생명과 재산보호, 어획물의 양륙장, 출어준비 장소(어구의 준비, 급유, 급수, 어선의 수리 등)를 지원하는 것이다. 수산물유통은 수산물의 하역 및 시장거래, 소비지 등으로 출하하는 수송터미널, 수산가공업 활동을 말한다. 어촌사회기반시설은 지역사회 어업인들의 생활기반 및 지역경제 발전을 위한 기반시설이며, 해상교통·물류운송은 도서벽지 등의 어촌과 외부사회를 잇는 교통 및 물자와 정보의 수송이다. 또한 해양관광·문화교류는 어촌지역의 관광활성화에 따라 새롭게 부각되는 어항공간을 활용한 해양관광, 레크레이션 제공과 어촌문화의 체험공간으로 이용된다.

어촌사회를 둘러싼 환경변화에 따른 어촌과 어항의 개발방향은 산업 활동 중심에서 벗어나 다양한 역할을 수행할 수 있도록 변화되고 있다. 어촌과 도시의 교류가

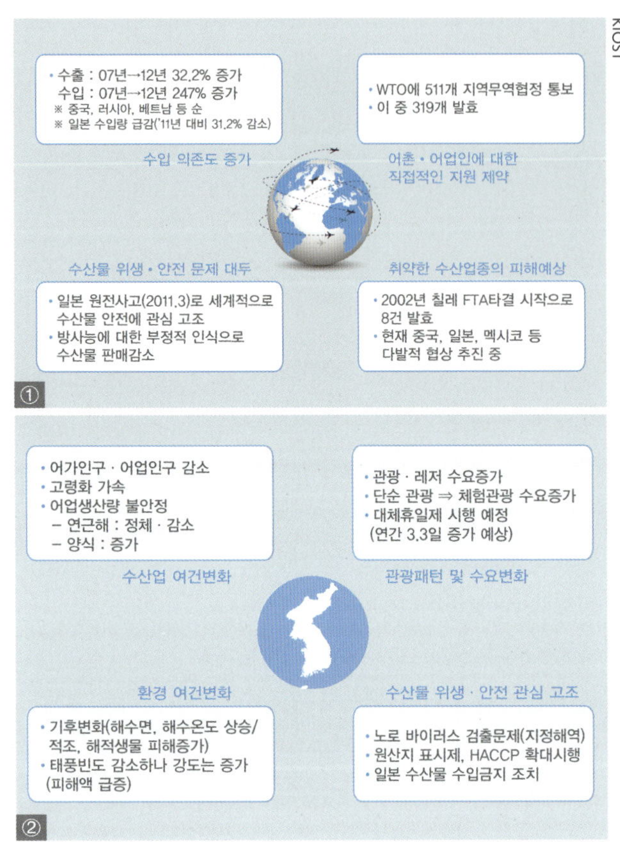

수산업의 대외적 여건변화(①)와 대내적 여건변화(②)

증가하고, 어촌의 역할이 다양화될수록 수산물 생산기반시설로서의 어항은 친수공간으로서의 역할이 점점 증대되고 있다. 어항의 개발은 수산업 중심 외에 지역의 특성에 따라 수산물유통·가공, 어촌관광, 교통, 생활거점 등을 포함해야 하므로 어촌·어항·어장이 긴밀히 연계되어 개발이 진행되어야 한다.

어항의 역할(기능)이 현재는 수산업 중심에서 미래는 수산, 관광, 문화, 상업적 역할(기능) 범위까지 확대됨에 따라 이러한 역할을 포괄할 수 있는 기본적인 개념에서 접근이 요구된다. 또한, 이용대상자가 현재 어업인 중심에서 미래 어업인, 국민, 외국인까지 이용이 확대됨에 따라 다양한 이용자가 활용할 수 있는 기반시설, 편의시설을 갖추어 어항이나 어촌의 활성화가 이루어져야 한다.

개발방식은 현재 개별 혹은 권역별 개발에서 미래 어촌, 어항, 어장이 연계되도록 광역개발방식으로 전환 되어야 어장을 통한 안정적 수산물 생산, 어항을 통한 수산물 가공·유통 및 어항 관광 활성화 등이 이루어지게 됨으로써 어촌의 소득 증대가 가능하다. 또한, 개발주체는 현재 국가나 지방자치단체 중심에서 미래 국가, 지방자치단체, 민간 참여를 통한 범위로 확대하여 활성화시켜야 한다.

현재 수산업의 여건은 계속 변화하고 있다. 지구 온난화 등에 따른 어장 및 어업환경 변화, 연근해 어선 감척정책 지속 추진, 어업인 및 어업자원의 지속적인 감소추세, 잡는 어업에서 기르는 어업으로 전환, WTO/DDA 협상에 따라 정부지원 한계 및 FTA 체결 등으로 시장개방, 국민들의 휴식·관광 등의 수요 증가에 따른 어촌·어항의 적절한 대응이 필요하다.

● 미래의 다양한 수요에 대응한 다기능어항

최근 WTO/DDA, FTA 등 국제적인 시장개방 및 지구 온난화로 인한 기후변화 등으로 인하여 어장축소와 어업자원의 감소 등 어업여건이 악화되었다. 이에 따라 어촌의 어업 소득원 감소와 도시근로자 가구소득 대비 어가소득의 격차로 인하여 어촌의 어업 외 소득원 개발과 새로운 소득지원 방안이 필요하게 되었다. 또한, 도시민 소득증가와 여가시간 증대에 따른 교육·문화·체험 등의 여가활동 및 가족 단위 여행수요 증가 등으로 다양한 관광수요 발생에 대한 욕구가 증가하고 있다.

어항은 어업의 여건변화와 어촌소득 감소, 관광수요 증가 등에 대처한 복합적인 기능을 수행할 필요가 있다. 특히 최근의 어항은 어업인의 생활공간에서 국민의 여가 및 휴식공간으로 다변화됨에 따라 편의시설 및 레저시설 확충 등 다양한 기능의 다기능어항으로의 개발이 필요하다. 이에 따라 관광객 수요 및 어업인의 어업 외 소득창출, 주민 생활편익 등 어촌정주환경 개선을 통한 어민의 소득 증대를 위한 다기능어항 개발이 본격적으로 대두되었다. 또한 다양한 기능을 창출할 수 있는 어항을 다기능어항으로 선정하여 어촌종합개발사업 및 어촌관광사업 등과 연계하여 집중 개발하고 있다. 이러한 다기능어항은 수산의 미래산업화를 위해 지역고유 특성을 기반으로 한 특화개발을 통하여 어항의 기능 활성화 및 어촌의 소득 증대 기반을 마련하고 있다. 이를 통해 어장축소 및 어업자원의 감소 등 어업여건 악화에 따른 어업 외 소득 증대 방안을 마련하고, 어촌지역 6차 산업의 핵심공간으로서 수산업 지원기능 외에 지역특성을 고려한 고유기능을 특화하여 개발함으로써 물류유통, 관광, 휴양, 문화복지 등 어촌정주 생활거점 어항으로서 연안지역 경제의 중심이 될 수 있는 어항을 조성한다.

이미 시행 중인 다기능어항 개발 시범사업의 성과평가 결과 관광객 증가로 인한 어촌의 소득증가 및 어항의 환경개선에 효과가 있는 것으로 분석되었다.

기존 다기능어항 시범사업은 어장 축소 및 어업자원의 감소 등 어업여건 악화에 따른 어업 외 소득 증대를 위해 관광, 문화, 유통 등 복합적인 기능수행이 가능하도록 개발(수산업+관광·문화 등 기능 다양화) 하였으나, 다기능어항 확대개발을 통한 어항개발효과를 증대하기 위해서는 어항의 다양한 기능의 융·복합 및 특화개발(어항기능 재배치+시설 현대화+주변지역과의 연계 개발)로 어항기능의 효율성을 제고하고 지역특성에 따른 다양한 고유기능을 특화하여 개발하여야 할 것이다.

다기능어항 확대개발을 통한 어촌·어항·어장 및 주변지역과의 연계개발은 수산분야 6차 산업의 핵심공간 조성, 지역경제의 활성화, 수산물 부가가치 창출로 어업인의 소득 증대로 이어질 것이다. 또한 지역 특화개발을 통하여 어촌의 자생력 강화, 도시민들의 관광 및 휴식공간 창출 등 여러가지 부가가치를 창출할 것이다. 이와 더불어서 자원조성형 다기능어항 개발은 자연재해로부터 어업인 재산 보호에도 도움을 줄 뿐 아니라 체험형 관광 및 고급 레포츠 관광과 연계한 도시민들의 휴식공간 제공으로 어업 외 소득 증대에도 기여할 것이다.

바다목장

바다목장사업은 연안의 환경, 생태학적 기본 지식을 바탕으로 생명공학, 해양공학, 환경제어 등 첨단과학기술을 접목한 새로운 개념의 환경친화적인 사업이다. 바다목장은 어업형, 관광형, 체험형, 갯벌형과 같은 다양한 모델이 있다.

명정구 한국해양과학기술원

우리나라는 오래동안 전 세계 10위권 전후의 수산업 생산량을 유지해 왔다. 또한 국민들의 연간 수산물 소비량도 일본과 1,2위를 다툴 정도로 높다. 이러한 중요성 때문에 1970년대부터 지속적으로 자원조성사업, 인공어초사업 등을 통해 우리나라 주변 해역에서의 수산물 생산성을 회복하고 유지하기 위한 노력을 해왔으며, 90년대 후반부터는 바다목장사업도 추진하고 있다.

그러나 이러한 노력에도 불구하고 오랫동안 계속된 남획과 고질적인 부정어업의 영향으로 1980년대부터는 자국 내에서 소비할 수산물의 상당부분을 수입에 의존하게 되어 2012년에는 483만 톤에 달하는 수산물을 외국에서 수입하기에 이르렀다. 반면, 국민소득이 증가함에 따라 수산물 소비가 증가하고 연안에서의 해양레저 활동에 대한 욕구가 높아져 연안공간의 효율적인 이용과 관리의 필요성이 대두되었다. 1990년대 중반 한국해양과학기술원에서는 해양목장화 기반 연구를 3년간 수행하면서 동서남해, 제주도 연안공간의 효율적인 이용과 관리를 위하여 어업형, 관광형, 체험형, 갯별형과 같은 다양한 바다목장 모델을 개발하여 정부에 제시하였고 이에 따라 98년 통영 바다목장사업을 시작으로 전국 5개소에 시범 바다목장을 추진하였다.

● 한국형 바다목장 모델과 추진 현황

1995년부터 1997년까지 3년간 해양목장 기반 연구에서 개발된 한국형 바다목장 모델은 우리나라 연안 환경 자원 특성을 고려하고 수산업 이외에 해양레저사업을 고려한 해역 특성에 맞는 다양한 모델을 개발하였다.

바다목장사업은 1998년부터 2010년까지 동, 서, 남해, 제주도에 5개 시범목장을 만드는 사업으로 한국해양연구원(현 한국해양과학기술원)이 주관하고, 각 바다목장의 사업성격에 따라 국립수산과학원, 한국해양수산개발원, 각 대학, 연구기관, 기업이 참여했다. 현재까지 진행한 시범 바다목장의 모델은 자원 배양형 또는 어업형(통영·여수목장), 갯벌형(태안목장), 수중 관광형(울진목장), 수중 체험형 또는 공원형(제주목장) 등으로 수산분야 뿐만 아니라 수중 관광분야까지 그 성격이 다양하다. 이러한 성격의 바다목장 개발은 새로운 분야 연구나 여러 분야 연구사업의 유기적인 관계와 다양한 협력 체제하에서 진행되어 왔으며 기존 자원조성사업과는 달리 연구와 사업을 동시에 추진하였다. 초기 연구 단계부터 응용기술적용 단계까지 연구 분야가 매우 광범위하기 때문이다.

한정된 범위 내의 목장해역에서 환경 관리와 함께 자원이 조성되고 이를 어민들이 주체가 되어 이용, 관리하는 시스템으로 만들어진 바다목장화 사업은 자원조성사업과는 달리 다양한 분야의 기술 개발이 필요했다. 또한 방류어의 경우 종묘방류사업과 달리 주로 양식용 종묘에서 생산된 종이라 할지라도 방류어의 건강성 즉, 자연에 방류한 후의 적응성이 요구되어 바다목장사업용 종묘 생산기술이 종묘의 건강성 차원에서 새로이 다루어져야 했다. 또, 방류 대상어종 및 방류 장소의 선정, 방류 규모, 방류 대상종의 크기, 방류 후 생존율 등에 관한 연구도 이루어졌다. 환경수용력평가 및 환경보존을 위한 모니터링 기술개발 역시 바다목장사업이 시작된 후에 검토, 개발되기

KIOST에서 주관이 되어 1998년부터 2007년까지 추진한 통영 바다목장의 조감도

현재는 지자체로 이관한 후 사후관리를 해 오고 있다.

시작한 분야였다. 그 외 각 해역 특성에 맞는 기능성 어초, 인조 및 자연 해조장, 음향급이기, 해류차단장치, 환경관측부이의 개발 및 설치 기술 등이 연구되거나 검토 수정되면서 사업이 추진되었다.

또한 해당 해역의 지속 가능하면서도 높은 생산력 유지를 위한 자원량 파악, 자원관리 기술과 경제성 분석, 새로운 어장이용 관리시스템 개발은 바다목장 모델의 개발 완성과 직결된 새로운 개념의 기술 분야이기도 했다.

당시 해양수산부가 추진해 온 바다목장사업은 각 해역 특성을 고려한 시범 바다목장 성격을 정하고 각 해역에서 3단계로 나누어 추진 계획을 세웠다. 1998년부터 2013년까지는 1단계 사업으로 전국 5개소 시범 목장을 선정하여 바다목장 기반을 조성하고 2005년부터 2014년까지는 전국 50개소로 바다목장을 확대시키며 그 후 2030년까지는 전 연안을 바다목장화 한다는 계획이다.

● 입체적인 연안공간 활용으로서의 바다목장

바다목장은 어업자원 혹은 관광자원의 증가를 최종 목표로 한다. 우리나라 연안의 양식시설 중 가두리 양식장이나 수하식 양식장 등은 모두 표층에서 약 10m까지의 일부 수층에서 생산 활동이 이루어지며, 그 아래 수층은 활용하지 않는다. 이러한 현실을 감안하여 표층에서의 양식과 저층에서의 자원조성의 복합적 기능을 갖는 바다목장을 건설하면 한정된 연안공안을 효율적으로 활용하는 이점이 있다.

1980년대부터 본격적으로 발달하기 시작한 어류양식은 종묘생산 기술 및 어장 개발에 힘입어 그 후 급속히 발전하여 2011년에는 생산량이 72,449톤에 이르렀다. 현재 우리나라 연안에서 어류양식을 하고 있는 가두리 양식장은 약 1,500개소에 이른다. 1998년부터 추진된 시범 바다목장사업의 기본 개념은 최근 여러 가지 어려움을 겪고 있는 해상 가두리어장을 입체적 어장으로 이용하기 위한 방법을 제시하는 것이다. 표층은 어류 양식 기능이 포함된 '부어초'로 조성하고 해저면은 인공어초 등 수중 구조물을 설치하여 전 수층을 전부 활용하는 '다목적 복합 어장'이 바로 그것이다. 이렇게 가두리 양식장의 면허 해역을 하나의 공간 개념으로 보면 양식과 낚시터 등의 레저공간의 기능을 포함하는 바다목장 모델이 가능하다.

경남 통영시 산양면 연명마을 앞에 위치한 한국해양과학기술원 통영해양생물자원 연구보존센터에 설치된 해상 가두리시설의 경우, 1998년부터 진행되고 있는 통영 바다목장사업의 일환으로 새로운 개념의 어장으로 재배치하고 입체 어장을 조성하였다. 기존 해상 가두리의 중앙에 공간을 둔 PE재질의 직사각형 가두리 어장을 제작하여 그 가운데 부분의 해저면에 어초를 설치하였다. 어초는 현재까지 지적되어 온 일반

어초의 단점을 보완하여 2002년 한국해양과학기술원에서 고안하여 만든 피라미드형 강제어초였다.

통영 해역의 해류 흐름과 투명도를 감안하면 해조류는 8~9m의 한계 수심에서 분포하며, 그 이상에서는 생존할 수 없다. 따라서 수심 8~9m까지는 인공 해중림을 위한 다목적 연안 어초나 인공 해중림 구조물 등의 설치가 가능하지만 그 이상의 깊은 수심대에는 해조류와 구조가 유사한 인조 해조장이나 부어초와 같은 다양한 간격, 구조 공간을 가진 구조물의 설치가 필요하였다. 해당 해역은(통영 대장두도 연안) 조류가 비교적 빠른 곳으로 바닥이 사패 또는 사니질로 되어 있어 강재어초나 PP어초와 같은 구조물을 설치하는데 안정성이 높다고 판단된 곳이다.

이러한 어장배치를 전제로 가두리 생산 현황과 어초 생산량을 계산하여 입체어장 전체 생산량을 추정한 결과, 기존 양식장에서의 생산량에 비해 전 공간을 활용한 바다목장 시설 후 자원량과 생산성이 늘어나 연간 100~110% 정도 수익률이 증가하는 것으로 분석했다. 통영 바다목장은 2007년 준공 이후 지금까지 유지·관리가 잘 되고 있다.

특히 최근 급격히 증가하는 해양레저와 유어 인구를 감안한다면 바다목장의 입체 공간 활용을 통한 부가가치는 훨씬 더 증가할 것이다.

● 미래의 바다목장 기술 응용 방향

해양풍력발전단지 예정해역은 얕은 연안역으로 생물 생산성이 높은 곳이 지정될 것이다. 특히 강 하구와 가깝거나 서식처가 잘 보존된 곳은 각종 해양생물의 회유, 산란장으로 활용이 가능하다. 해상풍력발전단지가 건설되면 어로행위의 제한, 해양생물의 이동 차단, 선박의 항해 안정 등 어업과 해양환경에 미치는 영향을 감안하여 독특한 방식의 연안 공간 활용안을 개발할 필요가 있다. 이때 그 동안 개발된 바다목장 모델과 접목하면 환경피해를 줄이면서 공간을 효율적으로 활용할 수 있다. 발전 단지에 필요한 수중 구조물에 인공어초 기능을 첨가하고 공사에 따른 어업 피해를 줄이면서 생물 서식환경을 조성하여 새로운 어업 및 해양레저 장소로 활용한다. 해상풍력발전단지 주위에 양식시설 등 생산시설을 확충하여 완충지대로도 활용하면, 해상에 설치된 구조물로 인한 각종 선박 안전사고도 예방할 수 있다.

이렇게 해상 풍력단지와 바다목장 기술을 접목하여 새로운 자원 및 해양생물자원 조성 기술을 개발하면 해당 해역의 수산자원 보존과 기존 어업의 조화를 도모하여 연안수산업 활성화와 생태관광이 공존하는 새로운 관광 어업형의 문화도 정착시킬 수 있을 것으로 예상된다. 그 외에도 해상공원, 자연 학습장, 낚시터 등과 바다목장사업을 연계하여 연안 공간은 물론 바다생태 교육의 장으로도 활용할 수 있다.

해양에너지

바다에서 얻을 수 있는 모든 에너지를 해양에너지라 한다. 여기에 열, 연료, 전기 등 모든 형태의 에너지를 포함하면 조력, 조류력, 파력, 해수온도차, 해수염도차 등은 물론 해상태양광, 해상풍력, 해양바이오 등이 넓은 의미의 해양에너지에 포함된다.

염기대 · 이광수 한국해양과학기술원

해저에 매장되어 있는 석탄, 석유 등 화석연료를 제외하고 바다에서 얻을 수 있는 모든 에너지를 해양에너지라 한다. 여기에 열, 연료, 전기 등 모든 형태의 에너지를 포함하면 조력, 조류력, 파력, 해수온도차, 해수염도차 등은 물론 해상태양광, 해상풍력, 해양바이오 등이 넓은 의미의 해양에너지에 포함된다. 즉, 기온과 수온의 온도차, 표층해수와 심층해수의 온도차 등 열에너지를 지역냉난방 등에 직접 이용할 수 있고, 해양생물의 대량생산을 통하여 해양바이오 연료를 얻을 수 있다. 그러나 일반적으로 해양에너지라 함은 조력, 조류력, 파력, 그리고 해수온도차 발전 등 전기에너지를 생산하는 것을 말한다. 즉, 바다의 물이 가지는 위치에너지, 운동에너지, 열에너지 등 물리적 에너지를 이용하여 생산하는 전기에너지를 해양에너지라 한다. 해상풍력은 바다 위로 부는 바람을 이용한다는 점에서 다른 해양에너지와 구별되지만 해양에너지에 포함시키기도 한다.

해양에너지를 얻기 위해서는 바닷물이 가지는 물리적 에너지를 회전운동 또는 왕복운동을 하는 기계적 에너지로 변환하고, 기계적 에너지를 이용하여 발전기를 돌려 전기에너지를 얻는 2번의 변환 과정을 거치게 된다. 따라서 보통 해양에너지 기술은 터빈 등 기계적 변환장치와 발전기, 전력변환장치 등 전기적 변환장치 기술에만 초점을 맞추기도 한다. 효율이 우수하고 고장이 적어 내구성이 좋으며 설치와 유지보수가 쉽고 가격이 저렴한 장치를 만드는 것이 기술개발의 첫 번째 과제임은 분명하다. 그러나 넓은 바다 어느 곳에서나 무한정 해양에너지를 얻을 수 있는 것은 아니다. 경제성을 향상시키고 환경적 피해를 줄이기 위해서는 적정한 위치에 적정한 규모의 단지를 조성해야 한다. 즉, 어떤 장치를 어디에 얼마나 어떻게 배치하느냐에 따라 이용률이나 경제성이 크게 달라질 수 있으며 환경적 문제도 완화할 수 있다. 해양에너지 기술에 있어 해양공간 활용기술은 경제성 확보는 물론 해양국토를 효율적으로 이용하고 관리하기 위해서 반드시 선행되어야 하는 기술이다.

우리나라의 경우 충무공의 명량대첩으로 유명한 울돌목에 2009년 5월 시험조류발전소를 건설하고 조류발전 실증실험을 성공적으로 수행하여 실용화 가능성을 입증하였다. 2011년 11월에는 세계 최대 규모의 시화호 조력발전소를 준공하고 본격 가동하여 전기를 생산·공급하기 시작하였다. 2014년에는 제주도 용수파력시험발전소가 준공될 예정이다. 우리나라의 해양에너지 시대는 이미 시작되었다고 할 수 있다.

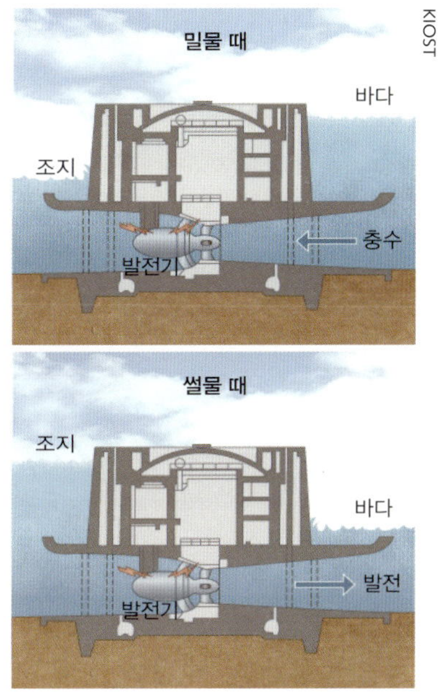

낙조식 단류 발전 개념도

물밀 때 수문을 열어 조지 내에 물을 채우고 썰물을 기다려 적정한 낙차가 발생하면 바깥 바다로 물을 빼면서 수차발전기를 돌려 발전한다.

해양에너지의 개발과 이용

해양에너지 자원은 고갈될 염려가 전혀 없고,무공해 청정에너지라는 장점을 가지고 있다. 바닷물이 있기 때문에 엄청난 양의 에너지를 얻을 수 있는 반면, 물이 있기 때문에 에너지를 획득하는 과정이 어렵고 복잡하며 경제성 또한 낮은 것이 사실이다. 따라서 해양에너지를 개발하여 이용하기 위해서는 에너지 생산비용을 낮추고 품질 좋은 전기를 생산할 수 있는 기술을 개발하여야 한다. 최근 전 세계적으로 해양에너지를 효율적으로 활용할 수 있는 기술을 개발하기 위해 많은 노력을 기울이고 있으며, 그 결과 새로운 기술들이 속속 개발되고 있다. 현재 상용화되어 전기를 생산 공급하는 것은 조력발전뿐이다. 나머지는 아직 경제성 확보에 어려움이 있으나, 조류발전이 상용화에 근접해 있어 가까운 장래에 상용 조류발전단지가 등장할 것으로 기대되고 있다.

조력발전

조석은 지구 주위 천체, 특히 태양과 달의 인력작용에 의해 나타나는 바닷물의 승강작용이다. 천체운동은 매우 규칙적이기 때문에 조석은 바다에서 일어나는 자연 현상 중 가장 규칙적인 현상이다. 이에 따라 조석에너지는 정확한 예측이 가능하며, 이는 다른 재생에너지가 가지지 못하는 장점이다. 이러한 장점으로 인해 조석에너지는 이미 오래 전부터 조석방아 형태로 이용되어 왔다. 조력발전이란 조석에 따른 해수위의 상승하강현상을 이용하여 전기를 생산하는 것을 말한다. 조력발전방식에는 여러

이광수

랑스 조력발전소

가지가 있으나 오늘날 실용화된 방식은 조지식이다. 이는 조차가 큰 하구나 만에 방조제를 설치하여 바닷물을 일시적으로 가두는 조지(潮池)를 만들고 조석에 따라 인공적으로 만든 외해와 조지 간의 수위차(水位差), 즉 낙차를 이용하여 발전하는 방식이다. 조력발전의 발전 원리는 물의 낙차를 이용한다는 점에서 하천의 수력발전과 같다. 그러나 수력 발전에서는 낙차가 거의 일정한 반면 조력발전의 경우 그 낙차가 작을 뿐 아니라 시시각각 변하기 때문에 발전방식이나 운영방식이 훨씬 복잡하다.

현재 조력발전소를 건설하여 운영하고 있는 나라로는 프랑스가 세계 최초로, 시설 용량 240MW의 랑스 조력발전소를 1966년에 준공하여 현재까지 가동 중이다. 랑스 발전소는 최대조차 13.5m, 평균조차 8.5m, 조지면적 22km^2로 단위기 용량 10MW급 bulb형 수차 24대가 설치된 단조지식 발전소로서 복류식 발전과 양수발전이 가능하다. 랑스 조력발전소 이후 1968년 러시아의 키슬라야 구바 조력발전소가 건설되었다. 조지면적 1.1km^2에 단위기 용량 400kW급 벌브형 수차 1대가 설치되었다. 캐나다는 1984년 아나폴리스 조력발전소를 준공하였다. 발전소는 노바 스코시아 주의 펀디 만 입구인 아나폴리스강 하구에 있다. 이 지역의 평균조차는 6.4m, 조지면적은 11.5km^2로 단위기 용량 20MW급 Straflo형 수차발전기 1대가 설치된 단조지 단류식 발전소이다. 한편 중국의 경우 시설용량 3,900kW의 지앙시아 조력발전소를 포함, 다수의 조력 발전소를 건설, 가동한 경험을 갖고 있으며, 대단위 개발을 추진하고 있는 것으로 알려져 있다.

KIOST

조류발전 개념도

조류발전

조류발전은 조력발전과 달리 댐을 설치할 필요 없이 조류의 흐름이 빠른 곳에 지지구조물과 수차발전기만을 설치하여 자연적인 흐름을 이용하기 때문에 해양환경에 미치는 영향이 적어 조력발전보다 친환경적이라 할 수 있다. 반면 적합한 입지 선정에 제약이 있고, 조류의 세기에 따라 발전량이 좌우된다는 단점이 있다. 조류발전은 유체의 운동에너지를 이용하여 수차를 돌려 전기를 생산한다는 점에서 풍력발전과 원리가 같다. 최근 환경과 신재생에너지에 대한 관심이 고조되면서, 우리나라를 포함하여 영국, 미국, 캐나다, 노르웨이 등 여러 나라에서 조류발전을 실용화하기 위한 연구를 꾸준히 진행하고 있다.

우리나라의 서·남해안에는 조류발전에 적합한 곳이 많다. 특히 전라남도 해남군과 진도군 사이 명량수도에 있는 울돌목의 유속은 최대 13노트에 달하며, 수심조건이 적절해서 조류발전 최적지라는 평가를 받고 있다. 울돌목 외에 진도 남서쪽의 장죽수도와 맹골수도, 경상남도 사천시와 남해군 사이의 삼천포수도(대방수도) 등지도 조류발전에 적합한 입지조건을 가지고 있다. 이 중 울돌목에서는 한국해양과학기술원이 2009년 5월, 1,000kW급 시험조류발전소를 설치하여 성공적으로 실해역 실험을 실시한 바 있다.

조류를 이용하여 전기를 생산하려면 조류발전장치와 지지구조물이 필요하다. 조류발전수차는 형태에 따라 수평축(HAT)과 수직축(VAT)로 구분되며, 최근에는 가동물체형도 연구 개발되고 있다.수평축 수차(HAT, Horizontal Axis Turbine)는 수차축과 조류의 방향이 평행한 형태를 말하며, 구조가 비교적 간단하고 안정적이다. 대표적인 수평축 수차로는 영국 MCT사의 개방형 수차와 영국 Lunar Energy사의 덕트형 수차가 있다. 수직축 수차(VAT, Vertical Axis Turbine)는 수차의 회전축과 조류의 방향이 서로 수직이다. 수직축 수차는 조류의 방향과 상관없이 한 방향으로만 회전하며, 발전기 등 주요한 발전시설을 바다 위에 설치할 수 있어 운영이나 유지 보수가 쉽다는 장점을 가지고 있다. 수직축 수차로는 다리우스(Darrieus) 수차, 헬리컬(helical) 수차, 그리고 사보니우스(Savonious) 수차 등이 있다. 가동물체형 수차는 수평축 수차나 수직축 수차와는 전혀 다른, 자연모사공학(biomimetic engineering)을 활용한 에너지 변환장치라 할 수 있다. 가오리 꼬리를 닮은 영국의 Engineering Business사의 스팅레이(Stingray)가 대표적이며, 수중 포일(Foil)에 의해 흐름의 운동에너지가 왕복운동으로 변환되며 이를 이용하여 전기를 생산하게 된다.

조류발전시스템을 빠른 조류에서 안전하게 지지해주는 지지구조물은 해저 고정식, 착저식 및 부유식 등으로 구분되며, 설치할 조류발전시스템의 종류, 설치 지점의 환경(수심, 지반 조건 등) 조건, 그리고 경제성에 따라 형식이 결정된다. 어떤 형식의 조류

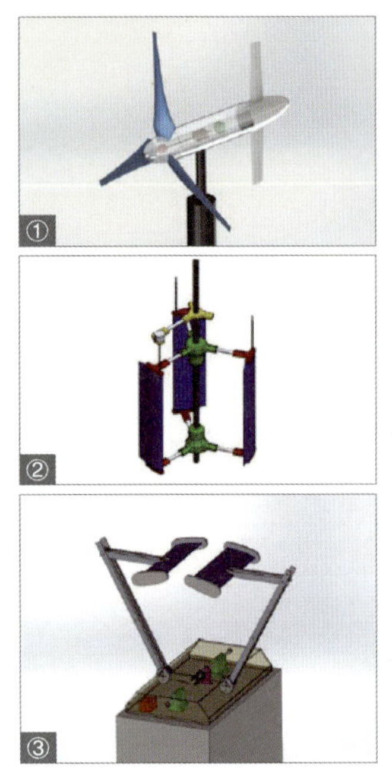

발전시스템이나 지지구조물을 선택하더라도 유속이 빠른 바다라는 특수한 조건에 설치되기 때문에 유지 관리와 보수가 쉽도록 설계할 때부터 충분한 고려가 필요하다. 울돌목 시험조류발전소는 헬리컬 형태의 수직축 수차를 사용하였으며, 지지구조물은 해저 고정식으로 건설하였다.

파력발전

파력발전은 입사하는 파랑에너지를 기계적 에너지로 일차변환하고, 이를 다시 전기적 에너지로 이차변환하여 전기를 생산하는 발전방식이다. 파력발전 방식은 작동원리에 따라 가동물체형(movable body), 진동수주형(oscillating water column), 월파형(wave overtopping) 등으로 구분되며, 설치 형태에 따라서는 착저식과 부유식으로 구분된다. 가동물체형은 수면의 움직임에 따라 민감하게 반응하도록 고안된 여러 형태의 기구를 사용하여 파랑에너지를 물체에 직접 전달하고, 물체의 움직임에 따라 발생하는 기계적 에너지를 전기에너지로 변환하는 방식으로 영국의 펠라미스(Pelamis)가 대표적이다. 진동수주형은 파랑에너지를 공기의 유동으로 변환하고 발생된 공기의 흐름으로 터빈을 구동시켜 전기를 얻는 방식이며, 현재 제주도 서해안 차귀도 인근 해역에 설치되고 있는 용수 시험파력발전소가 이 방식을 채택하고 있다. 월파형은 파랑의 진행방향 전면에 사면을 두어 월파된 물을 저수한 후 형성된 수두차를 이용하여 저수지의 하부에 설치한 저낙차 수차발전기를 구동하여 발전하는 방식이다.

하부 지지형 수차 형상 ①
수직축 수차 형상 ②
하부 지지형 가동물체형 수차 형상 ③

파랑에너지의 변환효율은 가동물체형이나 진동수주형 파력발전 방식이 일반적으로 월파형 파력발전에 비해 유리한 것으로 알려져 있다. 또한 가동물체형이나 진동수주형의 경우 파고의 크기에 관계없이 에너지 취득이 가능한 것이 장점이다. 그러나 월파형의 경우에는 저수시설의 설계높이에 의해 결정되는 일정 한계 이상의 파고에 대해서만

RELAMIS

KIOST

파력발전 ①
착저형 파력발전 ②

에너지 취득이 가능한 제약이 있다.

해수온도차발전(OTEC)

해수온도차발전(OTEC, Ocean Thermal Energy Conversion)은 표층수와 심층수의 수온차를 이용하여 작동유체의 기화-응축을 반복시키면서 터빈을 구동함으로써 전기를 생산하는 방식이다. 해수온도차발전은 연직방향의 온도차가 큰 해역이 적지이며, 현재의 기술로는 온도차가 13℃ 이상이면 가능하다. 지리적으로는 북위 40°~남위 40° 범위의 해역에서 연중 어느 때나 발전이 가능한 것으로 알려져 있다. 작동유체를 해수로 하는 개방사이클방식(open cycle system)과 암모니아, 프로판, 부탄 등을 작동유체로 하는 폐쇄사이클방식(closed cycle system)의 두 가지 발전방식이 가능하나 발전을 주목적으로 할 경우는 폐쇄사이클방식이 유리하다. 폐쇄사이클방식의 원리는 증발기에서 고온의 표층해수를 이용하여 작동유체를 증발시켜 고압의 증기로 만들어 터빈을 회전시키고, 터빈에서 나온 증기는 저온의 심층해수로 응축기에서 액화한 후 펌프로 다시 증발기에 보내는 과정을 반복하는 것이다. 개방사이클방식에서는 작동유체로 해수를 직접 이용하기 때문에 발전과 동시에 담수를 생산할 수 있다는 장점이 있으나 발전효율은 떨어진다.

①
한국수자원공사

②
KIOST

시화호 조력발전소 ①
시화호 발전 수차 ②

해수온도차 냉난방시스템을 통한 열에너지의 직접 이용도 가능하다. 해수온도는 계절변동이 적어 여름은 대기보다 5~10℃ 낮고 겨울은 대기보다 5~8℃ 높다. 이러한 해수와 대기의 온도차를 이용한 냉난방시스템은 대기온도를 냉각 또는 가열하는 공기히트펌프(air heat pump)와 해수로 냉난방계통 내에 순환되는 냉온수를 냉각 또는 가열하는 해수열원히트펌프(sea water heat pump)로 구성되어 있다. 또한 냉각시스템에 이용되는 냉동기의 응축기 부분에서 공기열원 대신에 해수열원을 이용하여 냉매를 냉각시켜 냉동 사이클 내에서 과냉각도를 크게 함으로써 냉동효과를 증대시키고 시스템의 효율을 증가시킬 수 있다.

● 국내 해양에너지 개발 현황

우리나라는 1970년대 초, 제1차 석유 파동을 겪으면서 본격적으로 조력개발을 시작했다. 탈석유전원개발정책의 일환으로 조력발전에 관한 조사 연구를 시작하였고, 1974년부터 당시 해양연구소, 한국전력공사 등 관련 기관이 수차례 타당성 조사를 실시하였다. 1978년에는 '서해안 조력 부존자원조사'를 통하여 중부 서해안 일대에 10개 지점을 조력발전 후보지로 선정하고, 시설용량 약 6,500MW 정도의 조력발전이 가능하다는 것을 확인하였다. 그로부터 30여 년이 흐른 2011년 11월, 우리나라는 드디어 세계에서 5번째로 조력발전소를 보유한 국가가 되었다. 이것이 바로 세계 최대 규모의 조력발전소인 시화호 조력발전소이다.

시화호 조력발전소

시화호 조력발전소는 시화 방조제에서 출발하였다. 시화호는 만 형태로 이루어진 지형에 방조제를 설치하여 만들어진 인공호수로서, 당초 방조제 건설목적은 방조제 안쪽의 조간대를 매립하여 농·공업용지를 확보하고 또한 내부에 담수호를 조성하여 수자원을 확보하기 위한 것이었다. 그러나 방조제 공사가 완료된 1994년 이후, 시화호로의 해수유입이 차단되고 인근 지역으로부터 오염물질이 유입되면서 급격히 수질이 나빠졌다. 심각한 수질 악화에 따른 종합대책을 마련하는 과정에서 세계적인 조력발전 전문가인 한국해양과학기술원의 염기대 박사가 발전소 가동에 따른 해수유통으로 수질을 개선하고 청정해양에너지를 얻을 수 있는 조력발전소 건설을 제안하였다. 이 제안에 따라 시화호 조력발전소 건설이 추진되었다.

시화호는 관리수위가 평균 해수면 1m 이하로 유지되도록 건설되었기 때문에 일반적인 조력발전방식인 낙조식 발전을 위한 충분한 유효낙차를 확보하는 데 어려움이 있었다. 따라서 당시까지 적용된 적이 없는 창조식 조력발전에 대한 기술 개발이 필요하였다. 이에 따라 한국해양과학기술원은 창조식 조력발전시스템 기술을 개발하고, 이 기술을 적용하여 시화호 조력발전소를 계획하였으며, 시화호의 조차, 조지면적, 발전 방식 등의 조건에 맞는 적정시설규모로 25.4MW급 단류식 벌브형 수차 발전기 10대(시설용량254MW)와 수문 8대를 설치할 것을 제시하였다. 이때 연간발전량은 약 550GWh로 예측되었다. 2004년 12월, 한국해양과학기술원에서 제시한 기본 계획에 따라 착공되었고, 약 7년 간의 건설공사를 거쳐 2011년 11월, 드디어 세계 최대의 조력발전소가 준공되었다. 시화호에서는 원형 셀공법을 이용한 가물막이를 설치하고 해저지반이 노출된 상태에서 가장 중요한 시설물인 발전구조물과 수문구조물을 해저지반에 직접 건설했다. 설치된 발전구조물 1개의 크기는 높이가 32m, 폭은 19.3m, 길이는 61.1m이며, 설치된 단위기용량 25.4MW의 벌브형 수차 발전기의 수차의 직경은 7.5m, 무게는 53톤이다.

가로림 조력발전소 건설계획안 조감도

시화호 조력발전소는 처음부터 조력발전소로 계획되고 건설된 것이 아니다. 시화호의 수질 개선을 위한 방법을 모색하던 중 수질 개선과 청정에너지 생산이라는 두 마리 토끼를 동시에 잡을 수 있는 방안으로 조력발전소 건설이 선택되었고, 이런 점 때문에 시화호 조력발전소는 세계적으로도 많은 관심을 받고 있다.

가로림 조력발전소

가로림만 조력발전소 건설 계획은 그 역사가 매우 깊다. 가로림만은 충남 서산시와 태안군 사이에 위치해 있으며, 1970년대부터 꾸준히 타당성이 검토될 정도로 적합한 입지조건을 가진 곳이다. 제1차 석유 파동으로 인한 대체에너지 개발 계획의 하나로 연구를 계속한 결과, 1981년 '가로림만 조력발전 타당성 조사'를 통해 기술적·경제적 개발 타당성을 입증하였으며, 1987년 이후 건설하기로 결정되었다. 그러나 1986년에 실시한 '가로림만 조력발전 후속 조사 및 우수영 조류발전 예비 타당성 조사'에서는 경제성이 미흡하다는 평가를 받아 개발이 보류되었다. 이는 당시 원유 가격이 계속 하락하는데 반해 건설공사비는 상승했기 때문이었다. 1991년에는 조지 내에서 수산 양식을 병행하는 방안을 포함하여 조력발전소를 다목적으로 활용할 수 있는 가능성을 확인하였다. 또한 관련기술이 향상되어 기계설비의 가격이 점차 낮아지고, 건설비용도 대폭 절감할 수 있게 되어 경제적 타당성 확보가 가능해졌다. 기후변화협약에 능동적으로 대처하고 신재생에너지 보급 정책에 부응하기 위하여 2007년 타당성 조사를 다시 실시하고 가로림만 조력발전소 건설을 재추진하고 있다.

가로림만의 대조차는 6.7m이며, 평균조차가 4.9m이다. 방조제를 포함한 조력발전소의 총 길이는 약 2km, 조지면적은 96km^{2}이며, 총저수량이 4.46억m^3(유효저수량 3.17억m^3)에 달한다. 가로림만 조력발전소는 수질오염 개선이 우선이었던 시화호 조력발전소와는 달리 전력 생산이 주목적이어서 처음부터 전력 생산에 유리하도록 계획·설계·건설될 예정이다. 가로림만 조력발전소는 단조지 낙조식 발전방식을 채택하고 있으며, 단위기 용량 26MW급 수차발전기 20대가 설치될 예정으로, 총시설 용량은 520MW이다. 이 계획에 따르면 매년 약 950GWh의 전기를 생산 공급할 수 다. 현재 환경영향을 조사, 분석, 평가하는 중이며, 이 과정이 완료되면 곧바로 건설에 착수하게 된다. 건설 기간은 약 60개월이 소요될 것으로 예상된다.

인천만 조력발전소

인천만에 근대적 의미의 조력발전소를 건설하려는 생각은 일제 강점기인 1920년대부터 시작되었다. 인천만 해역은 대조차가 7.7m이며, 평균조차는 5.5m로 조력발전소 건설에 매우 좋은 입지 조건을 갖고 있다. 특히 배후에 인구와 전력 수요가 많은 서울과 인천 등 대도시가 있다는 것도 큰 장점이다. 최근 신재생에너지 기술 개발과 보급 확대라는 국가 녹색성장 전략에 따라 해양에너지를 적극 개발하여 활용할 필요성이 더욱 커졌다. 이를 토대로 한국해양과학기술원에서는 국가연구개발사업으로 '조력에너지 실용화 기술개발'연구를 실시하였으며, 조력발전에 좋은 입지 조건을 갖춘 인천만 해역을 연구대상해역으로 선정하였다.

우선 과학적 자료 수집을 위해 조석, 조류, 파랑, 퇴적물 이동, 수질 등에 대해 광범위한 현장조사를 실시하였고, 수집한 현장조사 자료를 토대로 인천만 조력발전소 건설을 위한 기본 계획을 수립하였다. 이 자료는 조력발전소를 건설하기 전후의 해양환경변화를 파악하기 위한 기본자료로도 이용되었다. 연구 결과, 인천만 조력발전소의 개발규모는 단위기 용량 30MW급 수차발전기 44대를 설치하여 시설용량을 1,320MW로 하고, 수문은 20대를 설치하는 것이 적정한 것으로 나타났다. 또한 조지에

인천만 조력발전 조감도

있는 갯벌을 최대한 보존하면서 친환경적 방법으로 발전소를 운전하는 경우, 매년 2,414GWh의 전기를 생산할 수 있다는 것을 확인하였다. 조력발전으로 매년 2,414GWh의 전기를 생산한다면, 354만 배럴 이상의 원유수입 대체 효과가 있으며, 매년 3,500억 원 이상의 외화를 절약할 수 있다. 또한 매년 100만 톤 정도의 이산화탄소 배출을 줄이는 효과도 있다.

KIOST

조력발전 친환경 운전 모델을 개발하여 인천만 조력발전에 적용한 결과 현재 갯벌 면적의 17.1%가 다시 바다로 변하는 것으로 나타났다.

그림에서 연두색 부분이 조력발전소 건설 후 바다가 되는 곳이다.

조력에너지는 반영구적으로 이용할 수 있고, 운영할 때 오염물질을 배출하지 않는다는 면에서 친환경에너지임에는 틀림없다. 그러나 조력발전소를 건설하기 위해서는 방조제 등의 시설물을 설치해야 하며, 이에 따라 자연환경이 변화할 수밖에 없다. 따라서 조력발전소 건설에 따른 환경변화를 면밀히 분석하여 예측하고, 환경에 미치는 영향을 줄이기 위한 방안도 모색해야 한다. 이를 위해 한국해양과학기술원에서는 '조력에너지 실용화 기술개발 연구'를 통해 조력발전의 친환경 운전모델을 개발했다. 친환경 운전모델에 따라 조력발전소를 가동하는 경우, 매년 생산되는 전력량은 약간 줄어들지만 조지 내 갯벌의 감소면적을 1/3 수준으로 줄일 수 있는 것으로 나타났다. 인천만 조력발전소에서 전통적 운전모델을 따를 경우 연간 2,451GWh의 전기를 생산할 수 있으나, 대신 현재 갯벌 면적의 51.3%가 바다로 바뀐다. 그러나 친환경 운전모델을 적용하면 발전량은 매년 2,414GWh로 약 1.5% 정도 줄어들지만, 갯벌 면적은 현재에 비해 17.1%만 줄어드는 것으로 나타났다. 즉, 친환경 운전모델을 적용할 경우 현재 갯벌면적의 약 80% 이상을 보존할 수 있게 된다. 이는 조력발전소를 건설할 때 주변의 환경변화를 줄일 수 있는 의미 있는 연구 결과라고 할 수 있다.

한편 조력발전소 건설로 나타날 수 있는 해양환경변화에 대한 우려의 시각도 있다. 프랑스의 랑스 조력발전소의 경우를 보면, 건설 직후에는 많은 변화가 있었으나 약 10년 정도가 지난 후 해양환경이 안정을 되찾았다. 이와 같이 조력발전소 건설 초기에는 생태계를 포함한 해양환경의 변화가 나타나지만 시간이 지나면서 점차 새로운 해양환경으로 안정되는 것으로 나타났다. 건설 초기의 환경변화를 줄이는 것이 중요한 만큼 건설 후 환경을 과학적으로 관리하는 것도 매우 중요하다. 즉, 여러 가지 환경요소에 대해 지속적인 과학적 조사와 관찰을 통하여 발생할 수 있는 문제를 미리 파악하고, 문제가 발생했을 때는 신속하게 원인을 분석하여 과학적 대안을 마련하는 것이 중요하다.

울돌목
시험조류발전소

KIOST

울돌목 시험조류발전소

울돌목 시험조류발전소는 2001년부터 국가연구개발사업으로 한국해양과학기술원에서 수행한 '조류에너지 실용화 기술개발'연구의 결과로 건설되었다. 우선 명량수도 전체에 대해 조석, 조류, 퇴적물 이동, 수심, 해저 지반조사 등 자연조건 전반에 대한 현장조사를 실시했으며, 한편 조류발전용 수차에 대한 수치모형실험, 수리모형실험, 현장실험 등도 실시하였다. 전산유체역학(CFD, Computational Fluid Dynamics)을 이용한 수치모형실험을 통하여 수차 날개의 형상, 길이, 개수, 수차의 직경, 수차의 배열 등 각각의 형태와 경우에 대해, 즉 여러 가지 형상변수가 갖는 의미를 파악하고, 이 결과를 최적설계를 위한 기초자료로 활용하였다. 또한 상호보완적으로 수리모형실험을 실시하여 울돌목에 가장 적합한 조류발전 수차 형상을 설계하였다. 이를 토대로 수차 직경 1.1m 발전용량 10kW급의 소규모 현장실증실험을 실시하고, 이후 수차 직경 2.2m의 조금 더 큰 규모의 수차에 대해 현장실험을 실시하여 수직축 수차를 이용한 조류발전시스템의 현장 적용성을 입증하였으며 현장에서 나타날 수 있는 여러 가지 문제점에 대한 자료를 확보하였다. 또한 조류발전용 전력변환장치를 개발하였으며 지지구조물에 대한 연구도 진행하였다. 이러한 연구결과는 울돌목 시험조류발전소를 순수 우리 기술로 설계하고 건설하는 바탕이 되었고, 2005년 4월 착공하여 2009년 5월에 준공하게 되었다.

울돌목 시험조류발전소에는 수직축 헬리컬(나선형) 형태의 수차가 설치되었다. 모듈화 방식의 재킷식 철구조물로 지지되고 500kW급 권선형 유도발전기 시스템과 500kW급 동기발전기 시스템으로 구성되어 시설용량은 1MW이다. 각 발전기 특성에 적합한 전력변환장치가 개발·제작·설치되었으며, 시험 발전소의 운전상태를 실시간 파악할 수 있도록 통합감시 장치도 설치되었다. 재킷 형태인 지지구조물의 크기는 높이 34m, 길이 36m, 그리고 폭이 16m이다. 이 기본 지지구조물 위에 발전을 위한 건물을 세웠으며, 해저면으로부터 총 높이는 50m이며, 총 무게는 약 1,300톤이다. 또한 수차발전기의 설치와 유지 보수를 위해 용량 70톤 크레인(overhead crane)을 설치하였으며, 해상시설물과 육상시설물을 연결하는 다리(catwalk)도 설치되어 있다.

KIOST

울돌목을 위해 제작된 수차

우리나라 조류발전 최적지로 평가되는 울돌목에 연구실험시설로 설치된 시험조류발전소는 수직축 조류발전시스템으로는 세계 최초이며, 시설용량으로도 세계 최대인 시험조류발전소이다. 이 시험발전소는 순수 우리 기술만으로 지어졌다는 데 큰 의미가 있고, 준공 후 세계적으로도 주목을 받고 있다. 다양한 이론적·실험적 연구를 통하여 개발된 기술과 축적된 자료를 기반으로 설계·제작·설치된 울돌목 시험조류발전소는 기본적으로 연구 개발과 현장실증실험을 위해 건설되었기 때문에 여러 가지 형태의 시스템을 실험할 수 있도록 구성된 것이 특징이다. 울돌목 시험조류발전소 건설과 현장실증실험을 통한 연구 성과의 의의는 국내에서 최초로 계통 연계형 조류발전시설을 우리의 힘만으로 설계·제작·설치하고 현장실증실험을 수행하였다는 점, 조류발전 실증실험에 성공함으로써 조류발전 상용화의 기초가 확보되었다는 점, 그리고 국내 조류에너지 개발 가능성을 높인 것 등으로 요약할 수 있다. 또한 향후 울돌목 상용 조류발전소의 발전량과 설비 이용률을 증가시키기 위한 토대를 확보하였다는 것도 중요한 성과라 할 수 있다.

● 미래의 해양에너지 개발

해양에너지 이용기술 중 이미 실용화되어 상업용 발전이 행해지고 있는 것은 조력발전뿐이다. 조류발전, 파력발전, 그리고 해수온도차발전은 아직 실용화 단계에는 이르지 못했으나 기초연구단계를 거쳐 파일럿 플랜트(pilot plant)에 의한 실증단계에 있다. 최근에는 에너지원별 기술 개발과 더불어 2가지 이상의 에너지원을 복합적으로 이용하기 위한 하이브리드 발전시스템에 대한 관심도 커지고 있다. 해양에너지 자원의 개발과 이용이 실현되기 위해서는 해역의 입지조건이 에너지자원 개발에 적합해야 함은 물론 개발비용의 확보와 함께 관련 산업기술의 발전이 반드시 필요하다. 특히 해양에너지 플랜트는 다양한 분야 기술이 융합된 시스템으로 효율적인 건설과 운용은

KIOST

울돌목
시험조류발전
구조물제작

고도의 지식과 시스템기술이 축적됨으로써 가능하다.

미래에는 해양에너지 자원을 효과적으로 개발, 이용하기 위하여 단순히 발전설비를 결합하는 방식이 아니라 복합적으로 에너지를 이용할 수 있는 인공섬 형태의 해양에너지 발전단지(Ocean Energy Farm)가 조성될 것으로 전망된다. 이 인공섬에는 상부에 태양광발전, 풍력발전 시설이 설치되고, 하부에 조류·조력 발전, 해수온도차 발전, 파력발전 설비 등이 설치되어 서로 결합된 초대형 복합 해양에너지 플랜트를 설치할 수 있을 것이다. 이러한 복합 해양에너지 플랜트를 통해 경제성을 향상시키고, 양질의 전력을 지속적으로 공급할 수 있는 시스템이 구축될 수 있을 것이다. 더 나아가 해양에너지 단지에서 생산되는 에너지를 이용하는 에너지 자급자족 형의 해상 도시 또는 수중 도시의 건설도 가능해질 것이다. 또한 해양에너지 단지를 활용하여 먼 바다에 가두리 양식장이나 바다목장을 조성하는 방법 등을 통해 해양에너지 플랜트와 공존하는 해양 환경을 조성할 수도 있을 것이다.

지혜로운 개발과 현명한 이용을 위해서는 우선 기술이 확보되어야 한다. 해양에너지 기술개발은 R&D(Research & Development), D(Demonstration), D&B(Dissemination & Business)의 4단계로 나눈다. 즉, 연구 개발, 실증, 그리고 보급과 상용화의 4단계다. 해양에너지 기술의 특징은 Demonstration, 즉 장기간

축(미크로네시아) 복합발전단지 개념도

해양에너지를 복합적으로 이용함에 따라 해양에너지 개발에 따른 경제성을 향상시키고, 다양한 목적으로 활용할 수 있다.

에 걸친 실해역 실증을 필요로 한다는 것이다. 그래서 기술개발에 비용이 많이 들고 기간도 오래 걸린다. 한편 남보다 먼저 기술을 개발하면 그만큼 부가가치도 크다. 또한 전 세계 바다의 해양에너지 개발도 선점할 수도 있다. 해양에너지기술의 연구개발에는 접근성(Accessibility), 설치용이성(Easy Installability), 고성능(High Power Output / Performance), 낮은 투자비(Low Capital Cost), 낮은 운영유지 비용(Low Operating and Maintenance Cost), 수명(Survivability), 단순성(Simplicity), 규모의 유연성(Scalability), 그리고 유지관리의 용이성(Ease of Tuning and Control) 등의 기술적 과제를 해결하는 것에 그 목표를 둔다. 물론 해양공간 활용기술도 병행하여 개발 확보해야 한다. 지속적인 R&D 투자를 통해 기술을 개발하여 적시에 업계에 보급하고, 해양에너지 개빌사입을 위해 일관되고 예측 가능한 정책을 수립하고 공정하게 집행하면 시장은 점차 커지며 산업은 활성화될 것이다. 그리고 산업 활성화에 따라 기술개발에 재투자되는 선순환 구조가 정착될 것이다.

국내외적으로 해양에너지 개발의 역사는 매우 짧고, 앞으로 해결해야 할 기술적 문제점은 아직 많이 남아 있다. 그러나 울돌목 시험조류발전소가 준공되고 시화호 조력발전소가 본격 가동되면서 우리나라에 해양에너지 시대는 이미 시작되었다. 이제는 지혜를 모아 개발하여 현명하게 쓰는 일만 남았다.

연안역 통합관리

연안통합관리는 연안에서의 다양한 이용행위와 자연환경의 보전, 기후변화 대응을 위한 정책들 간의 통합 · 조정을 통해 연안역의 지속가능한 발전에 기여하는 것이 목적이다.

이문숙 한국해양과학기술원

● 연안통합관리 개념

연안통합관리는 급증한 연안의 위험성과 불확실성을 인식하고 연안에서의 지속가능한 삶을 유지하기 위하여 등장한 사회 규제적 성찰 개념이라 할 수 있다. 사회적 성찰을 잘 이루기 위해 연안의 이용, 관리 주체의 인식 수준을 높이고 연안 위험의 원인이 되는 연안 육·해역에서의 인간의 인위적 활동들을 통합적으로 관리하고 조정함으로써 '위험연안'을 지속가능하게 이용하기 위한 방법들을 도모한다. 즉, 연안통합관리는 연안에서의 다양한 이용행위와 자연환경의 보전, 기후변화 대응을 위한 정책들 간의 통합·조정을 통해 연안역의 지속가능한 발전에 기여하는 것이 목적이며, 연안의 다양한 생태계 구성체 및 상호연관성을 중시한다는 측면에서 '생태계기반 접근(ecosystem-based approach)'이 연안통합관리의 중요한 개념 일면을 형성한다.

김수만

1990년대 후반 국제기구들을 중심으로 연안통합관리에 대한 레짐들이 형성되기 시작하였으며, 이는 지역해와 개별 국가들이 연안통합관리를 정책적으로 채택하고 제도적으로 수용하는데 크게 영향을 미치기 시작했다. 유엔 환경계획(1995)은 "연안통합관리는 부문별 계획(sectoral-planning)의 한계를 극복하기 위한 것이며, 연안지역의 지속가능한 개발을 위한 자원관리(resource management)의 적응프로세스(adaptive process)이다. 하지만 연안통합관리가 부문별 계획들을 대체하지는 않으며 종합적인 목적 달성을 위한 부문별 활동을 연계하는 기능을 담당한다."고 제시하고 있으며, GESAMP(Joint

Group of Experts on the Scientific Aspects of Marine Environmental Protection)(1996)는 "연안통합관리는 연안역의 지속가능한 이용 및 개발을 향한 역동적이고 지속적인 프로세스이다." 라고 제시하였다. 또한 World Bank(1996)는 "연안통합관리는 상호 영향을 미치는 연안의 자연적, 사회적, 경제적 목적들을 통합하기 위한 개발 및 관리계획을 보장하는 법제도 프레임워으로 구성되는 관리 프로세스(process of governance)이다. 연안통합관리의 목적은 자원과 환경에 대한 악영향을 최소화하고 연안이 제공하는 이익을 극대화 시키는 것이다."라고 제시하였다.

연안의 공간적 범위는 연안통합관리에 관한 제도적 개념을 형성하고 정책추진의 기반이 되는 중요한 사안이었기에 오래동안 이슈가 되었고 지역적, 국가별 특수한 환경에 따라 제도적으로 수용하는 정도가 달랐다. 연안통합관리 정책을 채택하고 이행하는 국가들을 살펴보면, 일반적으로 해안선을 기준으로 해양에 영향을 미치는 육지의 일부와 영해의 일부 혹은 영해까지를 연안의 범위로 설정하고 법률에 기반한 관리행위를 하고 있다. 우리나라의 경우는 연안관리법에 근거하여 연안을 연안해역과 연안육역으로 구분하고, 연안해역은 바닷가(해안선으로부터 지적공부(地積公簿)에 등록된 지역까지의 사이)와 바다(해안선으로부터 영해(領海)의 외측한계(外側限界)까지의 사이), 연안육역은 무인도서(無人島嶼)와 연안해역의 육지쪽 경계선으로부터 500m이내(항만, 국가 어항, 산업단지의 경우 1,000m)의 육지지역으로 설정하고 있다. 이러한 것은 국내법의 적용범위 등을 고려하고, 타법률과의 관계를 고려한 것이지만, 최근 연안의 범위를 보는 견해는 국가관할권의 확대, 지구적 이슈에 대응하기 위한 생태계기반 관리의 중요성 등을 고려하여 배타적 경제수역, 대륙붕 등으로 확대되고 있다.

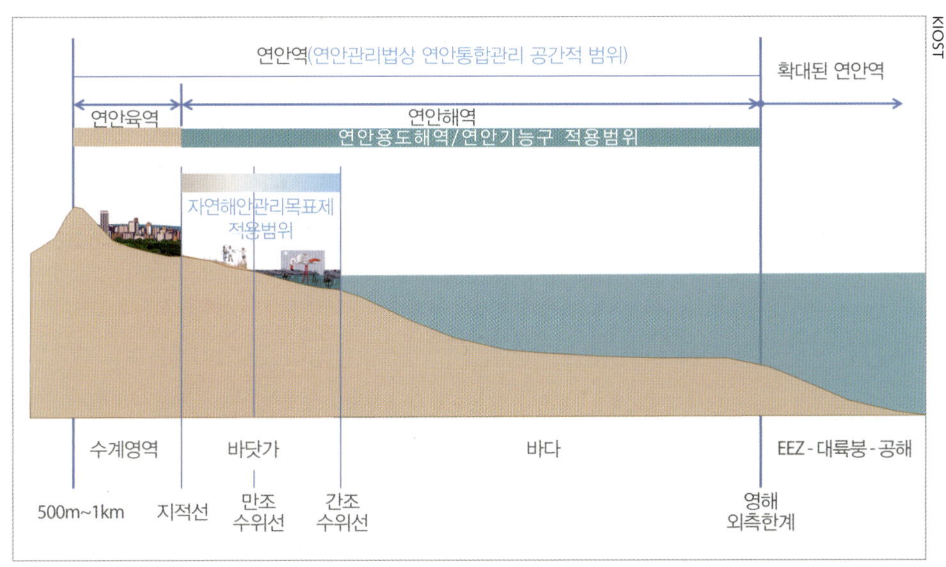

연안의 범위

연안통합관리 개념 및 확장

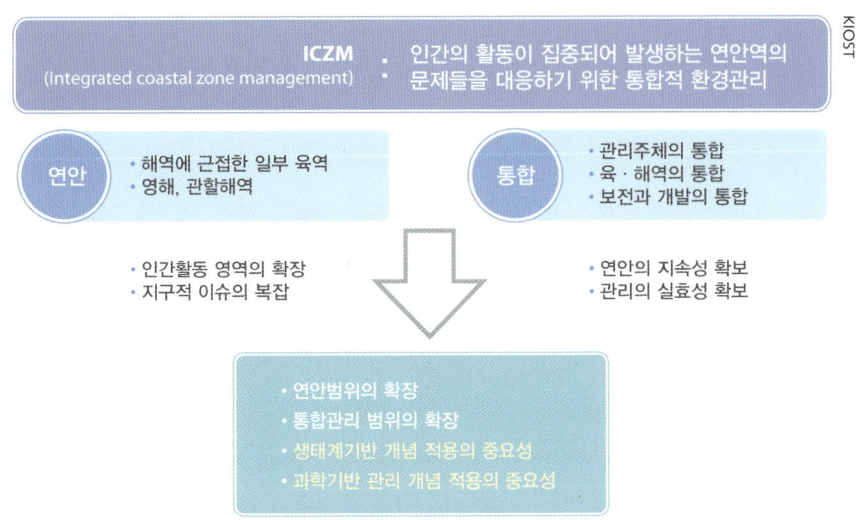

● 우리나라 연안통합관리 정책의 발전역사

1992년 유엔환경회의에서 채택된 의제21은 배타적 경제수역을 포함한 연안의 통합관리 및 지속가능한 개발, 해양환경보호의 비전 제시를 요구하였다. 1994년 유엔 해양법 협약에서는 영해의 폭을 확대하고 배타적 경제수역 제도를 신설함으로써 연안국의 관리해역 범위를 확대하였으며, 해양오염방지를 위한 국가의 권리와 의무를 명문화 했다. 우리나라의 연안통합관리 개념이 정책적으로 도입된 시기는 1992년 리우선언과 1994년 유엔 해양법협약 발표 이후로 볼 수 있다. 이 시기부터 연안관리정책이 단지 연안개발과 관련한 환경문제를 다루기 위한 소극적 대응에 그치지 않고 본격적으로 관리목적과 주체, 관리대상에 대한 고려가 이루어지기 시작하였다. 우리나라 연안통합관리정책의 발전역사는 개념도입기(1990년 후), 기반구축기(2000년 초), 제도개선기(2000년 후), 신도약기(2010년 초)의 4단계로 구분할 수 있다.

개념도입기(1990년 후)는 연안통합관리에 대한 개념적 정립을 통해 국가 정책 및 제도화 추진을 준비한 단계이다. 이 시기에 형성된 연안통합관리 개념에는 해양환경에 심각한 악영향을 미치는 연안육역을 해역과 더불어 통합적으로 관리해야 한다는 것이 가장 중요했다. 이후 1999년 연안관리법이 제정되었고, 연안관리를 위한 육·해역의 범위, 통합관리 개념 및 관리주체, 지원 정책 및 인프라 구축에 관한 법적 기반을 형성했다.

기반 구축기(2000년 초)는 연안관리법에 근거한 연안통합관리 실현을 위하여 관련 국가계획을 수립하고 정보시스템을 구축한 시기이다. 이 시기 해양수산부는 연안관리기본정책 방향을 설정하는 제1차 연안통합관리계획(이하 '통합계획'이라 칭함)을 수립하였고, 동 계획을 통해 전국 연안을 10개 권역으로 구분하고 권역별로 연안통합 관리를 위한 기본 정책방향을 제시하였다. 제1차 통합계획(2000)이 수립됨에 따라 각 지자체는 이를 구체적으로 이행하기 위한 연안관리지역계획(이하 '지역계획'이라 칭함)들을 수립하였다. 또한 통합계획과 지역계획 외에 공유수면 관리를 위한 공유수면매립 기본계획(2000)이 수립되었으며, 연안 시설물의 효율적 정비를 위한 연안정비계획(2000)이 수립되었다. 관리정책의 방향을 제시하고 이용 및 보전의 형태를 결정하는 통합계획 및 지역계획과 달리 매립 계획 및 정비 계획은 각각 지역의 매립 및 정비사업 추진 수요를 조사하고 이를 검토·평가하여 추진여부를 결정토록 하는 사업 추진과 관련한 기본계획이었다. 기반 구축기의 우수한 성과 중 하나는 연안관리 정보에 대한 중요성을 인지하고 연안관리 정보시스템을 구축·운영한 것이다.

제도 개선기(2000년 후)는 연안관리법 및 관련 제도, 계획들을 기반으로 연안통합 관리정책을 이행을 하고 이를 통해 드러난 한계에 대한 제도 개선이 추진된 시기이다. 이에 제도적 개선의 주된 방향은 실효성 확보와 과학관리 기반 형성이었다. 구체적으로는 첫째, 다양한 목적의 이용 및 보전 활동을 실제적으로 규제, 조정, 관리하기 위한 공간 기반 관리수단으로 용도제, 기능구제, 연안완충구역제의 도입을 검토했다. 둘째, 인위적 개발행위로 연안환경 및 해안선이 무계획적으로 손실되고 관리되지 않고 있는 것을 보완하기 위하여 자연해안에 대한 총량 관리를 검토했다. 같은 맥락에서 해역관리를 위한 연안오염총량제가 시범적으로 운영되었는데, 이 또한 연안 환경관리를 위한 이용 규제수단이었다. 셋째, 연안기본조사, 바닷가 실태조사, 공유수면매립지 실태조사, 전국 해안선 조사, 연안습지 2단계 조사 등을 완료하고 신규 연안관리 수단들의 적용을 위한 연안자료 및 공간정보를 확립하였다. 제도 개선기에 이루어진 실효성 확보 수단 및 과학기반 관리시스템에 대한 제도개선의 노력은 2010년 연안관리법 전부개정, 관련 지침 및 규정의 제·개정됨으로써 본격적인 신 제도운영 시작을 알렸다.

우리나라 연안통합관리 발전역사

개념 도입기 (1990년대 후)	기반 구축기 (2000년대 초)	제도 개선기 (2000년대 후)	신 도약기 (2010년대)
• 1996. 2~1998. 8 제1차 연안실태조사 • 1998 국정과제 채택 • 1999 연안관리법 제정	• 국가계획 수립 -연안통합관리계획(2000) -연안정비계약(2000) -공유수면매립계약(2000) -연안관리지역계획 • 연안정보 시스템 구축 • 과학적 관련 개념 인식	• 법률 개정 • 신규제도의 도입 • 연안정보 시스템의 강화 • 과학적 관리 Tool 도입	• 새로운 법제하의 신규제도 운영 -연안용도해역제/기능구 -자연해안관리목표제 -연안침식관리구역 -해역적성평가 -연안오염총량관리 • 과학기반 연안통합 관리 이니셔티브

신도약기(2010년 초)는 새롭게 개정된 연안관리법 체제 하에 신규제도를 운영하기 위하여 관련 계획들이 새롭게 수립되고 신규제도들이 이행된 시기이다. 2011년 제2차 통합계획이 수립되었고 2012년부터 각 지자체 별로 제2차 지역계획 수립이 진행되고 있다. 새롭게 추진되는 지역계획에는 연안용도해역, 연안해역기능구, 자연해안관리목표 등 신규 제도들이 반영되며, 계획 수립 후 실효성을 확보한 정책수단의 역할을 기대하고 있다.

● 연안통합관리정책 수단

계획수단

연안통합관리정책의 계획수단에는 연안관리법에 근거한 법정계획들(통합 계획, 지역 계획, 정비 계획, 매립 계획)이 해당된다.

통합계획과 지역계획은 연안관리법 제6조 및 제9조에 의한 법정계획으로 계획을 통한 정책 실현의 측면에서 계획수단의 핵심이다. 전자는 우리나라 관할연안 전체의 통합관리 기본방향과 관련 제도 이행방향을 결정하며, 후자는 통합계획의 내용 안에서 해당 시군의 연안통합관리 방향과 세부 이행방향을 결정한다. 통합계획은 연안의 발전 및 관리 기본방향을 결정하고 타 계획 간 갈등을 조정하는 하나의 통합된 정책의 기준이 되어야 하며, 지역계획, 정비계획, 매립 기본계획 등과 같이 실행력 있는 계획 및 규제수단등을 통해 이를 확보해야한다. 지역계획은 연안용도해역, 연안해역기능구, 자연해안관리목표 등 관리를 위한 규제의 방향을 결정하며, 관리규제 범위내에서 정비사업, 매립사업 등의 연안을 이용, 개발하기 위한 세부 시행사업들의 추진방향도 결정한다.

정비계획은 연안관리법 제25조에 따른 법정계획으로 정부예산으로 이행되는 연안보전, 해역개선, 친구연안조성사업들을 결정하는 기본계획이다. 수요조사를 통해 지역의 연안정비 수요를 파악하고 기본계획에 반영하며, 예산확보에 따라 정비사업 실시계획을 수립하고 사업을 추진한다. 정비사업은 연안 환경을 개선하고 이용의 안전성 확보라는 기본목적을 가지며 동시에 사업 이행을 통해 연안의 접근성 및 친화적 활용이라는 기능 충족이 이루어져야 한다. 이러한 이유로 정비계획에 반영되는 정비사업은 침식 등의 재해로부터 연안을 보호하기 위한 연안보전사업, 해역의 자연환경 상태를 개선시키기 위한 해역개선사업, 연안의 쾌적한 이용 및 접근성 개선을 위한 친수연안조성사업으로 구분된다. 제1차 정비계획의 경우 90% 이상의 사업이 연안보전 및 해역개선사업에 치중되었으며, 친수연안조성사업 추진이 미흡하였으나

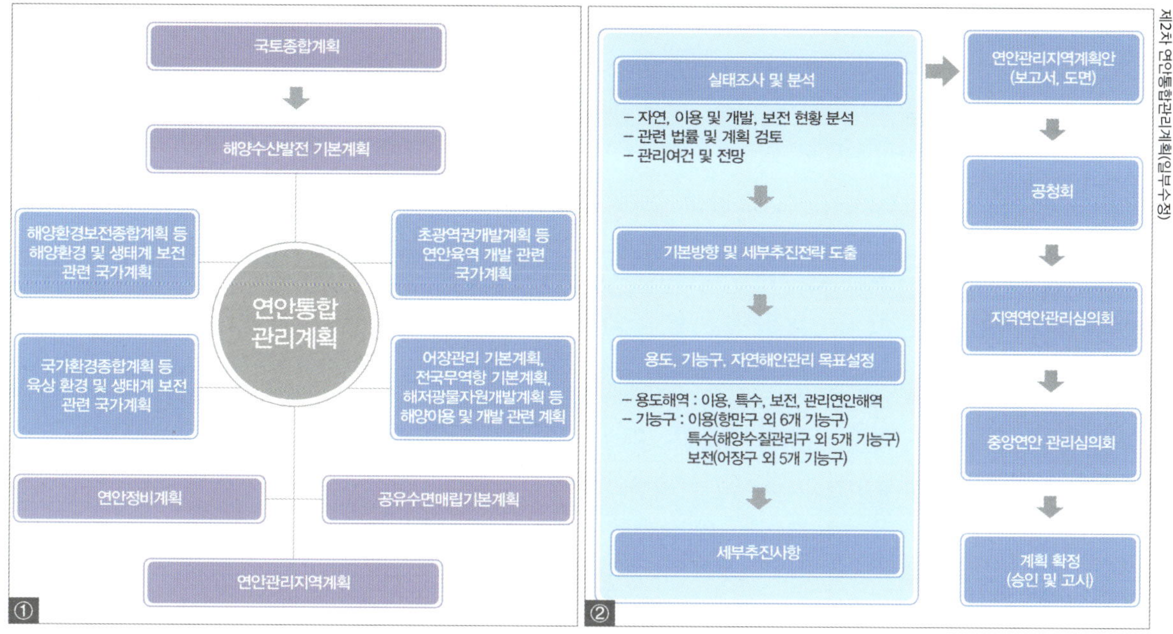

제2차 연안통합관리계획(일부수정)

연안통합관리계획과 타 계획과의 관계 ①
연안관리지역계획 수립 절차 ②

최근 이용행위와 이용가치에 대한 새로운 고찰과 시각의 전환을 통해 친수연안조성 사업의 비중이 증대하고 있다.

최근 정비계획에 반영되는 정비사업들은 연안관리정책수단들의 규제적 성격 미흡으로 인한 실효성 확보를 위하여 관리 및 이행 주체들 참여 유인책 혹은 당근 역할을 하는 경우가 많이 있다. 이를 적절히 활용하는 것은 계획수단의 역할을 보완하는 것이나, 단순히 관련 정책 추진 참여를 유도하는 수준을 벗어나 사업의 목적과 내용보다 그로 인한 유인에 비중을 높일 경우 계획을 위한 계획이 아닌 관리를 위한 계획에 그칠 수 있다는 우려가 제기되기도 한다.

매립 기본계획은 「공유수면 관리 및 매립에 관한 법률」 제22조에 근거하여 기능 및 용도에 맞고 환경에 조화되도록 공유수면을 매립·관리하기 위한 계획이다. 여기서 공유수면이란 바다와 바닷가, 하천, 호소, 구거 그밖에 공공용으로 사용되는 수면 또는 수류로서 국유인 것을 의미한다. 매립 주체는 매립 수요를 매립 기본계획에 반영 요청할 수 있으며 반영이 요청된 매립 건은 관계기관협의, 중앙연안관리심의회 심의 절차를 거쳐 매립 기본계획 반영이 확정된다. 매립 기본계획 반영시에는 매립의 타당성 및 매립 예정지의 토지이용계획과 함께 인접 토지와 연관성, 매립으로 인한 해양환경 및 생태계 영향, 인근 공유수면 및 토지의 공공이용 및 접근성 등을 검토되어야 하며, 만일 매립으로 습지 등 인근환경 변화가 예상되거나 해류, 조류 등의 변화 및 토사 이동이 발생하게 될 것으로 예상되거나, 수산 동·식물의 서식환경 등이 변화할 경우

이에 대한 대책을 반영, 요청하는 것을 매립 계획에 포함해야 한다. 매립 기본계획에 반영이 되면 공유수면매립 면허, 실시계획, 준공 등의 절차를 거쳐 매립이 이루어진다. 즉, 매립 기본계획은 매립을 통한 공유수면 이용 및 개발행위 시 우선적으로 관리목적에 부합하는지 검토·조정의 수단이 되며, 매립이 계획대로 이루어지는지 감시·감독·평가의 근거로 관리하는 수단이 된다.

규제수단

연안을 합리적으로 이용, 보전하기 위한 규제수단은 공간을 기준으로 관리방식을 결정하는 규제수단과 행위를 기준으로 관리방식을 결정하는 규제수단, 공간 및 행위를 기준으로 관리방식을 결정하는 규제수단으로 구분할 수 있다.

공간을 기준으로 관리방식을 결정하는 규제수단에는 연안용도해역제, 연안기능구제, 자연해안관리목표제, 바닷가 관리제 등이 해당된다. 이중 연안용도해역제는 지역계획을 통해 결정되는 공간관리 규제수단로 그 범위는 해역(바닷가+바다)에 한정된다. 연안용도해역 및 기능구제에 의하여 연안해역은 4개 용도해역 및 19개 기능구로 지정·관리된다. 보전, 이용, 특수 용도가 중복되거나 어느 하나에 해당되지 않을 경우 관리연안해역으로 지정되며, 중복으로 인해 관리연안해역으로 지정될 경우 용도 및 기능의 우선순위를 정하여 관리하여야 한다.

자연해안관리목표제는 해안(만조수위선~지적공부에 등록된 지역)이 인공화 되는 것을 근본적으로 제어하기 위한 것으로 자연해안(인위적으로 조성된 시설, 도로 등의 구조물이 없이 자연상태의 해안선이 유지되고 있는 해안)에 대한 보존의 총량 목표를 설정하고 총량 범위 내에서만 개발행위를 가능케 함으로써 자연해안의 순손실을 방지하는 제도이다. 동 제도에 따라 총량의 범위를 초과하는 개발 행위 시 그에 상응하는 복원을 이행해야한다. 관리대상이 되는 해안은 바닷가, 해안선, 간석지의 3가지 유형에 따라 인공해안 및 자연해안으로 구분하여 관리가 이루어진다. 자연해안으로 구분된 해안은 관리번호가 부여되고 관리대장에 등록되어 향후 해당 연안에서 개발행위 시 규제의 대상이 된다.

신규 도입된 규제목적의 관리수단으로써 자연해안관리목표제는 본격적인 실행을 앞두고 몇 가지 과제를 안고 있다. 첫째, 자연해안의 순손실 자체를 100% 가까운 수준에서 방지하겠다는 것을 근본 목적으로 하기 때문에 인간의 행위 자체를 하지 못하도록 차단하는 것이 바람직한 관리인지에 대한 문제제기가 이루어질 수 있으며 둘째, 동 제도를 실질적으로 운영하기 위해서는 인위적 행위로 인한 손실의 규모에 대한 경제적 평가 및 정량적 복원 규모 산정이 어려운 과제로 남아 있다. 또한 연안환경에 악영향을 미치는 개발행위를 제어하는 것이 해안선 및 해안 자체의 관리만을 통해서

달성하기에는 한계가 있다는 것도 동 제도의 과제로 남아 있다.

바닷가 관리제는 바닷가 실태조사를 통해 바닷가를 자연바닷가와 이용바닷가, 토지등록가능바닷가의 유형으로 구분하고 바닷가 등록부를 통해 단위해안의 바닷가 유형과 해당 바닷가의 점용·사용자를 기록함으로써 바닷가의 무분별한 개발을 억제하는 관리수단이다. 2006년 당시 국토해양부는 기존 육역 혹은 해역 중심의 공간관리 시스템에서 배제되어 있던 바닷가를 관리하기 위하여 전국 바닷가를 대상으로 전수조사를 하였으며, 지속적으로 바닷가 지적현황을 측량했다. 조사된 바닷가는 형성요인, 이용형태 등에 관한 전문가 평가를 통해 관리유형을 구분했다. 이후 2012년 바닷가 종합관리계획 및 관리지침을 제정하고, 동 제도에 의해 공간적으로 구분된 관리유형 중 자연바닷가 지역은 자연해안관리목표제 및 연안완충구역 지정을 통해 관리가 이루어지며 이용바닷가는 발생원인과 상황에 따라 원상회복 또는 합법적 이용을 유도하고, 토지등록가능 바닷가는 원상회복 의무면제 여부를 검토한 후 국유재산법에 따라 무주부동산 공고 등의 절차를 통해 국유화 조치가 이루어진다. 연안완충구역제란 연안을 보전, 이용하며, 기후변화에 따른 해일, 침식 등에 대응하여 바닷가를 효율적으로 관리하기 위한 것이며, 생태적으로 뛰어난 곳, 해안사구·해안림 등 연안재해 저감 가능지역, 연안재해 취약성 평가 결과 육역 보호를 위해 토지등록을 제한할 필요가 있는 곳을 '연안완충구역'으로 지정·관리하는 제도이다. 주로 해안 방제림, 비사·어촌보안림, 모래해안, 해안사구 등이 연안완충구역의 예라 할 수 있다. 연안의 보전 및 재해 피해를 최소화하기 위한 연안완충구역의 경우 현재와 같이 바닷가 지역만 범위에 한정하지 말고 육역의 일정 부분까지 관리 범위를 확대하여야 하며, 건축선 제한 및 후퇴제도와 같이 구제적인 규제제도와 연계하여 구역의 관리가 이루어지도록

이광수

검토할 필요가 있다. 또한 이를 위해서는 포함되는 연안육역에 대한 사유재산권 침해, 토지이용계획과의 연계성에 대한 고려방안이 선결되어야 할 것이다.

행위를 기준으로 관리방식을 결정하는 규제수단으로는 「해양환경관리법」에 의한 해양이용협의 및 해역이용영향평가, 「환경영향평가법」에 의한 전략환경영향평가, 환경영향평가, 소규모 환경영향평가 등이 있다. 각 제도들은 이용 및 개발사업의 대상, 규모, 시기 등을 달리하지만 이용 및 개발사업 추진시 적정성, 타당성 등을 검토한 다던지 환경에 대한 영향을 조사, 예측, 평가하고 대안을 마련하게 함으로써 이용 및 개발행위를 관리하는 수단이다. 환경영향평가 등(전략환경영향평가, 환경영향평가, 소규모 환경영향평가)은 환경부가 최종 승인한 부처로써 평가항목으로 해양환경지표를 포함하고 있다. 해역이용협의는 「해양환경관리법」에 근거하며, 공유수면에서 이루어지는 이용 및 개발행위에 대한 환경성을 사전에 검토, 평가, 조정하기 위한 것으로 공유수면 점용 및 사용·매립·어업·바다골재채취 등의 행위를 위해 면허·허가 또는 지역지정 등을 하고자 할 때, 해역이용의 적정성 및 해양환경에 미치는 영향에 관하여 해당지역 지방해양항만청 등과 사전 협의토록 하는 제도이다. 해역이용협의는 행위의 정도와 성격에 따라 중점검토사업, 해역이용영향평가 대상사업 등으로 구분되며,

연안관리정책수단

정책수단 구분		내용
계획 수단	정책방향	연안통합관리계획, 해양환경종합계획, 해양생태계보전 · 관리기본계획
	사업반영, 예산 지원	연안정비계획, 공유수면매립 기본계획
	계획 허가	연안관리지역계획, 환경관리계획, 보호구역관리계획
규제 수단	공간기준	연안용도해역제, 연안기능구제, 자연해안관리목표제, 바닷가 관리제
	행위기준	해역이용협의 및 해역이용영향평가 전략환경영향평가, 환경영향평가, 소규모환경영향평가
	공간+행위기준	공유수면 점용 · 사용허가, 매립 면허, 어업권
지원 수단	거버넌스	해양수산발전위원회, 중앙연안관리심의회, 지방연안관리심의회
		연안관리협의체, 특별관리해역 민 · 관 · 산 · 학 협의체
	과학적 정보	조사 : 연안실태조사, 해안선 측량 및 지리조사, 해양환경측정망, 생태계기본 및 정밀조사, 습지조사, 수산자원조사 및 평가, 어장환경조사
		정보시스템 : 연안관리정보시스템, 국가해양환경정보통합시스템, 통합해양정보사이트, 갯벌지원정보시스템, 해양수산연구정보포털, 실시간 어장정보, 수산정보포털

행위 내용과 수준에 따라 협의방법 및 결과를 달리 함으로써 해역이용 행위를 규제한다. 해역이용협의의 업무는 지방해양수산청이 담당하며 협의 시 대상지역이 타법률에 의한 보호구역에 해당하는지 여부, 해양시설물에 미치는 영향, 해양환경에 미치는 영향, 채취방법 등의 적정성, 채취 이후 회복 예측, 영향분석 및 회복분석, 저감대책 등의 적절성등을 판단하고 이해관계자 의견 등을 고려해야 한다. 협의 시 제출하는 해역이용협의서는 해양이용영향검토기관의 검토를 받아야 하며, 현재 국립수산과학원의 해양환경영향평가센터가 해역이용영향검토기관으로 지정되어 있다.

마지막으로 공간 및 행위를 기준으로 관리방식을 결정하는 규제수단에는 공유수면 점용·사용허가, 매립 면허, 어업권 제도 등이 있다. 공유수면의 점용·사용허가 제도는 공유수면에 인공구조물을 신축·개축·증축·변경하거나 제거할 경우, 공유수면에 접한 토지를 공유수면 이하로 굴착할 경우, 공유수면의 바닥을 준설하거나 굴착할 경우, 포락지 또는 개인 소유 인정이 되는 간석지를 토지로 조성할 경우, 공유수면으로부터 물을 끌어들이거나 물을 내보내는 행위, 공유수면에서 흙이나 모래 또는 돌을 채취하는 행위, 공유수면에서 식물을 재배하거나 베어내는 행위, 공유수면의 수심에 영향을 미치는 행위, 공유수면에서 광물을 채취하는 행위 등을 하고자 하는 경우 공유수면 관리청으로부터 점용 또는 사용허가를 받아 행위하도록 관리하는 제도이다. 일정 공간 위치 및 면적, 기간에 한하여 지정 행위에 대한 허가를 승인함으로써 이용 및 개발행위를 관리하는 것이다.

매립 면허제도는 공유수면을 매립하려는 자로 하여금 시도지사, 특별자치도지사 또는 국토해양부 장관으로부터 매립 면허를 받게 함으로써 행위 권한을 부여하는 관리수단이다. 매립 면허 신청자는 매립 계획의 타당성을 판단하기 위하여 계획서 및 설계도서 등 기본서류 외에 권리자의 동의서, 하천 및 하천과 인접한 공유수면의 수리계산서, 환경영향평가법에 따른 환경영향평가서 협의결과, 매립을 통한 이익이 손실을 현저히 초과하는 경우 피해영향조사서, 대표자선정증명서류, 신청구역의 토지이용계획서 등을 제출하여야 하며, 매립 면허를 주는 관청은 매립 행위에 대한 면허기준이 부합하는지 여부를 판단하여야 하고 매립 면허를 받는 자는 매립으로 인한 권리자의 손실을 보상하거나 손실을 방지하는 시설을 설치할 의무가 있다.

어업권은 어업활동을 공간에 기반하여 규제하고 관리하기 위한 제도로 어장관리법 및 수산어법에 근거한다. 공유수면의 일정면적의 어장을 일정기간 동안 면허자에게 배타적 이용권을 줌으로써 지속적인 어장관리의 근거를 확보한다. 환경관리 측면에서 자원이용행위로써의 어업활동을 규제하기보다는 지역어민들의 어업활동을 보호, 보장하고 아울러 면허를 가진 어업인에게 스스로 어장환경을 관리하고 오염시키지 않을 의무를 부여하는 제도로 보는 견해도 있다.

이광수

지원 수단

연안관리정책을 지원하는 수단에는 거버넌스, 과학적 정보 등이 있다. 정책수단으로써 거버넌스는 합의 및 의사결정 거버넌스와 참여적 거버넌스로 구분될 수 있다. 합의 및 의사결정 거버넌스는 법률에 기반하여 관리정책의 최종 의사결정 및 합의를 이루어내는 역할을 하는 것으로 연안관리법에 근거한 중앙연안관리심의회, 해양수산발전기본법에 근거한 해양수산발전위원회 등이 있다. 해양수산발전위원회는 연안통합관리정책 수립하는 직접적인 거버넌스는 아니나 해양 관련 기본계획과 개발, 산업 및 환경 관련 중요정책을 심의하기 위한 기구이다. 해양수산부장관이 위원장이며 관계중앙행정기관의 차관급 공무원 및 관련 전문지식 및 경험이 풍부한 사람이 위원으로 구성된다.

중앙연안관리심의회는 연안관리법에 근거한 의사결정기구로 통합계획, 지역계획, 정비계획, 매립 기본계획 등의 수립 및 변경 등에 관한 사항을 의결·심의한다. 해양수산부 차관이 위원장이며, 관계기관 고위공무원 및 관련 학식과 경험이 풍부한 전문가가 위원이 된다. 위원회의 전문성 강화, 운영효율화를 고려하여 소위원회를 두며 매립 기본계획, 정비계획과 같이 현지조사가 필요한 사안의 경우 현지조사를 실시하기도 한다.

이외에도 관리해역에 따라 해양환경보전 및 개선을 위한 관리위원회와 지역계획의 수립 및 변경, 관할연안의 주요한 사항을 심의하기 위한 시·도지사 소속의 지역연안관리심의회가 있다.

참여적 거버넌스로는 연안관리협의체, 해양환경관리를 위한 민관산학협의체 등이 있다. 참여적 거버넌스는 관련 법률에 근거한 정책의사결정 과정에 참여하기 위하여 이해관계자들이 중심이 되어 형성되는 기구이다. 주로 지역의 문제와 정책을 이해하고, 관계들을 대변하고, 조정하는 기능을 갖는다.

연안관리정책수단으로써 과학적 정보는 관련 법률 등에 근거하여 시행되는 각종 조사 및 연구사업을 결과로 생산되며 관련 정보시스템으로 구축되어 관리·활용된다. 연안관련 조사로는 연안관리법에 의한 연안실태조사, 측량·수로조사 및 지적에 관한 법률 및 연안관리법에 의한 해안선 측량 및 바닷가조사, 해양환경관리법에 의한 해양환경측정망, 해양생태계보전 및 관리에 관한 법률 및 습지보전법에 의한 생태계 및 습지조사, 수산자원관리법에 의한 수산자원조사·평가 및 어장관리법에 의한 어장환경조사가 있다. 개별법률에 근거해 관련 연구 및 조사기관이 실시한 조사의 결과는 관련 정보시스템을 통해 관리되고 필요한 경우 의사결정의 지원자료 등으로 활용된다. 향후 관련 정보의 효율적 정책의사결정 지원을 위해서는 해양조사 및 정보관리 표준화체계 확립, 관련 부처 및 기관간 파트너십 구축, GIS 기반 해양공간분석 시스템 구축 등이 중요한 과제로 남아있다.

● 연안통합관리와 지속가능한 연안개발

흔히 연안통합관리는 환경보존의 측면에서 접근한 개념에 국한시키는 견해가 많다. 하지만 연안통합관리가 국제사회에 등장할 당시 유념해 두었던 근본 목적이 '지속가능한 이용(sustainable use)', '현명한 이용(wise use)'에 있음을 감안할 때, 이러한 견해는 연안통합관리의 진체(眞體)를 흐리는 오류를 종종 범하게 한다. 연안통합관리는 연안에서 인간이 삶을 영위하기 위해 필요한 활동들을 지속적으로 하게 하기 위한 환경관리 개념으로 이용 및 개발을 배제하기 위한 것이 아니다. 이는 연안통합관리정책 수단이 단지 이용규제적 성격의 수단이 아니라 계획하고, 이행하며, 합리적 의사결정을 지원하기 위한 수단으로 구성되어 있음에서 여실히 드러난다.

향후 연안을 잘 이용하고 개발하는데 있어 연안통합관리가 어떠한 영향을 미칠 수 있을 것인가. 연안통합관리정책의 지속성 여부와 상관없이 미래의 연안은 지금보다 디 혼잡해지거나 더 큰 과제에 직면할 수도 있을 것이다. 이는 통합적 접근이 모든 개별 사안에 대한 해답을 제시하기 어려우며, 한정적 범위의 연안의 통합적 접근이 모든 영역을 포괄하기 어렵기 때문일 것이다. 또한 끊임없이 야기되는 불확실성과 위협이 지구의 위험을 예측하기 어렵게 만들기 때문일 것이다. 하지만, 지속적인 연안통합관리정책 및 정책 수단의 이행을 통해 연안 이용의 합리적 판단을 유도하고 불확실성을 줄이고자 하는 성찰이 사회 곳곳에 스며들게 함으로써 연안에서 '인간 삶의 지속성'을 유지하게 하는데 기여할 것이라 본다.

진화하는 연안

The Evolving Coast

최근들어 자연속의 치유, 슬로 라이프 힐링(Slow Life Healing)에 대한 관심이 증대되면서 연안의 가치가 새롭게 인식되고 있다. 산업공간에서 친수공간으로, 다시 삶의 가치를 높여주는 복합해양 공간으로 진화하고 있다.

친수공간

해상인공도시, 해상플랜트, 해상공항처럼 기존의 육지활동이 점차 바다와 가까운 쪽으로 옮겨짐에 따라, 플랜트, 공항, 저장기지, 해중공원과 같은 시설들이 해상, 해중 또는 해저에 유치되고, 해양에 거주시설을 만드는 등, 해양 공간 이용을 극대화하게 될 것이다.

안희도 · 김웅서 · 권오순 한국해양과학기술원

인간이 물과 만나는 수변공간은 독특한 특성을 지닌 곳으로, 다음과 같은 특성이 있다. 첫째, 인간의 친수성(親水性)이다. 사람의 오감(시각, 청각, 후각, 미각, 촉각)을 통해 물은 마음의 풍요로움과 편안함을 준다. 이것이 물, 또는 바다가 갖는 '정서적 성질'이다. 바다의 정경을 생각해 보자. 인간은 해조음(海潮音, 청각), 해양경관(시각), 바다냄새(후각), 해수(촉각), 그리고 해산물(미각)을 통해 바다와 교감하며 풍요로움을 느낀다.

둘째, 수면상에 있는 물건을 실제보다 떨어져 보이게 하는 성질이다. 그 감각적 이안거리는 육상에서의 거리보다 2~3배까지 멀리 느끼게 한다. 이는 폐기물 처리시설이나 위험시설을 격리하는 효과를 갖는다. 수변은 또한 난잡하게 보이는 도시공간을 일체적이고 안정된 분위기로 만들 뿐만 아니라 수변공간은 배후지의 상황이 어떻든 간에 물에 면한 공간이 '열려있음'으로 인해 사람들의 마음을 진정시키는 효과를 낳는데 이러한 넓은 바다가 주는 해방감이나 질서감은 해양이 갖는 개방공간(open space) 효과이다.

셋째, 수변공간은 독자적인 경제적 자질을 갖고 있다. 지금까지는 물(바다)의 경제적 자질이라고 하면 해운과 어업, 혹은 해양에 부존하는 자원을 이용하기 위한 해양개발이었다. 그러나 최근 들어 우리는 수변공간이 일종의 '워터매직' 효과, 즉 새로운 경제 창출효과가 있음을 알게 되었다. 인간은 바다와 접촉함으로써 자연에 대한 경이나 신비에 자극받아 새로운 발상이나 지혜를 얻게 된다. 아이들은 물고기의 생태, 구름의 모양과 조수의 흐름, 반복되는 파도 등을 바라보면서 바다의 기상과 해양물리학적 현상을 배우고 체험한다.

대도시에서 자동차와 사람들이 오가며 내는 매우 큰소리는 물의 소음효과로 인해

KIOST

호주의 골드코스트 해안

부드러워진다. 인간의 귀는 대단히 우수한 지향성을 가지고 있어 잡음 속에 잠긴 물소리를 선택할 수 있다. 정적 속의 물소리는 좀 더 정적함을 강조하는 효과가 있으며, 소음 속의 물소리는 소음정화효과를 가져 소음을 부드럽게 하는 효용이 있다. 도시의 수변(水邊)이 사람들의 스트레스를 해소하는 장소임과 동시에 편안함과 휴식을 주는 장소가 되는 것은 이 때문이다.

최근 도시 재개발과 환경정비, 거대한 사회간접자본의 정비와 도시공간 개발이 워터프론트(waterfront)라 부르는 공간의 개발로 확대되고 있다. 해양이 가진 광대한 공간을 자원으로 활용하여 인간의 생활과 활동의 장을 육역에서 해역으로 연장하여 새로운 생활환경을 형성하고자 하는 것이다.

즉, 워터프론트란 수변(水邊)이 가진 다양한 특성을 이용하여 생산기반이 약해진 도시 임해지역이나 항만지역의 토지 이용형태를 바꾸어 지역발전과 환경정비를 꾀하는 일석이조의 지역재개발인 동시에 도시구조의 재구축이다.

세계에서 워터프론트 재개발이 행해지고 있는 도시의 대부분은 일찍이 항만으로 번영했던 도시였다. 미국의 동해안에 위치한 보스턴, 뉴욕, 필라델피아, 볼티모어, 마이애미, 5대호 주변의 시카고, 디트로이트, 그리고 서쪽 해안의 시애틀, 샌프란시스코, 로스엔젤레스, 샌디에고와 같은 도시가 그 대표적인 예이다.

1980년대에 들어서자 각지에서는 워터프론트를 재개발하여 이로 인해 거주하는 사람이 많아지면서 토지의 가격이 상승하고 새로운 투자대상으로 주목받게 되었다. 워터프론트의 토지 가격이 5년에 2배, 10년에 10배가 된 것이다. 이러한 워터프론트

재개발 붐은 보스턴, 뉴욕, 볼티모어, 샌프란시스코와 같은 성공을 기대하며 세계 각지로 전파되었다.

최근에는 개발도상국가들도 선진국의 기술 및 경험을 이전받아 워터프론트 개발을 활발히 추진하고 있다. 이전의 산업혁명 시대의 선진국 항만도시와 같이 이들 국가들에게도 항만은 대량의 화물을 유통시키기 위한 중요한 사회기반시설이었는데, 21세기에 들어 산업과 도시구조의 재구축이 중요한 관심거리가 되면서 워터프론트 개발에 대한 관심도 부쩍 높아졌다.

워터프론트라는 공간은 자연에 대한 욕구와 행동욕구, 문화욕구를 만족시키는 조건이 갖추어지도록 계획되고 있다. 즉, 바다와 하천의 워터프론트에는 풍부한 자연환경을 접하고, 다양한 행동욕구를 만족시키는 시설이 있다. 더욱이 도심공간에는 다양한 문화시설을 집중하여 사람들의 지적인 욕구를 만족시킬 수 있어야 한다.

현대인들이 바라는 높은 삶의 질은 어떤 면에서 물질의 풍요로움과 스트레스의 해소이며 정신과 문명과 문화적인 성취감이다. 이 성취감은 사물과 정보의 신규성(새로운 각종정보), 희소성(신기하고 귀중한 정보), 경제성(부가가치가 있는 정보), 귀속성(특정의 집단을 형성하는 정보), 독자성(유일하고 개성이 있는 정보)으로 얻어진다. 워터프론트의 최대 매력은 우리 생활에 활력을 주는 이러한 정보가 풍부할 뿐 아니라 이용자인 인간이 오감을 통해 편안함을 얻을 수 있다는 것이다. 즉 마음의 편안함, 육체의 건강과 편안함, 지식과 정신의 편안함이다. 최근 자연속의 치유, 슬로 라이프 힐링(Slow Life Healing)에 대한 관심이 증대되면서 워터프론트의 가치가 새롭게 인식되고 있다.

● 여수세계박람회와 연안 재개발

2012년 여수세계박람회가 열렸던 여수(麗水)는 한반도 남쪽 끝 바다와 육지가 맞닿아 있는 곳에 자리 잡은 아름다운 해양도시이다. 환경적인 측면에서 보면 여수는 야누스 얼굴을 가지고 있는 곳이다. 인근에 순천만처럼 생태계가 잘 보존된 곳이 있는 반면, 여천국가산업단지, 율촌지방산업단지, 광양제철소, 광양항 등은 경제개발로 인한 오염을 걱정해야 하는 현장이다. 또한 여수 주변의 크고 작은 만에 넓게 발달한 갯벌은 훌륭한 자연탐구의 장이며 특히 여자만은 풍부한 수산물을 얻을 수 있는 자원의 보고이다. 반면, 광양만은 항구와 산업단지, 제철소가 위치해 원래의 모습을 많이 잃어버린 연안개발의 장이다. 여수 주변에는 자연경관이 뛰어난 한려해상국립공원, 다도해해상국립공원 등 천혜의 해양관광자원이 분포해 있어 해양관광의 중심지 역할을 한다.

김응서

개막직전의 여수세계박람회장 (2012년 4월)

여수세계박람회의 주제는 '살아있는 바다, 숨 쉬는 연안(The Living Ocean and Coast)'이다. 바다와 연안이 인류의 생존에 중요한 곳임을 일깨우고, 해양오염, 해수면 상승, 해양기인 재해, 해양생대계 파괴 등 바다와 관련한 여러 가지 문제들을 전 인류가 공동으로 해결할 방법을 모색하였다. 하위 주제는 연안의 개발과 보전, 새로운 자원 기술, 창의적인 해양 활동이다. 첫 번째 하위 주제인 '연안의 개발과 보전'은 인간이 밀집해 거주하고 있는 연안 환경이 무분별한 이용으로 점점 훼손되고 있으므로, 지속가능한 방식으로 현명하게 개발되어야 함을 강조한다. 두 번째 하위주제인 '새로운 자원 기술'은 자원의 보고인 바다가 가지고 있는 다양한 자원을 다음 세대를 위해 잘 관리하면서 개발해야 함을 보여준다. 바다는 육지 공간의 부족과 자원 고갈을 해결할 수 있는 유일한 대안이기 때문에, 해양과학기술은 인류 발전의 새로운 성장 동력원이 될 수 있다. 세 번째 하위 주제인 '창의직인 해양활동'은 인류 교류의 장소로 바다의 중요성을 보여준다. 인류는 바다를 통해 문명을 발전시켜 왔으며, 해양에서의 창의적인 활동은 문학, 음악, 미술, 영화 등 문화 장르의 폭과 깊이를 더할 것이다.

여수세계박람회에는 주제관과 한국관을 비롯하여 기후환경관, 해양산업기술관, 해양문명도시관, 해양생물관 등의 부제관, 해양베스트관(OCBPA), 대우조선해양 로봇관과 포스코(POSCO)관 등 기업관, 102개 국가의 국가관이 자리 잡은 국제관, 국제기구관, 지자체관 등 많은 전시관이 있었다. 한편 빅오(Big-O), 엑스포디지털갤러리

리스본 세계박람회장 친수공간

(EDG), 스카이타워(Sky Tower), 아쿠아리움(Aquarium) 등이 관람객의 인기를 끈 시설이었다. 주제관으로 이어지는 여니교는 관람객들이 바다 위를 걸으며 연안의 중요성에 대해 생각해 볼 수 있는 좋은 장소였다.

여수세계박람회는 여수신항의 재개발이라는 측면에서 1998년 '해양, 미래의 유산'이라는 주제로 열린 리스본 세계박람회의 선례를 많이 참조하였다. 리스본 세계박람회는 환경 보전을 강조하면서 리스본 시의 오염이 심한 수변공간을 박람회장으로 선정하여 세계박람회를 계기로 재개발에 성공한 사례로 꼽힌다. 원래 세계박람회장으로 선정된 곳은 1930년대 수상비행기의 선착장이 만들어진 곳이었다. 이 항구는 더 이상 사용되지 않고, 컨테이너를 야적하거나 쓰레기 등이 방치되어 있는 등 리스본 시의 지저분한 치부였다. 그리고 주변에는 정유공장, 석유 저장탱크, 하수처리장, 쓰레기처리장, 가축도살장 등 소위 혐오시설 등이 밀집해있었다. 이곳을 현대적 감각을 갖춘 인프라로 탈바꿈시켜 새로운 기능을 하도록 계획하였으며, 이는 리스본 구시가를 재개발하려는 리스본 시의 마스터플랜과도 일치하였다. 마스터플랜에는 이곳에 새로운 교량을 설치하고, 고속도로와 철도를 연계시키는 계획도 들어있었다. 리스본 세계박람회를 계기로 박람회장 주변은 예전의 흔적을 찾을 수 없을 정도로 완전히 새롭게 바뀌었다. 혐오시설 대신 하이테크를 다루는 회사나 연구소, 관광시설, 휴식공간, 주거용 건물 등이 들어섰다.

리스본 세계박람회장 만큼은 아니지만, 여수신항도 여수세계박람회가 개최되기 전에는 친환경적 해양공간이 아니었다. 여수세계박람회장이 조성되기 이전에 조사된 결과에 따르면 여수 신항만 일대의 수질은 생물이 서식하기에 다소 부적합한 2~3등급이었으며, 수중 가시거리는 2m 이내로 아주 짧았고, 신항 바다 속에는 엄청난 양의 폐기물이 투기된 것으로 나타났다. 이와 같은 현황은 1920년대부터 수많은 선박이 이곳을 이용해왔고, 정화되지 않은 생활하수가 주변에서 유입되면서 오염을 가속화하였기 때문이다. 여수세계박람회를 앞둔 시점에 여수세계박람회 조직위원회, 관련 정부부처, 여수시 등은 여수신항 해양환경 개선 대책을 마련하고 수질 개선을 위한 노력을 기울였다. 우선 여수시 인근 지역의 하수관로를 정비해 바다로 유입되던 생활하수를 하수종말처리장에서 처리한 후 배출하였고, 오동도에 있던 오수정화시설을 재정비하여 신항으로 직접 유입되는 생활하수 등 육상기인 오염원을 차단하였다. 여수광양해양항만청은 2008년 11월부터 매주 2회 선박을 이용하여 3년에 걸쳐 총 178톤의 해상쓰레기를 수거하였다. 박람회 기간 중에도 쓰레기 수거 작업은 계속되었다. 한편 당시 여수세계박람회를 주관하였던 국토해양부는 2011년 12월까지 박람회장 인근 바다의 오염퇴적물 총 19만8천m^3를 준설하였다. 그리고 2011년 장마철마다 섬진강을 통해 여수신항으로 유입되는 쓰레기를 인근 지자체인 여수시, 광양시, 하동군, 남해군에서 힘을 합해 치우기도 하였다. 뿐만 아니라 유류오염 방제대책, 적조 방제대책 등도 추진하였다. 이런 노력에 힘입어 여수신항의 수질은 2010년 이후 점차 개선되었다. 해양환경관리공단의 수질환경 조사에 따르면 2011년 1분기 여수신항의 수질은 평균 1~2등급으로 2010년 조사 당시의 2~3등급보다 향상되었다. 참고로 1등급 수질은 참돔, 방어, 미역 등 수산생물의 서식이나 양식, 그리고 해수욕에 적합한 수질이며, 2등급은 숭어, 김 등의 수산생물의 서식이나 양식, 그리고 해양관광이나 여가 선용에 적합한 수질이며, 3등급은 공업용 냉각수, 선박의 정박 등 기타 용도로만 사용할 수 있는 수질을 말한다. 2011년 하반기부터 수질은 5등급으로 더욱 세분화되었다.

여수신항은 수질 개선뿐만 아니라, 환경 개선에도 큰 노력을 기울였다. 바다와 연안을 살리기 위해 신항에 만들어졌던 수직 콘크리트 호안을 헐어버리고 대신 몽돌해변을 만들었다. 바닷물을 가로막고 있던 콘크리트 호안이 없어지자, 바닷물이 자유롭게 드나들면서 바다의 환경은 몰라보게 좋아졌다. 바다 밑바닥에 가라앉아 있던 오염된 퇴적물을 걷어내고, 깨끗한 모래를 대신 깔아 저서 환경도 개선하였다. 빅오에 설치된 해상분수는 바닷물의 용존산소농도를 개선하는 효과를 가져왔다. 환경이 개선되자 물고기 떼가 나타나고, 해조류가 번성하고 예전에는 찾아보기 힘들던 전복과 같은 해양생물들이 여수신항에서 발견되기 시작했다. 여수세계박람회를 통해 훼손된 연안 환경도 관리하기에 따라서는 개선이 가능하다는 교훈을 얻을 수 있었다. 해양쓰레기의 온상이었으며, 수질이 좋지 않았던 여수신항이 시민들이 여가를 즐길 수 있는 공간으로 환골탈태한 것이다.

여수세계박람회장 조성 공사 2011년 11월 ①

여수세계박람회장 조성 공사 2012년 2월 ②

김웅서

김웅서

여수세계박람회장

국토해양부(정부조직 개편으로 현재 담당 부처는 해양수산부)는 여수세계박람회가 끝난 직후인 2012년 9월 3일 여수세계박람회 개최를 위해 추진하였던 여수신항 재개발사업과 함께 인천항, 충청남도 대천항, 전라북도 군산항, 전라남도 목포항과 광양항, 경상남도 부산항과 거제도 고현항, 경상북도 포항항, 강원도 묵호항, 제주도의 제주항과 서귀포항 등 전국의 12개 항만재개발사업을 추진하겠다고 발표하였다. 이는 여수세계박람회 준비를 위해 수행한 여수신항의 환경 개선 노력이 효과적이었다는 판단에 자신감을 얻은 결과일 것이다.

여수세계박람회는 90년간 항구로 이용되어온 여수 신항을 21세기 대표적인 해양친수공간으로 바꾸어놓았다. 해양친수공간이란 주민이나 방문객들에게 휴식장소를 제공하고, 바다를 조망할 수 있는 바닷가 공간을 말한다. 선진국의 예에서 보듯이 국민들의 생활수준이 향상되면 해양레저, 해양스포츠, 해양관광 등 바다와 관련된 활동이 증가하게 되며, 자연히 바다와 접한 공간의 이용이 많아진다. 우리나라도 생활수준의 향상으로 단순히 여름 휴가철 해수욕장으로만 사용되던 연안이 마리나, 요트장 등 다양한 해양 활동의 장으로 개발되고 있다. 여수세계박람회가 폐막된 후 여수세계박람회재단은 박람회장 내 녹지 공간과 휴게 시설을 재단장하여 시민들의 휴식·문화공간으로 재개장하였다. 박람회 개최 이전에도 여수시는 다도해해상국립공원과 한려해상국립공원, 그리고 오동도 등 해양관광의 메카로서 역할을 해왔는데, 여수세계박람회를 계기로 한 단계 업그레이드된 세계수준의 관광지로 거듭나게 되있다.

● 인공섬

인공섬이란 '자연적으로 생성된 섬'의 반대의 의미로 '사람이 인위적으로 건설하여 만든 섬'이라는 뜻이다. 다소 부정적인 의미로 느껴지지만, 산이나 들녘에 만들어지는 도시나 건물을 인공도시 또는 인공구조물이라고 굳이 부르지 않는 점과 비교하면 인공섬도 바다에 있다는 의미의 해상도시나 해상구조물로 부르는 것이 좀 더 친근하고 합당하다. 같은 방법으로 우리가 육지에 공장이나 아파트, 상가를 만드는 것과 같이 바다에 이러한 생활공간을 만드는 것은 어찌 보면 자연스러운 생활터전의 확장이라고 볼 수 있으며, 이미 오래 전부터 인류가 해왔던 일이다. 대부분의 육지는 국가나 개인에게 소유되어 있지만, 바다는 인접국가 이외에는 아직까지 소유권이 뚜렷하지 않다. 인공섬의 건설은 과학의 발달과 기술의 발전으로 인해 그 가능성도 커졌다. 최근에는 해상도시에 대한 수요와 공급이 크게 증가하고 있고, 향후에도 그 증가추세는 더 커질 것으로 예측한다.

우리나라에서도 대형 인공섬이 제안되어 검토한 사례가 있다. 1989년 부산에 초대형의 해상신도시 구상을 수립하여 타당성을 검토하였다. 이 해상신도시는 영도와 송도사이 남항 앞바다에 578만 5천m^2(175만평)의 인공섬을 만들고 해안매입을 통해 총 853만m^2(258만평)의 신도시를 건설한다는 야심찬 계획이었지만, 환경훼손과 재원조달 문제로 인해 추진하지 못하였다.

최근 국제적인 해양 공간 개발의 모티브가 된 두바이는 석유의존의 경제에서 벗어나 향후 성장 동력을 확보하기 위하여 대규모 건설사업을 시행하였다. 자원 없이 성장하고 있는 싱가폴(중계무역)과 홍콩(금융)을 모델로 하였다. 그러나 세계적인 경제위기를 맞으면서 이미 완공된 팜주메이라(Palm Jumeira)를 제외하고 대부분 건설이 중단된 상태이다. 민간자본 위주로 진행된 데다가 매우 가격이 높은 거주시설 위주로 건설되었으며, 투기성 금융자본 유입과 복합적 기능이 융합하지 못한 것이 주요한 원인으로 평가된다.

일본은 항만을 건설하면서 해안에 충분한 부지를 확보할 수 없어 항만에 인접한 바다를 메워서 활용하기 시작하였다. 일본에서 항만 건설을 위한 인공섬 조성의 대표적인 사례는 1981년 건설된 고베(Kobe)항의 포트아일랜드(Port Island)인데, 1966년부터 1981년까지 매립하여 총 434ha 면적의 인공섬을 건설하여 항만으로

부산 인공섬
계획안 조감도

부산시

활용하였다. 이 후 고베에는 많은 인공섬이 건설되었는데, 항만의 확장과 도시 재개발 용지 확보를 위해 1973년부터 1992년에 건설된 로코아일랜드(Rokko Island)는 세계 최대 규모(5.8km^2)의 대표적인 인공섬이다. 포트아일랜드는 1987년 12월부터 1996년 말에 추가 건설되어 확장되었다.

항만과 더불어 인공섬을 조성하여 건설되고 있는 대표적인 사례는 공항이다. 도쿄의 하네다(Haneda) 공항을 비롯하여 신키타큐슈(New Kitakyushu) 공항, 오사카의 간사이(關西, Kansai) 공항 등이 있다. 하네다 공항의 재확장 공사는 공항 옆으로 흐르는 타마강(Tama River) 하구의 흐름을 방해하지 않기 위하여 일부 구간에 말뚝을 설치하고 상부에 활주로를 설치하였다.

1994년에 건설된 오사카(Osaka)의 간사이 국제공항은 오사카 만에서 5km 떨어진 평균수심 18m의 바다를 매립하여 가로 4km, 세로 2.5km의 인공섬을 조성한 후, 그 위에 3,800m 활주로를 건설하였다. 2007년에는 먼저 조성된 1단계 인공섬과 평행하게 외곽으로 4,000m 활주로를 가진 2단계 인공섬을 건설하여 공항을 확장 개장하였다.

친환경 해상도시(GREEN island)

인공섬은 바다를 메워 부족한 육지를 만들기 위해 시작되었지만, 지금은 다양한 목적으로 세계 각국에서 활발하게 만들어지고 있다. 인공섬은 관광도시, 생태도시,

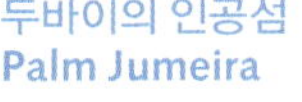

두바이의 인공섬
Palm Jumeira

연합뉴스

폐기물 매립장, 항만, 공항, 물류기지 등으로 활용할 수 있기 때문에 경제적인 면에서도 매우 중요하지만, 이와 함께 국가의 경제력과 수준을 평가하고 비전을 보여줄 수 있는 랜드마크(landmark)의 역할을 하고 있다.

천혜의 바다 환경을 가지고 있지만 아직까지 우리에게 바다는 수산자원 확보 이상의 의미를 갖지 못한다. 향후 해양 공간 개발의 방향은 새로운 개념의 Global, Recycling, Energy, Eco, Network 이라는 5가지 개념을 적용하는 해양 공간 개발의 기능적인 측면을 기준으로 제안되었다. 국가 랜드마크와 관광기능을 의미하는 글로벌아일랜드(Global island), 자원의 재활용을 개념으로 하는 리싸이클링아일랜드(Recycling island), 신재생에너지 확보 기능을 의미하는 에너지아일랜드(Energy island), 친환경건설 및 친환경공간의 확보기능을 의미하는 에코아일랜드(Eco island), 인공섬과 기존의 항만, 해안도시의 연계 기능을 의미하는 네트워크아일랜드(Network island)로 구분하고, 이들의 영문 앞 글자를 따서 그린아일랜드(G.R.E.E.N. island)로 정의하였다. 육지 부족을 해결하기 위한 단순한 인공섬 건설이 아니라, 해양개발과 해양이용 및 사회적 문제 해결, 환경보전 등 복합적인 개념을 바탕으로 환경친화적이고 지속가능한 개발을 하는 것이 핵심이다.

이러한 목적을 달성하기 위해 인공섬에 다양한 기능을 갖춘 시설을 배치할 수 있다. 풍력, 조류, 파력 발전 시설과 인공해변과 인공갯벌, 해저도시 체험시설, 공항, 해양목장, 인공습지 등의 친환경적인 시설물이 대표적이다.

현재 해양 공간 개발 기술에 대한 연구나 계획은 대부분 기술적인 측면과 지구/지역 단위계획과 같은 기능부여의 측면에서 이루어져 왔다. 최근 세계적인 해양 공간 자원 기술은 문화 컨텐츠의 개념을 도입하고 있다. 건설기술의 틀을 벗어나 공간디자인과 인간의 삶이 변화될 수 있는, 즉 기술과 문화가 융합되는 방향으로 추진되고 있는 것이다. 우리도 이러한 현실을 반영하여 해양 공간개발과 공간디자인이라는 개념을 융합할 수 있는 체계적인 방법을 추진해야 한다. 과거의 해양 공간이 개발의 대상인 물리적, 유형적 분류에 의한 것이라면, 앞으로의 해양 공간은 생태적, 경제적, 문화적 가치가 공존하는 지속가능한 형태의 해양 공간의 개념이 도입되어야 한다. 자연과 도시가 공존하는 해양 공간의 활용은 삶의 질 향상을 주제로 하는 '공간디자인'과 환경을 주제로 하는 '생태적 가치' 그리고 이 모든 것을 가능하게 하는 '실이용 기술'을 융합하여 추진해야 한다.

우리나라에서도 해양 공간을 활용하기 위해

그린아일랜드
(GREEN island) 계획

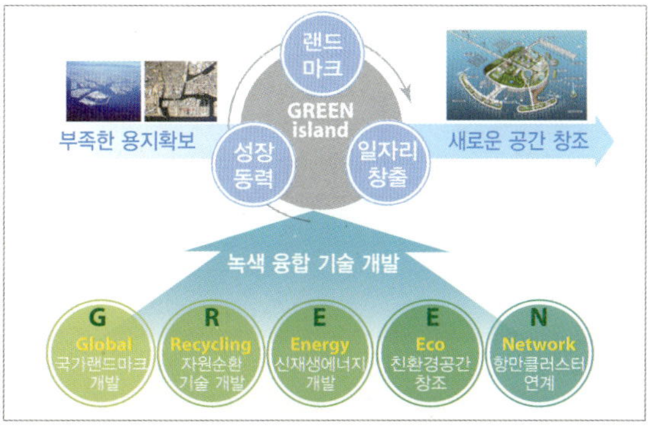

KIOST

다양한 노력을 시도했다. 대표적인 사례가 시화 방조제를 활용한 조력발전소 건설 사업과 새만금 방조제를 활용한 새로운 개념의 해상도시 건설 계획이다. 특히, 시화 방조제는 농업용수 확보를 위해 건설되었으나, 환경적인 문제로 인해 조력발전 건설이 추진되어 막대한 양의 전기를 생산하는 조력발전소로 탈바꿈하였다.

새만금 지역에서도 마스터플랜이 마련되어 다양한 계획이 추진 중이지만, 해양 공간 가치의 변화에 부합하는 새로운 전개가 필요하다. 담수 확보, 농지확보, 정주 기능, 관광, 레저, 등과 같은 단편적인 기능위주의 배치가 아니라 삶의 질을 높일 수 있는 공간디자인과 생태적 가치 확보 및 이러한 것을 가능하게 하는 건설 기술로 구분하여 추진할 수 있다. 생태적인 공간디자인을 위해서는 기존의 매립에 의한 부지 조성 기술만으로는 한계가 있으므로 부유식 건축기술이나 데크형의 건축기술, 조간대에서 밀물과 썰물에 따라 형태가 변화하는 공간 창출, 수상도시, 기존 도로나 철도와 같은 운송체계와 함께 해당 지역의 특징을 반영하는 친환경 교통시스템 등을 고려할 수 있다. 조간대를 보전하면서 신재생에너지를 확보하고 용도와 수요에 맞춰 형태의 변화가 가능한 모듈형의 도시 형태도 검토할 수 있다.

인공섬의 다양한 기능

최근 새롭게 제시된 해양 공간 활용사례 가운데, 해상 최종처분장이 관심을 받고 있다. 해상 최종처분장은 유럽에서 준설토를 밀봉하여 보관하는 해상 밀폐형 저장시설(Confined Disposal Facility)의 한 형태로 육지에 쓰레기 매립장이 부족한 일본과 싱가폴 등에서 주로 활용하였다. 해상 최종처분장을 활용하면 육상쓰레기를 처분하고 남은 부산물이 유해한 폐기물이 아닌 관리 가능한 상태의 매립재료가 된다. 장기간 동안 매립을 통해 만들어진 인공섬은 다양한 목적을 가진 새로운 해양 공간으로 활용된다.

관리형 해상최종 처분장의 필요성

일본의 해상 최종처분장은 1960년대 초부터 건설되어 현재 동경, 요코하마, 오사카 등과 같은 대도시에서 발생하는 생활쓰레기의 대부분을 해상매립에 의존하고 있다. 이러한 해상 최종처분장은 일본 전역에서 약 100개소, 매립면적 5,000만m^2(계획 포함)에 이른다. 과거의 매립방식은 중간 처리 없이 단순 매립하여 환경오염을 유발하였지만, 현재는 소각, 파쇄 등 중간처리 후 분류 및 매립하여 환경오염을 방지하고 있다.

우리나라에도 육상 매립장의 수명종료가 임박하고 신규 매립장의 확보는 각종 민원으로 인해 불가능한 상황이기 때문에 해상 최종처분장에 대한 관심이 높아지고 있다. 수도권의 해상 최종처분장에 대한 입지를 검토해 보면, 수도권에서 인접한 서해안 지역 중에서 영종도와 용유도 주변 해역이 적정할 것으로 판단된다. 그러나 인천항을 중심으로 20km 이내는 연안부 간석지로서 영종도 신공항, 송도 신도시 등 기존 개발이 진행 중이고, 반경 30km 이내의 섬 등 도서간 연안 간사지는 갯벌 보전 및 민원 등의 발생으로 인해 사실상 추진이 어려울 것으로 예측된다. 따라서 연안부 간사지와 섬, 도서 간의 간사지를 배제하면 반경 40km에 위치해 있고, 주변 섬들과 떨어진 장봉도와 무의도와 영종도 사이의 해역이 가장 적합한 지역으로 판단되는데, 주변지역에는 간사지가 있고 수심이 낮아 외곽호안 조성이 용이하므로 해상 최종처분장의 입지로 가장 적합하다.

관리형 해상 최종처분장의 기능만을 위해 대규모 해상 공사를 진행하는 것은 바람직하지 않다. 앞에서 언급한 바와 같이 해양 공간의 가치변화를 반영하여 해양 공간 디자인, 생태적 가치 및 실용화 기술을 접목한 GREEN island 개념을 도입할 수 있다. 내부 호수를 가지고 조수간만의 차를 이용한 조력발전 기능과 해상 풍력발전과 같은 신재생에너지 기능과 해상 최종처분장의 기능을 융합하는 개념의 해상도시 또는 친수공간으로 인공해변이나 인공갯벌, 해상 풍력단지와 해상 최종처분장이 결합되는 해상도시 개념도 가능하다.

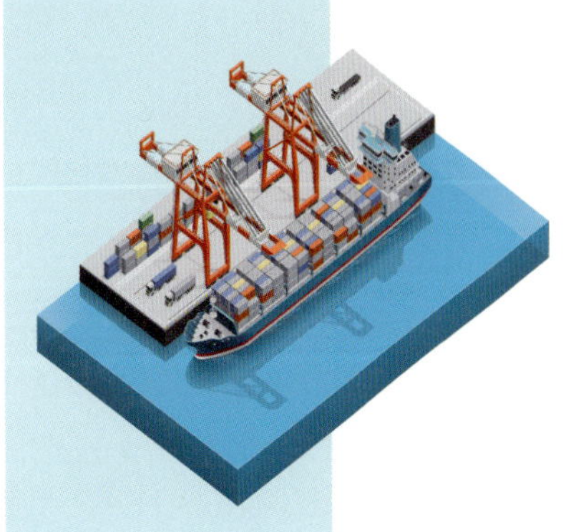

미래의 항만

미래를 지향하는 항만은 미래물류 거점으로 고부가가치 창출은 물론, 부산 북항, 주문진항과 같이 항만을 이용하는 시민들이 정서적인 즐거움과 심리적인 만족감을 얻고 항만환경의 질을 높이는 방향으로 개발되고 있다.

송만순 (주)건화 이중우 한국해양대학교
이달수 한국해양과학기술원, (주)혜인이엔씨
안익장 (주)혜인이엔씨 채장원 한국해양과학기술원

● 녹색항만(Green Port)

전 세계적으로 지구 온난화에 따른 심각한 기후변화로 크고 작은 자연재해가 연일 발생하고 있다. 매스컴을 통해 보도되는 가뭄, 홍수, 폭염, 생태계 파괴 등이 대표적인 예이며 그 피해도 해마다 증가하여 해외 연구보고서(스턴보고서, 2006)에 의하면, 기후변화로 인한 경제손실이 매년 GDP의 5~20%에 이른다.

'Trends in global CO_2 emissions 2012 Report(유럽위원회 공동연구센터 및 네덜란드 환경영향평가청)'에 따르면, 한국의 경우, 2011년 기준 이산화탄소 배출량이 세계 7위로 총배출량이 610백만 톤에 달하는 실정인데, 2000년대 이후 지속적으로 순위가 상승하고 있으며, 이는 겨울철 지속기간의 단축, 여름철 집중호우와 폭염 등 심각한 환경변화에 직접적인 영향을 미치고 있다.

이러한 위기상황에 대한 해결방안으로 에너지 자립 및 화석연료 저감을 위한 녹색성장을 국가의 성장 동력으로 활용하려는 움직임이 전 세계적으로 확산되고 있다.

이렇듯 환경오염에 대한 각종 규제가 산업전반에 걸쳐 강화되고 있는 시점에서 대외교역에 의존적인 경제구조를 가진 우리나라는 물류부문에서 2020년 배출전망치(BAU) 대비 약 16% 감축목표를 설정하고 철도·연안해운으로의 수송분담 확대, 화물수송체계 선진화 및 물류 인프라 확보 등을 추진하고 있다. 항만분야 역시 이에 편승한 저탄소 녹색항만 구현을 통한 글로벌 리더항만으로의 도약이 필요하다.

그 첫 걸음은 녹색항만 정책추진을 위한 'Green Port 구축 종합계획수립'이다. 현재 관련부처를 중심으로 Green Port 구축 프로그램, 사업추진 전략 및 수행계획을 설정하여 추진 중에 있으며, BPA, IPA, UPA 등 항만공사를 중심으로 구체적인 실천방안

GREEN Port 구축 종합계획수립(2010)

Green Port 개념도

과 재원을 마련중에 있다. 최근 이와 같은 녹색성장과 Green Port 개발전략은 특정 국가, 지역에 국한되지 않고 글로벌화 되는 양상을 보이고 있으며, 항만 운영사 뿐 아니라 선사에도 상당한 영향을 미치고 있는 실정이다.

이러한 여건 하에서 녹색항만 실현을 위해 국내 항만 추진 중인 'Green Port 구축 종합계획'의 핵심유형은 4가지이다. '저탄소·에너지 자립형 항만, 재해안전형 항만, 친수·친환경형 항만, 자원순환형 항만'의 추진 전략을 통해 녹색항만을 구축하고, 이와 더불어 녹색기술·녹색산업을 기반으로 한 신성장 동력을 창출하여 국민 삶의 질 향상 및 선진항만의 도약을 꾀하고 있다.

저탄소·에너지자립형 항만

현재, 우리나라의 온실가스 감축목표는 2020년 배출전망치(BAU) 대비 30%로 국무회의에서 의결(2008년)되어 감축방안 및 감축목표를 설정하고 있다. 항만에서 발생하는 온실가스 배출량을 부산항을 대상으로 간략하게 살펴보면, 2005년 기준으로 NOx(질소산화물)의 경우 선박 배출량이 1만 4,511톤, 트럭 배출량은 1만 4,679톤에 이른다. 이 배출량은 부산 전체 배출량의 63%에 이르는 비중으로 항만에서의 온실가스 배출이 얼마나 심각한지 알 수 있다.

해양수산부

항만내 CO_2 배출구조

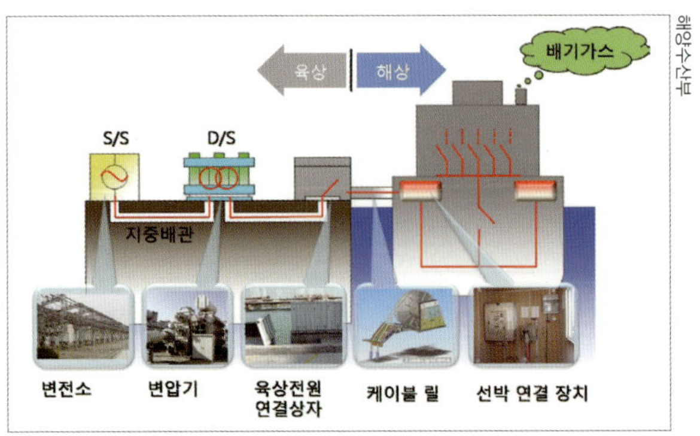

AMP 전력수급 개념도

해외의 경우, 미국 및 EU를 중심으로 탄소배출량 규제의 압력이 증가하고 있어 향후 항만에 대한 탄소배출량 규제가 이루어질 것으로 전망되는 등 선진항만을 중심으로 탄소배출량 저감을 위한 노력이 적극적으로 이루어지고 있다.

그 예로 저탄소·에너지자립에 효과가 탁월한 AMP(Alternative Maritime Power Supply) 시설 도입, LED조명교체, 신재생에너지 도입, 제도적 개선 등을 추진하고 있다. AMP시설은 선박이 항만에 정박하는 동안 유류를 이용한 자가발전방식 대신 육상으로부터 동력을 공급받는 방식으로 대기오염가스가 거의 발생되지 않는 동시에 탄소의 발생도 약 49% 저감이 가능하다. 현재 항만 내 탄소 발생 및 대기오염을 줄이는 가장 효과적인 기술로 평가받고 있으며, 미국의 LA항만 China Shipping Terminal에서 시작하여 여러 항만과 선사에서 설치운영 중이거나 계획 중에 있다.

육상전원장치를 통한 기대효과는 선박의 크기에 따라 다르지만 하루에 선박 한 척이 배출하는 질소산화물(NOx) 99.6%, 유황산화물(SOx)중 99.9%의 대기 배출량 감소가 가능하고, 특히, 이산화탄소(CO_2)의 경우 49.1%, AMP 케이블 체결시간을 고려할 때에는 약 35%의 감소효과가 예상된다.

국내 항만에서는 부산항, 인천항, 목포항, 광양항, 옥계항, 군산항에서 AMP 시설을 도입하여 일부에서 운영하고 있으나, 2007년 기준으로 항만별 AMP 도입 부두비율은 평균 4.28%, 항만별 AMP 사용비율은 0.14%로 극히 저조한 상황이다.

또한, 모두 대형선박 대상이 아닌 소형선 위주의 시설만이 갖추어져 있어 향후 이에 대한 설치 타당성, 항만별 추진방안 등 종합적인 개발계획이 필요하다.

두 번째로 LED 조명은 수명이 반영구적이기 때문에 폐기물이 적고 충격에 강하며, 전력효율이 높고, 수은 가스를 사용하지 않는 친환경성 광원이다. 항만 내 야드작업용 조명에서부터 경비 및 실내조명에 이르기까지 대부분의 조명을 LED조명으로 교체할 경우 이산화탄소가 약 75% 감소하여 일본, 미국, 중국 등 선진 항만에서도 활발한 보급이 이루어지고 있으며 국내에서도 녹색성장 5개년 계획(2009~2013)에 의거한 고성능 항만 전환사업이 추진되고 있다. 야드내 조명을 사용하고 평균 1RT 처리당 65Wh의 전력을 이용할 경우, 평균 27.4gCO_2/RT의 이산화탄소 배출이 예상되나, 1,000W급 할로겐 조명을 250W급 LED조명으로 교체하면 30% 이상의 전력 절감 효과가 예상된다.

세 번째로 현 단계에서 항만내 도입 가능한 신·재생에너지는 풍력, 태양광, 조력 등

BPA

태양광 발전시설 (부산신항)

이다. 풍력발전은 항만 소요전력 일부를 재생에너지 설비를 통해 자체 생산·공급할 수 있어 운영비용 절감 및 친환경 대체에너지원으로 각광받고 있다. 세계 해상풍력 발전 시장은 연간 117%씩 급성장 중이며, EU는 2010년까지 전체 사용전력의 22.0%를 풍력발전으로 대체하였다. 삼면이 바다인 우리나라의 경우에도 지정학적 여건과 환경 영향, 바람의 품질 등을 고려할 때 충분한 경쟁력 확보가 가능하여 전체 항만을 대상으로 개발효과 분석 및 타당성 등을 검토하고 있다.

태양광 발전은 항만 주변 매립부지 활용 이외에 항만배후단지내 창고, CFS 등 시설물의 지붕 활용을 계획하고 있다. 부산 신항의 경우, 신항 배후물류단지의 지붕을 활용하여 청정에너지를 생산하는 아시아 최대 규모의 태양광 발전사업(설비용량 65MW)의 실증사업이 진행되는 등 활발한 개발이 이루어지고 있는데 향후, 총 65MW의 발전설비가 완전 가동되면 연간 약 81GWh의 전력이 생산되며 이로 인해 약 36,000톤의 탄소 감축이 예상되고 있다.

이달수

김용서

태풍으로 파괴된 방파제 ①

태풍으로 쓰러진 선박호텔 ②

특히, 서측터미널의 웅동 배후단지 입주업체에 대해 사전 협의를 통해 부산항만공사에서 물류센터 및 창고 등 건축물 지붕에 태양광 발전설비를 설치할 수 있도록 명시하고 있다.

향후, 남측 배후단지 및 3단계 항만배후부지에도 지속적으로 사업을 진행할 예정이며, 이로 인해 신항 전체의 에너지 효율성이 크게 증대될 것으로 예상된다.

재해안전형 항만

OECD에서는 'Environment Working Papers No.1(2008)'를 통해 136개 항구도시를 대상으로 기후변화에 대한 대응방안 없이 2005년부터 2070년까지 예상되는 인적, 물적 피해를 추산한 바 있다. 재해에 취약한 도시의 순위를 산정한 결과, 미국, 일본, 네덜란드의 피해예상액이 무려 3조 달러(2005년 세계 GDP의 약 5%)에 달하였다.

우리나라 연안에서도 최근 태풍, 폭풍해일, 지진해일, 너울성 고파랑 등에 의한 자연재해가 급증하고 있는 추세이다.

최근 19년간 전국에서 발생한 자연재해를 살펴보면, 약 43%가 항만권역에서 일어났고 그 피해규모도 약 6조9천억 원에 달한다. 또한, 지진의 경우, 그 피해는 많지 않으나 발생빈도가 2000년대 들어 연평균 40회 이상 발생하여 1990년대에 비해 2배 가까이 증가하고 있고 강도도 점차 강해지고 있다.

이렇듯 대형 자연재해는 꾸준히 증가하는 추세이며 대응수준에 따라 피해규모도 크게 달라지는데 우리나라는 해안 보전시설 등의 정비수준이 낮고 재해 발생 시 대응체계도 아직은 명확하지 않다.

방재대책은 일반적으로 구조적 방재대책과 비구조적 방재대책으로 구분한다. 구조적 방재대책은 설계기준 강화, 방파구조물의 설치·보강과 같이 외력을 직접 차단하는 것이 목적이고, 비구조적 방재대책은 대피체계구축, 방재도시계획, 피해예측도 제작 등 간접적인 대안을 의미한다.

현재 국내·외에서는 구조적 방재대책으로 자국의 피해를 최소화하기 위한 노력이 활발하게 진행 중이며, 신기술·신공법을 활용한 구조물을 도입하여 방재효과를 향상시키기 위해 노력하고 있다.

그 예로 우리나라는 2011년 재해취약지역에 대한 방재시설 설치계획에서 총 54개 항만(무역항 29개, 연안항 25개)과 배후도심권을 대상으로 침수 예상범위를 검토하였다. 도시가 저지대에 형성돼 침수피해가 잦은 항만도시권역에는 항만의 입지 및 형상, 배수조건 등을 분석해 플랩게이트(수문형식), 방재언덕, 방호벽 등 다양한 방재시설물들을 도입할 계획이다.

비구조적 방재대책의 경우, 일본, 미국 등의 선진국은 중앙정부와 지방정부의 역할을 명확히 구분하여 체계적인 대응체계를 갖추고 있다. 중앙정부의 주요 업무는 재난 발생 시 피해경감을 위한 국가비상관리시스템을 시행하고 지방정부의 안전관리체제 강화를 위한 지원 및 협조 등이다. 지방정부는 재난관리에 있어서 직접적인 책임을 담당하고 재해·재난에 대한 총괄, 조정업무와 사건현장의 효율적인 지휘와 경찰국, 소방국 등 관계기관과의 유기적인 협조를 위하여 재난사건유형에 따른 현장지휘체계를 갖추고 있다.

마산지방해양항만청

마산구항 방재언덕 조성사업 조감도

구체적인 해일예측 및 대응체계는 다섯 단계로 이루어진다. 첫째, 재해 발생 시 위기에 대처할 여유를 확보할 수 있는 예·경보체계 구축, 둘째, 위기상황에 적절히 대처할 수 있도록 사회 방재지식과 방재의식을 높일 수 있는 재난관리 교육프로그램 실시, 셋째, 재난 예방과 관리를 위한 피해예측도 제작, 넷째, 안전성을 고려한 지역조성, 다섯째, 비상대처계획(EAP)의 수립 등이다.

재난안전형 항만 구축을 위해서는 체계적인 구조적 방재대책과 비구조적 방재대책의 조화가 필요하다. 이를 위해서는 첫째, 재해 발생 시 신속한 현지조사를 통한 자료수집과 정리를 통한 현황 파악, 둘째, 과거 사례와의 비교·고찰 실시, 셋째, 수치 시뮬레이션을 이용한 피해지역의 해일의 최대편차를 추정하여 해일고와 월파유량(또는 침수지역) 등의 안전성을 검토하는 등의 재해방지를 위한 인프라 확충, 넷째, 재해 피해 예측도 제작, 대피시스템의 개발, 방재의식의 향상 등 재해예측 및 대응체계 구축을 통한 인명과 재산보호 방재대책을 마련해야 한다.

친수·친환경형 항만

대부분의 항만시설은 고유의 기능만을 갖추고 있어, 기능적으로는 우수하나 사람들과 공유할 수 있는 친수공간이 부족하고 폐쇄적이라는 단점을 가지고 있다. 항만 및 배후도시의 성장, 선박의 대형화, 화물의 컨테이너화 등 물류환경이 급변함에 따라 항만 및 기능지원 시설의 생애주기가 점차 단축되고, 노후화 시설이 증가하고 있어 적절한 기능전환의 필요성이 대두되고 있다.

이와 더불어 국민들의 생활수준이 높아지면서 여가시간이 증가하고, 삶의 질을 향상시키고자 하는 욕구에 부합하기 위한 관광, 휴양시설의 양적, 질적 증대가 이루어지고 있다. 그러므로 앞으로의 항만시설은 주기능과 경관, 친수성의 조화를 통해 시설물의 어메니티(Amenity)를 향상시키고 항만을 이용하는 시민들이 정서적인 즐거움과 심리적인 만족감을 얻고 항만환경의 질을 높이는 방향으로 개발해야 한다. 그러나 지금까지 국내 친수·친환경 항만의 개발방향은 선진항만에 비해 좁은 국토, 항만의 규모로 인해 상대적으로 소규모인 항만개발만 이루어져, 항만을 대상으로 하여 국민들이 휴식과 여가시간을 활용하기에는 다소 부족한 점이 많았다.

이미 선진항만에서는 친수공간을 생활 속의 휴식공간 뿐 아니라 수변 복합공간으로 개발하여 관광자원으로 활용하는 등 다양하고 특색있는 공간으로 재조성하고 있다.

그 방안으로 해안숲 개발이 증가하고 있다. 해안숲은 자연재해로부터 해안선을 지켜주고 침식으로 인한 피해를 줄여주는 방재림 역할과 해안사구의 보호, 배후지 농작물 보호, 어부림 역할 등 다양한 기능을 한다. 해안숲 조성을 통해 친환경적 항만개발이라는 세계적 흐름에 부응하고 항만환경 개선과 방재의 효과를 동시에 누릴 수 있다.

또한, 해수정화방식을 위한 다양한 연구가 이루어지고 있다. 해수가 항만구조물 표면의 생물막을 투과하는 방식, 슬릿케이슨 방파제의 속채움재에 부착되어 있는 생물막 사이를 투과하는 방식 등이다. 생물을 이용한 해수정화기술로는 제거, 분해, 농축의 과정으로 구성된 자연정화법, 생물활성법, 생물접종법 등이 있으나, 보다 효율적이고 우리나라 해안의 특성에 맞는 새로운 개념의 친환경적 해수정화 기술의 개발이 필요하다.

이외에도 무분별한 항만개발로 인한 시각적인 불편함을 주는 환경을 개선하려는 노력이 필요하다. 이에 따라 주변 환경과 조화를 이루는 항만디자인 및 색채의 중요성이 높아지고 있는데, 선진국에서는 환경개선이 필요한 항만공간을 도시계획 및 항만계획에 따라 적절하게 조절함으로서 합리적인 도시공간으로 탈바꿈한 사례가 많다.

친수공간 조성 사례
(부산 북항 재개발
계획 조감도)

BPA

우선, 항만공간의 경관특징을 고려하여 최상의 경관을 연출하기 위해서는 기존 항만구조물의 설비, 조명, 기타 시각적 방해물 등의 변화가 필요하다. 재료와 색채가 서로 조화를 이루는 통일감과 해당 항만을 대표할 수 있는 상징적이고 개성적인 랜드마크 조성이 요구되며, 지역적인 특색과 조화를 이룰 수 있는 아름다운 색채를 항만시설에 적용하여 경관을 개선해야 한다.

노후화된 항만공간의 기능을 전환하고, 유연성을 확보함으로써 경제적, 환경적인 부가가치를 창출할 수 있다. 세계 항만개발의 기조에 맞춰 친수공간을 통한 미적 항만을 연출하고 해양레포츠, 해양체험 등

박홍식

한국해양대학교 이한석

해안숲 조성사례 ①
항만내 색채디자인 도입 ②

다양한 레크레이션 기능을 부여하여 바다를 통한 다양한 여가환경을 창출하며, 급증하는 항만재개발에 대한 요구에 부응하면서도 국가 전체적인 입장에서 균형적인 개발 방향을 모색할 수 있는 개발계획이 수립되어야 한다.

자원순환형 항만

2006년 런던협약 '96의정서가 발효(우리나라는 2007년 비준)됨에 따라 원칙적으로 폐기물의 해양투기가 금지되었으며, 우리나라 역시 해양환경관리법을 재정하여 외해투기에 대한 기준을 마련하는 등 해양투기에 대한 규제가 강화되고 있다.

현재, 세계 주요 선진국에서는 폐기물이 자원이라는 인식하에 '자원순환형 사회'를 목표로 다양한 정책을 추진 중이며, 특히, 일본에서는 2000년 「자원순환형 사회 형성 추진기본법」을 시작으로 리사이클링 시스템 구축을 위한 정책을 본격적으로 추진하고 있다.

선진 항만에서도 발생된 준설토를 매립하는 방법 외에 신기술 및 신공법의 개발로 오염도가 낮은 준설토를 방파제, 안벽, 호안 등 시설물의 건설재료로 이용하는 등 재활용 기술을 적극적으로 개발·활용하고 있다.

예를 들어, 준설, 저류시설 등의 공사에서 발생하는 준설토사에는 유기물 등 생물의 생육에 도움이 되는 다양한 영양성분이 포함되어 있다. 이를 양식 등 어장조성에 활용하는 방법과 퇴적토의 종류 및 처리에 따라 준설토를 콘크리트용 골재(모래와 자갈), 뒷채움재나 역청혼합물 및 모르타르(모래), 벽돌생산을 위한 원재료(모래함량이 30% 이하인 점토), 타일(점토)과 같은 요업제품, 차단 혹은 경량의 뒷채움재 혹은 골재(점토), 쇄석의 생산을 위한 기본재료 또는 호안블록과 침식방지사면(암, 혼합물), 그리고 군사방호용 압축블록의 생산 및 토지의 구획분할용 표석 등으로 다양하게 사용할 수 있다.

또한, 항구, 근접항로 및 강에서의 유지준설토는 객토 및 표토용으로 우수한 성분들을 가진 모래, 실트, 점토 및 유기물들이 주로 준설되며 일부는 그 자체만으로도 객토 및 표토용으로 사용한다. 일부 준설토사의 경우에는 유기물 같은 잔류물, 바이오고형물과 함께 혼합하여 사용할 수 있으며, 파도 및 해류에 의한 해안모래 이동, 침식현상에 따른 해변토사의 손실발생 시 대책방안인 양빈 자재로도 사용할 수 있다.

그밖에 다량의 준설토사로 다양한 야생동물의 서식지를 조성하거나 환경을 개선하는데 사용하고 있으며 이러한 서식지는 주로 준설재료의 투기지역과 계절적으로 홍수가 발생하는 범람원에 개발되고 있다.

국내의 경우에도 신항만 건설, 해상항로유지 및 오염해역 준설 등으로 매년 다량의 해양준설토가 발생되고 있고 발생한 준설토를 처분하기 위한 대안으로 준설토 투기장을 마련하여 준설토 투기, 매립을 시행하고 있는 실정이나, 환경문제로 인해 신규 준설토 투기장 건설이 어려워 향후 발생되는 준설토에 대한 처리방안 마련이 시급한 실정이다.

위에서 살펴본 바와 같이, 국내 항만은 'Green Port 구축 종합계획'의 4가지 형태의 추진전략을 통해 기후변화에 적극적으로 대비하고 재해로부터 안전하며 자연친화적인 미래형 항만구축을 위한 기틀을 마련하고 있으나 아직은 초기단계이다.

본격적인 개발을 위해서는 우선 현실성 있는 세부 실천과제의 발굴과 더불어 법·제도적 뒷받침이 필요하다. 탄소저감을 위한 최신 시설교체 외에도 선진 인센티브 제도를 도입하여 운영사들의 참여율을 높여야 하고, 여러 부처에서 담당 중인 신재생에너지사업의 항만내 도입을 위해 각 부처간 협력 및 지원방안을 제고해야 한다. 또한, 관리 및 개발주체가 모호한 항만 친수공간에 대해서도 지자체와 정부 관련부처 간의 역할 분담이 선결되어야 하며, 준설토 재활용을 위해 민간부문 참여를 촉진할 수 있는 항만정책 추진 등 다양한 개발정책이 마련되어야 할 것이다.

● 부산북항 재개발

가덕도 및 용원일원에 부산신항을 개발하여 항만기능을 이전하면서 부산북항은 기능이 쇠퇴하는 현상이 나타났으며 기존 도심의 재정비와 항만재개발을 추진할 필요성이 커졌다. 특히 부산북항은 시민들이 해양으로 접근하는 것을 오랫동안 차단해 닫힌 공간이었다. 항만이 오히려 도시성장의 제약요인으로 인식되기도 했다. 따라서 기존의 단일 기능 항만이었던 부산북항은 도심의 기능을 보완함과 동시에 새로운 성장 동력을 갖춘 주거, 상업, 업무 기능과 친수기능이 강화된 재개발을 목표로 하게 되었다. 이를 통해 부산북항은 부산의 새로운 해양 랜드마크로서의 역할을 담당하기를 기대하고 있다.

계획수립 과정

2008년 부산신항 컨테이너부두의 개장으로 최첨단 항만시설이 확보됨에 따라 북항 일반부두 컨테이너 화물이 북항 전용부두와 신항만으로 전이되었고, 여유가 생기는 부산항 일반부두 지역을 친수공간 및 국제해양관광 거점 등으로 재창조하여 고부가가치 항만으로 거듭날 수 있도록 하는 기능 재정립이 필요하게 되었다. 특히, 북항 재개발 사업지구는 해상교통(국제여객터미널)과 육상교통(부산역 KTX)을 연결시키는 중요한 입지적 특성을 가지고 있다. 이러한 입지특성을 극대화하기 위해 항세권과 부산역세권을 연결하고, 사업지구 내 국제 비즈니스 및 상업, 주거, 해양관광시설 등 다양한 시설을 도입하며, 도심의 활력이 약화된 원도심과의 연계를 통해 새로운 성장 동력을 확보하는 것이 부산 북항재개발사업의 목표이다.

북항재개발사업은 총사업비 8조5천억 원이 투입되는 대규모 국책사업이다. 이중 기반시설 사업비 2조원은 정부와 부산항만공사가 조달하고, 상부시설 투자비 약 6조 5천억 원은 민간사업자를 모집하여 조달하는 방식이다. 북항 재개발사업의 최초 마스터플랜은 2006년에 수립되었으며, 그동안 항만으로 인해 단절되었던 수변지역을 시민에게 되돌려 준다는 계획방향에 부합하기 위해 다양한 대안이 검토되었다. 그 일환으로 국내 개발사업에서 최초로 시민 공론조사를 실시하였으며, 그 결과 다양한 시민의견을 수렴·반영한 마스터플랜을 2008년에 확정하여 12월에 착공하게 되었다. 이 당시 정부는 부산 북항재개발사업을 한국형 뉴딜프로젝트로 선정하여, 기반시설 조성을 위해 재정사업과 민자시설유치를 위한 152만㎡(기존부지 39만㎡, 매립 조성 70만㎡, 해안부 43만㎡)의 부지조성을 부산항만공사(BPA)가 담당하고, 상부시설에 대한 우선협상대상자를 선정해서 개발을 추진해오고 있다.

부산 북항재개발사업은 시드니 달링하버, 런던 독크랜드, 요코하마 MM21 등을

부산항만공사

부지조성 전 부산북항의 전경과 2008년 마스터플랜

기존 친수공간개발 사례를 통한 부산북항재개발의 방향

항 목	시사점
개발목표	• 상위/관련계획의 개발목표 수용 - 국제해양관광 거점 등으로 목표 설정
개발유형	• 복합적 토지이용으로 원도심 재생 및 지역경제 활성화 기여 - 상업, 업무, 주거, 문화, 숙박, 전시 위락 등으로 기능 설정 • 워터프론트와 접한 대지공간 창출 - 고부가가치 토지 조성
기존부두 활용 및 매립여건	• 기존부두 및 법선을 활용하고, 친수공간 확보를 위한 적정 매립 필요
워터프론트 유형	• 공원/녹지와 시설물의 조화로운 워터프론트 조성 필요
스카이라인	• 해변에 저밀, 배후에 중·고밀개발을 통해 해양/육지 조망권 확보 필요
랜드마크	• 부산 상징 랜드마크 건설 필요

벤치마킹하여 부산의 실정에 맞는 사업목표, 재개발 규모와 방향을 장기간에 걸쳐 추진한 사례이다. 해외 항만재개발의 경우 공통적으로 친수공간인 워터프론트를 조성하여 기존 시민의 여가 및 휴게가 가능하도록 계획하고, 시설 및 공간 활용 정도에 따라 공원/녹지형, 시설이용형, 친환경·자연 생태형 등의 3가지 형태로 구분한다. 부산북항의 경우는 주변지역과 연계하여 도심기능과 해양레저 및 관광기능, 시민휴식 및 여가기능이 조화를 이룬 해양도시로 계획하여 부산항이 국제적 명성에 걸맞는 위상을 확보하도록 방향을 설정하였다.

북항 재개발의 계획개념

북항 재개발사업에는 황령산-수정산-구봉산 등으로 이어지는 내륙부의 생태·녹지축과 수변 생태축을 연결하는 고리를 형성하는 미래지향적 친환경 계획이 반영되어 있다. 부산시는 갈맷길 조성을 통해 해안을 따라 워터프론트로 이어지는 보행공간을 조성하고 있으며, 북항 재개발사업은 과거 항만에 의해 단절되었던 보행공간을 연결하는 전기가 될 것이다. 특히, 대상지가 해양과 접해 있는 장점을 최대한 이용하여 수로 등 물을 이용한 계획을 반영함으로써 수변공간과 도심이 일체화되는 매력적인 공간을 창출하게 될 것이다.

재개발지역은 기존의 철도역, 지하철역과 효율적 연계가 가능하며, 자갈치·영도·송도 등 주변지역과의 녹색교통 및 대중교통 접근성을 증대시켜 상호 기능적 연계발전을 목표로 한다. 교통수단의 다양성 측면에서는 대상지 중앙을 통과하는 수로에 수상택시를 도입하고, 장래 신교통수단인 경전철(LRT) 방안도 검토함으로써 자동차 교통에만 의존하지 않는 쾌적하고 다양한 교통체계를 수용하고자 하였다. 또한, 사업지

중앙에는 부산역(KTX)과 연계하기 위한 대중교통 환승센터를 설치하여 이용자의 편의성을 높이고, 충장로에는 지하차도를 신설해 재개발지역 내로 유입되는 교통량을 줄임으로써 쾌적한 교통 환경을 유도하도록 하였다. 사업대상지 진출입부에는 대규모 공공주차장(자동차, 자전거 등)을 둠으로써 보다 강화된 대중교통 환승여건을 통해 사업지 내 차량유입을 최소화하도록 하였다.

입체적 복합개발방식을 도입한다는 목표에 따라 고층부에는 오피스, 호텔 등을 배치하여 다양한 도시기능이 발휘될 수 있도록 하고, 저층부에는 집객력을 갖춘 상업 서비스 시설을 배치하여 도심에 활력을 불어 넣을 수 있도록 하였다. 또한 서측으로는 자갈치시장, 건어물시장, 부산롯데월드 등, 동측으로는 서면과 동천 주위의 금융단지, 3단계 북항재개발지구와 연계한 원도심 기능회복의 계기가 되도록 하였다.

환경영향 저감 및 에너지 절약 등을 고려한 도시기반 시스템을 적용하기 위해 대상지 내 집단에너지 시설이 배치되어 있으며, 부산시의 유비쿼터스 도시기본계획과 연계하여 정보화 시대에 대응하기 위한 최첨단 정보시스템(U-생활안전, U-교통정보, U-공공행정)을 도입함으로써 도시유지·관리의 종합적 서비스를 제공하도록 하였다.

공간배치계획

북항 재개발지구는 해안을 따라 공공시설인 항만시설과 문화·여가 공간을, 충장대로변 배후부지에는 민간 분양을 위한 상업적 기능을 배치할 계획이다. 수변지역의 경우 중심부 문화·여가 공간에는 대규모 수변공원과 해양문화지구를 배치하여 시민을 위한 친수공간과 조망권을 확보하며, 해양문화지구와 경관수로변 워터프론트는 호안 단면과 지구단위계획에서 확정된 건축한계선, 전면공지, 공개공지 등을 고려하여 검토하였다. 또한 해양문화지구의 외해와 연접한 구간은 폭원 20m, 경관수로변에는 폭원 10m의 워터프론트 공간을 확보하였다. 해양문화지구 남측과 북측에는 항만시설(연안여객터미널, 국제여객/크루저 터미널)이 배치되어 있다. 배후부지는 민간 분양을 위한 복합도심지구, IT영상·전시지구, 상업·업무지구 등으로 구성되며, 복합환승센터, 공공업무 등 공공시설을 배치하였다.

이 중 민간 분양용지인 유치시설용지는 전체 대상지 면적의 약 22.6%에 불과한 반면, 공원·항만·도로·복합환승센터 등 공공시설의 비율이 약 77.4%이므로 공공적 측면이 강조된 토지이용계획으로 분류할 수 있을 것이다.

주요 계획내용을 지구별로 살펴보면,

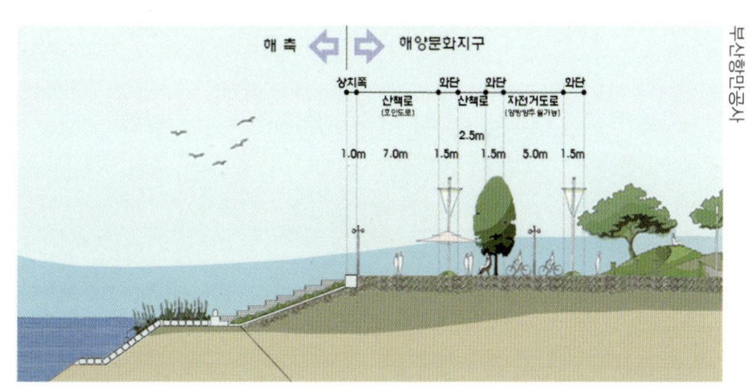

부산항만공사

해양문화지구 경관 수로변의 단면계획

이용자의 안전과 호안 유지·관리를 위하여 해면부에 폭원 7m와 2.5m의 산책로를 설치하며, 자전거도로는 양방향 추월이 가능하도록 폭원 5m로 설치

부산항만공사

북항재개발지구의 부지조성

북항재개발 계획에 따라 착공이후 호안 및 방파제 건설과 매립을 통한 단계적 부지조성 과정을 나타냄.

① 부지조성 1차년도 (2010.10)
② 부지조성 4차년도 (2013.7)

해양문화지구의 경우 북항 랜드마크가 들어서는 전략적 핵심지구로서 국제해양관광 및 집객기능 강화를 목표로 한 복합공간을 조성하기 위해 랜드마크, 해양문화, 워터파크 등을 도입하였다. 복합도심지구는 미래 라이프스타일 변화에 대비하여 숙박·상업·업무·거주 등이 혼합된 복합타운이며, IT·영상 전시지구는 부산이 강점을 보이고 있는 영상산업과 첨단 IT산업을 유치해 도시의 산업경쟁력 강화와 젊은 층을 유입하기 위한 목적으로 계획하였다. 또한 상업·업무지구는 국제여객터미널의 상업기능을 보완하고 추후 개발예정인 자성대부두의 국제상업·업무기능과 연계시켰다. 지구 중심에는 길이 2.1km의 경관수로가 반영되어 있어서 우수 배제를 통한 방재적 측면을 고려하고 수변공간 및 수변공원의 확대로 쾌적성을 높였으며, 수로를 활용한 수상택시 등 신개념 교통수단을 도입할 수 있도록 배려하였다.

재개발지구 내 교통대책으로 사업지 중심부를 남북으로 관통하는 워터프론트 지원

부산항만공사

요트마리나, 해양문화지구

도입기능

- 레지던스, 의료, 교육
- 문화, 집회
- 판매, 영업, 교통
- 운동, 오락시설
- 업무, 공공
- 숙박
- 관광, 위탁

유치시설

- · 근린생활시설
· 병원, 약국, 보건소
· 학원, 도서관, 외국인전용학교 등
· 고급 해양형 레지던스 공간, 실버타운
(도심공동화 방지를 위한 거주공간 전략적 도입)
- · 관람장, 컨벤션, 다목적 이벤트 홀
· 영화관련시설, 박물관, 전시장 등
- · 쇼핑센터, 쇼핑몰, 면세점, CK, 대형할인매장
· 역사, 종합여객시설
- · 수영장, Fitness, 헬스장, 찜질방, 사우나
· E-sports, X-sports, 게임웍스, 해양스포츠 등
- · 특1급 비즈니스 호텔
· 관광 호텔, Service Residence Hotel
· Condominium, 중저가 호텔, 테마숙박
- · 테마파크, 해양문화, 역사문화
· 워터파크, 오션돔, 수족관 등

Zoning Concept

- 항만시설지구
- 복합항만지구
- 상업 · 업무지구
- IT · 영상 · 전시 지구
- 복합도심지구
- 해양문화지구

KIOST

도입기능과 지구별 유치시설

도로를 반영하고, 부산시가 조성 중인 갈맷길과 재개발지역 내 수변 녹지축을 연결하여 해변산책로와 자전거도로 등으로 활용할 수 있도록 녹색교통 네트워크를 강화하였다. 기존 충장로는 교통 혼잡을 최소화할 수 있도록 약 2km 구간의 지하차도를 계획하여 통과 교통량을 원활하게 하였다. 또한 동삼동에 운영 중인 크루저선 8만 톤급 1선석은 22만 톤급으로 증설되며, 북항 재개발지역에는 10만 톤급 1선석으로 국제해양관광 기능을 강화하는 것으로 하였다.

평면배치계획

복합항만지구(국제여객 및 크루저부두) 및 항만시설지구(연안여객 및 유람선)로 기능을 분할하고 기존 연안 국제여객 부두를 활용 및 확장하여 해양센터, 연안여객터미널 및 유람선 부두와 친수공간으로 계획하되 연안여객부두는 일부 매립에 따른 선석 재배치 계획을 수립하였다. 기존 3, 4부두 슬립내측을 매립하여 국제 및 크루저 종합터미널을 축조하는 것으로 접안시설은 크루지부두 1선석, 국제여객부두 13선석(부잔교 포함)의 총 14선석으로 계획하였으며, 총 연장은 연결부 및 우각부를 고려하여 2,355m로 하였다.

해양문화지구는 수변공원과 녹지, 해수면과 수로로 둘러싸여 환경과 경관이 우수하며, 대상부지를 공공시설지구로 지정 가능해 랜드마크적 성격의 오페라하우스 등 복합문화 공연시설 건립 부지로 활용하는 것을 검토하였다. 아울러 시민 및 관광객들이 이용할 수 있도록 친환경, 친수를 고려하여 수변공원과 해양문화지구에 경관수로 호안 4,621m를 계획하였다. 경관수로 내측에 친수환경을 적극적으로 활용하도록 마리나 시설을 배치하여 플레저보트 200척이 계류할 수 있도록 하였다. 방파제는

마리나 시설보호와 항내 해수순환을 고려하여 마리나 북방파제(150m)로 하고, 외곽호안(247m)은 공원 및 부지조성과 호안 전면의 정온을 고려하여 해양센터 및 수변공원 전면에 배치하였다. 수역시설은 부산항 주항로인 제1항로와 연결하여 국제여객 및 크루저선의 원활한 운항이 가능하도록 항로, 선회장, 박지계획을 수립하였으며, 수역시설의 계획수심은 DL.(-)12.00m이며 선회장은 크루저부두 전면에 계획하고 선회장의 지름은 600m로 하였다. 국제여객터미널의 화물처리시설은 복합항만지구 지역내에 설치할 예정이며 2020년 예측된 화물량 460만 톤에 대하여 컨테이너와 일반화물 처리에 필요한 소요 규모를 약 24,300㎡정도로 하였다.

부산역의 철도와 북항의 담장으로 시민들이 해양으로 접근하는 것을 오랫동안 차단해 닫힌 공간이었던 부산북항을 이제 친수기능을 부가하여 개방하고 주변도심의 기능을 보완하여 새로운 성장 동력을 갖추어 나갈 것이다. 북항 재개발사업이 성공적으로 이루어지면 부산은 새로운 해양 랜드마크로서의 역할을 담당하게 될 것이다.

● 해수교환방파제 설치로 거듭난 주문진항

주문진항은 강릉시 주문진읍 주문진리 전면 해상(동경 128°50', 북위 37°53', 28")에 위치한 강원도 최대의 연안항이다. 1924~1926년에 방파제 92m, 방사제 81m, 도수제 514m를 축조한 작은 포구로 조성된 이래 1970년에 제2종항만으로 지정되어 방파제, 안벽 및 물양장 등이 축조되었으며 1993년 연안항으로 개칭되어 오늘에 이르렀다. 항내의 해수량은 약 1,000,000m^3 이며 조석의 평균조차는 14.2cm이다.

주문진항은 해안선이 완만하고 단조로워 계절어업이 성행하며 어종이 다양하여 인접 산간관광지와 연계되어 어민소득에 기여하고 있다. 현재 화물선과 여객선은 취항하지 않으며, 오징어, 꽁치 등을 조업하는 유자망 및 연승, 기타 소형 어선들이 일평균 220척 정도 입·출항 하고 있다.

주문진항 인근 어장은 어종(오징어, 꽁치, 복어 등)이 다양하여 성어기 구분 없이 연중 조업이 가능하기 때문에 항내가 상시 혼잡하며, 기상 악화시에는 오리진항, 소돌항, 영진항 등의 일부 선박도 주문진항으로 대피하고 있다. 주문진항의 재적어선은 2011년 7월 기준으로 244척이며 이중 대부분은 10톤 미만의 소형 동력선이다.

최근 강릉시는 지역의 관광 활성화를 위해 주문진항을 중심으로 각종 수산물, 수산시장 등의 특성화, 명품화 정책을 적극 추진하고 있다. 또한 주문진항은 관광항으로서의 발전 잠재력이 매우 높을 뿐만 아니라 강원 강릉 일원의 어업 및 수산물 유통기지항으로서의 역할을 수행하고 있다.

주문진항은 외래 관광객의 방문이 많고 내외부로의 조망성이 양호한 항만이다.

항내·외 수질 악화

소형 포구로 시작된 주문진항은 동방파제의 길이가 1km까지 길게 연장됨에 따라 항의 모양이 좁고 길게 형성되었으며 평균조차가 14.2cm로 매우 작기 때문에 항내외간의 해수교환이 매우 어렵다. 항내 해수의 정체도가 매우 커짐에 따라 주문진항은 유기물이 조금만 유입되어도 항내수질이 쉽게 악화될 수밖에 없는 약점을 지닌 항으로 변했다. 생활하수가 항내로 유입될 뿐 아니라, 항내 구역의 오징어 할복장에서 유기물 오염원이 다량 유입됨으로써 우리나라의 항만과 어항 중에서 항내의 수질오염이 가장 심한 항으로 변했다. 항의 바닥에는 준설이 쉽지 않은 미세 유기물 오염 침전물이 두껍게 퇴적되었고 악취가 심하며 물색깔이 매우 검기에 육안으로 0.5m 이상의 깊이는 볼 수 없었다. 오염수가 사석방파제를 통하여 외해로 빠져나감에 따라 항 외측의 넓은 수역까지 크게 오염시켜 항 인근의 해안에서도 수초가 잘 자라지 못할 정도였다. 활어를 싣고 입항하는 어선들은 위판장 부두에 정박하는 순서를 기다리는 몇 시간 동안 입항하지 않고 항외의 먼 곳에서 활어에 맑은 물을 공급하며 대기하는 일이 잦아졌다.

파력을 이용하는 해수교환방파제 설치

주문진항의 하수종말처리장 건설과 아울러 항내외간의 해수유통을 원활하게 하기 위하여 동방파제의 기부측에 해수소통구를 설치하는 계획안이 1996년에 수립되었다.

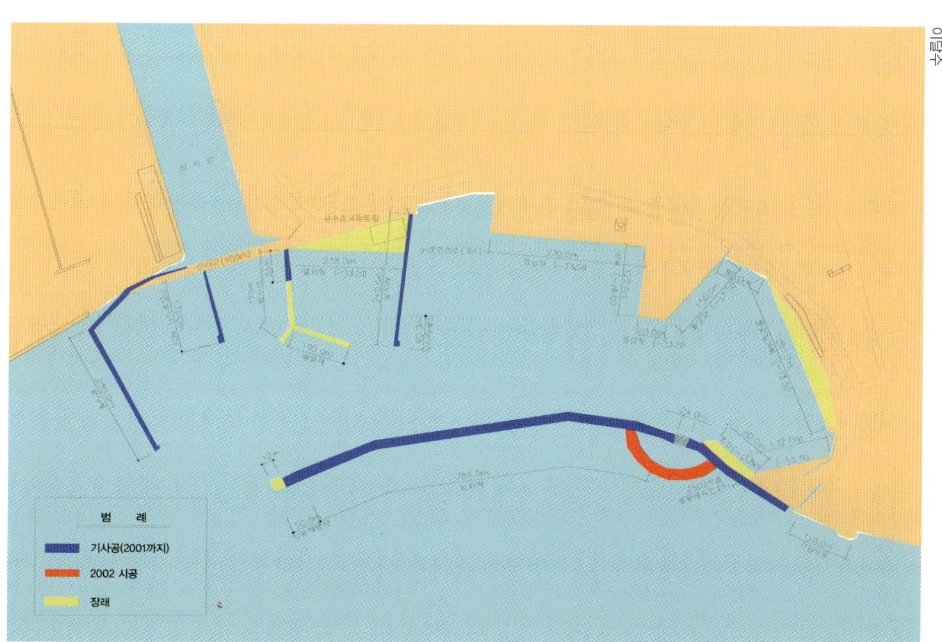

이말수

주문진항 계획평면도 (연안항)

파력으로 외해수를 유입시키는 해수교환 방파제를 설치하도록 2002년에 변경된 안이는 기존 방파제를 70m 철거하여 조수간만의 차에 의해 해수가 소통되도록 하면서 파도는 막기 위하여 그 외측에 새 방파제를 400m 축조하는 방안이었다. 그러나 조수간만의 차이가 워낙 작기 때문에 항내 수질개선 효과를 기대하기는 어려웠다. 이에 당시 수행 중인 국책연구사업 '해수교환방파제의 실용화 연구(해양수산부, 1999~2002; 연구수행기관 : 한국해양연구원(현 한국해양과학기술원))'의 결과 중 일부를 이용하여 2002년에 계획을 변경하기에 이르렀다. 기존 방파제의 일부 구간에 해수유입케이슨을 설치하고 그 외측에 월류제를 설치함으로써 파력을 이용하여 외해수를 일방향으로 유입하는 새로운 형식의 해수교환방파제를 설치하기로 한 것이다. 이 위치의 재현빈도 50년의 설계유의파고는 2.7m이다.

파도에 의한 외해수 유입 및 수질개선 원리

변경안에 의하면 일방향도수, 넓은 범위의 활발한 희석, 산소공급 등의 현상들로 인해 수질개선에 매우 큰 효과가 있다.

동해안에서와 같이 조수간만의 차가 작은 해안에서는 월류제의 마루가 평균 해수면과 일치하도록 설치한다. 파도가 월류제를 월파할 때와 더 전진할 때에는 해수유입케이슨의 전면에 부딪혀 깨지는 현상이 발생한다. 이때 파의 일부는 흐름으로 변하므로 월류제 배후수역(유수지)에서는 수위가 상승한다. 뒤이어 월류제 전면에서 파곡이 형성될 때에는 유수지로부터 외해측으로 역류가 형성된다. 그러나 곧바로 다시 발생하는 월파가 이 역류와 마주 부딪힘으로써 역류의 상당부분을 억제시키므로 유수지 내에는 파도가 치는 한 수위가 외측 해역 보다 항상 높게 유지된다. 즉, 파도가 치면 유수지의 수위는 항내 수위보다도 항상 높게 유지된다. 유수지와 항내 간의 이 수위차는 파고가 커질수록 증가한다. 해수유입케이슨의 수면 아래 구간에는 도수파이프가 내장되어 있으며, 이는 호안을 가로질러 항내측까지 설치된 도수파이프와 연결되었다. 파도가 칠 때에는 도수파이프의 양단에 작용하는 수두차에 의해 일방향 흐름이 항내측으로 발생한다. 월류제의

해수교환방파제를 통한 해수 유입유량 강도 공식 개발을 위한 단면수리모형 실험, 2001. 10 ①
주문진항 해수교환 방파제의 조감도 ②

이달수

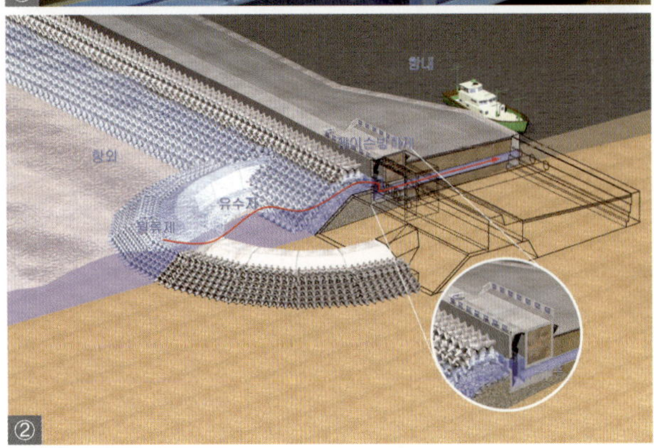

평면형상은 파의 내습방향에 관계없이 월파가 잘 발생할 수 있도록 아치형으로 설계하였다.

파가 부서지는 과정에서는 하얀 기포들이 발생해 유입수와 함께 들어오므로 항내로는 맑은 외해수와 함께 산소도 다량 공급된다. 여기서 항내로의 일방향 흐름은 수질개선 측면에서 매우 중요하다. 일방향 흐름이 발생한다는 것은 항내로 들어온 해수가 도수파이프를 통해 곧바로 항외로 역류하지 않고 항내 수역을 통과하면서 항내의 오염수와 혼합된 뒤에 항의 입구를 통해서 항 밖으로 유출됨을 의미하기 때문이다. 일방향 흐름은 유속이 크지 않더라도 유입수가 항내의 먼 거리까지 도달하게 하므로 해수가 가장 정체되는 항내의 깊숙한 구역까지 수질개선이 이루어질 수 있게 한다. 정체된 항만이 이렇게 완만하게 흐르는 항으로 변하면 오염원이 항내에 체류하는 시간이 단축되므로 항내에는 오염원의 양이 감소한다. 한편, 항내수에 산소가 증가하면 호기성박테리아가 증식하여 유기물을 분해하므로 오염원이 감소한다. 도수, 희석, 오염원의 배출 및 감소는 해수의 투명도를 높여 빛이 투과하는 깊이를 증가시킨다. 이로 인해 항내의 광합성이 활발해져 식물성프랑크톤 및 수초가 증가하며 점차 항의 자정능력이 향상된다.

이달수

완공된 해수교환 방파제 전경 2004.04. 15

설치공사의 개요

기존 방파제의 일부구간을 해수유입 케이슨 3기 24m로 교체하였으며, 그 외해측에 월류제를 120m 설치하였고, 도수파이프로는 직경 1.5m의 PE관 6본을 매설하였다. 공사는 2004년 4월에 준공되었으나 월류제 설치공사가 먼저 완료됨에 따라 2003년 11월부터는 공사중에도 외해수가 부분적으로 유입되기 시작했다.

해수교환방파제 설치효과 평가 모니터링

2002년 2월에 준공된 주문진환경사업소, 환경종말처리시설의 가동에 따라 주문진항 오염부하는 대폭 저감되었으며, 2003년 11월부터는 해수교환방파제를 통하여 외해수가 유입되면서 항내 전 구역에서 물색깔이 급속도로 맑아지기 시작했다.

유수지 내의 평균수위는 월류제 외측의 수심 10m인 지점에서 계측된 유의파고가 2m를 초과하는 경우에 0.4~0.9m, 유의파고가 1.5m 정도일 때에 0.2~0.3m, 유의파고가 1.0m 정도일 때에는

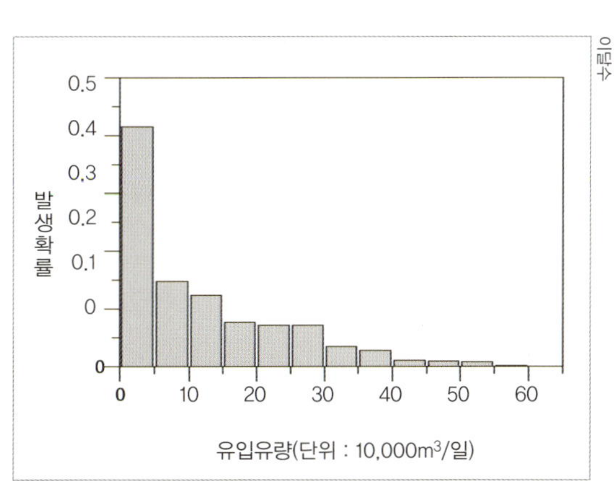

일 유입유량의 구간별 분포(2005. 3. 7~2007. 5. 29)

공사 완공 수개월 후 물색깔이 맑아진 주문진항의 전경 2004년

0.1~0.2m 정도 상승하고 있으며 이 상승된 수위는 해수유입의 원동력이 되고 있다.

도수파이프 내에서 측정된 유속으로 계산한한 유입유량은 최대 약 '50만m^3/일'에 이르고 있다. 그림에서 보면 유입유량은 유속 계측기간 중 41%의 기간에서 '50,000m^3/일' 미만이며, 27%의 기간에서 '50,000~150,000m^3/일', 그리고 22%의 기간에서 '150,000-300,000m^3/일'에 이르고 있다.

연평균 일 유입유량은 '140,307m^3/일'에 이르며 이는 '982,147m^3/주'에 해당한다. 주문진항에 저수된 해수 1,000,000m^3의 1배 정도의 외해수가 평균 일주일 내에 유입되는 것이다. 이는 설계를 위해 수리모형실험 연구에서 예측한 유입유량에 매우 근접하며 설계 최소목표치인 '500,000m^3/주'의 2배에 해당한다.

유입유량으로 수치모형실험을 수행한 결과와 파도가 칠 때 항내 수역에서 측정한 유향과 유속의 결과는 유입수가 항내측 구역에서 수역을 꽉 채우는 반시계 방향의 큰 와류를 형성하며 항입구 쪽으로 나가는 것을 확인해 주고 있다. 유입수가 항내의 정체수역을 크게 휘돌며 나가므로 유황은 항내수 희석과 오염물의 외해 배출 측면에서 가장 바람직한 모습으로 형성되고 있다.

한편 수치모형실험 결과 오염이 가장 심한 내측에서는 항내수의 97%가 외해수로 교환되는 데 3주가 소요되는 것으로 평가되었다.

주문진항 내측 구역의 화학적산소요구량 농도 개선 추이

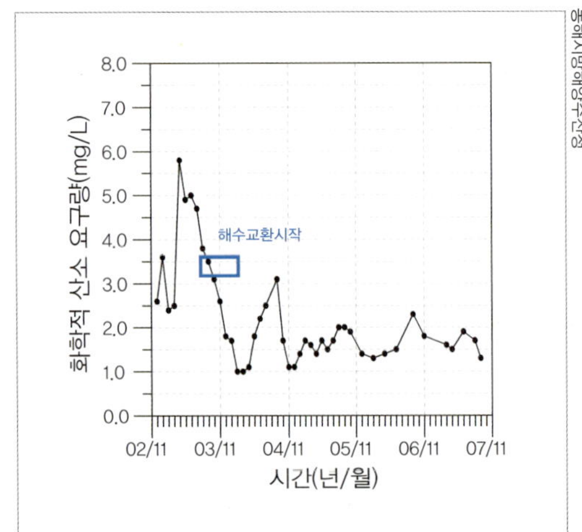

준공 후 몇 달이 안 되어 항내에는 악취가 현저하게 사라지고 물의 색깔도 크게 맑아졌다.

항내 수질은 조사한 모든 항목에서 꾸준히 개선되었으며 오염이 가장 심했던 항 내측구역에서 가장 크게 개선되었다. 특히 COD농도와 총질소 농도의 개선폭이 가장 큼에 따라 COD농도를 기준으로 한 주문진항의 항내 수질은 해수교환방파제 설치 이전에는 연중 대부분의 기간에 등급외로 떨어졌다가 동절기에만 3등급으로 올라가던 상황에서 대부분의 기간에 2등급을 유지하고 오직 수온이 높으며 관광객이 많은

(주)에코션 명철수

주문진항 내에서 발견되는 우럭 떼 2005. 07. 26 ①
주문진항 내에서 발견되는 물고기 2005. 07. 26 ②

기간에만 3등급으로 떨어지는 선으로 대폭 개선되었다.

저서동물군집은 해수교환이 이루어지기 전에 비해 출현 종수가 전반적으로 증가하였으며, 출현 종수의 변동 폭은 해수유입구에 가까울수록 큰 것으로 나타났다.

해조류는 해수교환방파제 가동 전인 2003년 10월에 총 12종이 출현하였으나 해수교환방파제 완공 후인 2004년 11월부터 계절에 따라 증감을 반복하며 2006년 3월에는 총 61종으로 증가하였다가 이후 2006년 9월부터 예년에 비해 감소하는 경향을 보였다. 이는 해조류를 먹이로 하는 섭식동물의 증가와 해조류의 기질이 되는 암반에 최근 우리나라 연안에서 문제시되는 백화현상(갯녹음)이 발생했기 때문이다.

주문진항에 해수교환방파제를 설치한 이후 항내에서 악취가 사라지고 물색깔이 맑아져 항의 바닥이 보이며, 수초가 자라고 물고기가 돌아왔으며 청둥오리도 눈에 띈다. 도수파이프 내 및 유수지에서는 전복이 많이 발견된다. 우리나라에서 수질악화가 가장 심했던 주문진항이 깨끗하고 관광객이 많이 찾는 항으로 거듭났다.

한편, 해수교환방파제 준공 후 배후 호안의 도수파이프 출구 구간에 접안한 소형 어선이 폭풍시에 유입수로 인하여 크게 흔들리는 현상을 감소시키기 위해서 해수유입 케이슨 내에 수문을 설치하고 수동 및 원격조정으로 개폐하도록 설계하여 폭풍주의보 발령시에만 일시적으로 수문을 닫도록 계획하였다. 현재 주문진항은 지방자치단체에서 관리하고 있는데 주문진항은 항의 형상이 길고 조수간만의 차이가 작아 소량의 오염원으로도 수질이 쉽게 악화되는 항이므로 항상 해수유입이 원활하도록 수문의 개폐관리에는 특별히 유의해야할 것이다.

● 다기능어항의 모습으로 탈바꿈한 대포항

대포항은 강원도 속초시 대포동에 있는 어항으로, 1971년 12월 21일에 국가 어항으로 지정되었다. 대포항은 설악산과 척산온천, 동해바다, 청초호와 영랑호의 아름다운 자연이 조화를 이루고 있는 곳에 있어 단순한 어항의 기능 보다는 관광지로서 더욱

(주)혜인이엔씨

(주)혜인이엔씨

류강성

(주)혜인이엔씨

대포항 다기능어항 사업 착공 전 ①
대포항 다기능어항 준공 후 ②
개발 전 물양장 난전(횟집) 전경 ③
개발 후 난전 먹거리시장 ④

각광을 받고 있다. 광어, 넙치, 방어 등의 고급 생선들이 대포항을 통하여 처리되어 관광객들이 대포동의 횟집으로 몰려오므로 연간 100만 명이 찾는 대표적인 관광 어항으로 자리매김했다. 이런 장점 때문에 현재 대포항은 항포구를 넘어서 대규모 종합 관광 어항 단지로 개발되고 있다.

현재 국가 어항인 경우 대부분이 20~30년 전에 개발되어 어항 이용 양상의 변화 및 어로장비의 현대화 등 국·내외의 수산업 여건변화에 대처하는 능력이 부족한 실정이다. 특히 국민 생활수준이 향상되고 여가 선용 기회가 증대하고 있어 풍부한 자연을 끼고 있는 어항·어촌이야말로 국민의 해양성 휴양 활동을 위한 기반시설로서의 역할이 기대되고 있다. 정부는 이러한 요구증가를 수용하기 위하여 2003년 '어촌관광진흥종합대책'으로 어항리모델링의 유형을 어촌·어항복합공간, 다기능어항, 어촌관광단지 개발등 크게 3가지 모델로 수립하여 진행하고 있다.

2004년 대포항은 국가 다기능어항사업대상으로 선정되어 2006년 리모델링 공사가 시작되었으며, 2008년에는 중요시설인 북방파제와 남방파제가 완공되었고, 2013년 6월에 개발사업이 완료되어 새로운 모습으로 탈바꿈하고 있다. 대포항 개발사업은 어선의 안전수용 등 수산업 기본 기능뿐만 아니라, 대포항 주변 상권을 활성화하고

통합관광 다기능어항 모델

구분	어촌 · 어항복합공간(I 모델)	다기능어항(II 모델)	어촌관광단지(III 모델)
대상 어항	7개소(개소당 150억 원)	6개소(개소당 500억 원)	11개소(개소당 60억 원)
	유정항, 정자항, 강릉항(안목항), 마량항, 양포항, 맥전포항, 모슬포항	대변항, 대포항, 홍원항, 격포항, 국동항, 지세포항	가덕도(대항), 초지, 대송, 전곡, 대진, 무창포, 야미도, 방축, 전촌, 학림, 법환

해양수산부, 2003. '어촌관광진흥종합대책'

속초관광산업의 획기적인 발전을 도모한다는 차원에서 국내 최초로 중앙정부(해양수산부)와 지자체(속초시)가 공동으로 투자한 사업으로 2004년부터 10년간, 1,019억 원(속초시 684억 원, 정부 335억 원)이 투입되었다.

시설물별 개선 사항을 보면 먼저 방파제인 경우 항내 정온도 확보를 위한 방파제 확장으로 인한 항내 수질악화를 사전에 방지하기 위하여 방파제에 해수교환 기능이 도입되었으며, 대포항의 기존 물양장에 난전(亂廛, 횟집)을 이전 정비하고 친수호안이 조성되었고, 횟집용수를 공동 취수토록 개선하였으며, 단지 내 주차장을 설치하여 항 개발에 따른 교통체증에 대비하였다.

이 사업을 통하여 대포항은 어선 405척(10톤급 기준)이 동시에 안전하게 정박할 수 있게 되었고, 부지 18만 7천㎡이 조성돼 수산물 위판장, 가공보관시설, 판매장 등 수산기반시설과 호텔, 유람선, 마리나 등 관광기반시설을 동시에 수용할 수 있어 명실상부한 명품 다기능어항으로 탈바꿈하게 되었다. 개발에 따른 지역경제 파급효과를 보면 일자리 창출 효과 6만 명, 생산유발효과도 6,000억 원이고, 개발 후 관광수입 증대 1,700억 원으로 지역경제 활성화에 크게 기여할 것으로 평가되고 있다.

● 움직이는 부두 – 초대형 컨테이너선용

글로벌 항만물동량 전망과 컨테이너선의 초대형화

세계 교역량 중 글로벌 컨테이너 물동량은 2006년 글로벌 금융위기와 2010년 유럽 재정위기로 단기적으로는 정체기였으나 중기적으로는 7% 이상의 성장을 이룰 것으로 전망된다.

1960년대 후반부터 컨테이너 운송이 시작된 이래 컨테이너선의 크기는 1,000TEU(길이 180m, 폭 26m)에서 2003년에는 8천 TEU급으로 점점 커졌다. 그러

해양수산부

신선대 컨테이너부두

나 이후 그 크기는 더욱 급속도로 커져 2006년에 15,550TEU급 엠마 머스크(Emma Maersk, 길이 398m, 폭 56m), 2012년에는 16,020TEU급인 마르코폴로(Marco Polo)가 운항하였다.

2016년경에는 16,000TEU 이상 초대형 컨테이너선 26척이 항로에 투입될 것으로 예상된다. 또한, 2020년경에는 22,000TEU급 초대형선이 등장할 것으로 전망하고 있다. 이처럼 컨테이너선이 상상을 초월할 정도로 초대형화 되고 앞으로도 많은 초대형 컨테이너선들이 항로에 투입될 것이다.

초대형 컨테이너선은 간선항로의 중심항만을 운항하고 연계 항만은 작은 컨테이너 선박으로 운항한다. 그런데 컨테이너선의 초대형화와 환적(換積, trans-shipment, 다른 선박으로 옮겨 싣기)물동량의 급증으로 세계적인 중심항만들의 하역성능이 한계에 이르고 있다. 그러나 환경 및 공간문제 등으로 기존의 항만을 확장하거나 신규 항만을 건설하기 어렵기 때문에 고효율, 신개념 항만이 요구되는 실정이다. 이를 위해서는 초대형 컨테이너선이 입항할 수 있을 정도의 깊은 수심(15m~20m 정도)을 갖추어야 하고, 부두/터미널에서 일시에 대량으로 하물을 처리할 수 있도록 시설과 장비도 확충해야 할 것이다.

움직이는 부두 - 새로운 부두 개념

기존 부두는 바다를 매립하여 육지를 만들고 육상 쪽에서만 하역(화물을 싣고 내림)

해양수산부

움직이는 부두가 육상 부두에 접안하여 초대형 컨테이너선의 컨테이너를 하역하고 일부 컨테이너(환적화물)는 소형 컨테이너선에 싣고 나머지는 육상 적치장으로 옮기는 조감도

① 가동식-부두 간을 이동하며 서비스

② 가변식-부두 사이 간격을 넓히거나 좁히며 서비스

하는 형식이었다. 바다 쪽에서도 하역이 이루어지면(양현하역) 생산성(시간당 하역 컨테이너 개수)을 거의 2배로 높이면서 이웃 부두에는 크게 영향을 주지 않을 것이다. 그러나 바다 쪽에 별도의 고정식 부두를 만들어 운영하면 두 부두 사이로 초대형선이 접안하기에 어려움이 많다. 따라서 부두 사이를 물 위에 떠서 이동하여 초대형선 접안에 지장을 주지 않고 하역 서비스가 가능한 양현하역 부두는 신규항만 및 기존 부두에도 활용할 수 있는 새로운 개념의 초대형 컨테이너선용 부두이다.

이는 국가연구개발과제로 한국해양과학기술원 주관 하에 산·학·연 협동연구를 통해 6년여 동안 핵심기술 개발과 수리안정실험 및 설계 제작 현장 모듈테스트, 운영테스트 등을 거쳐 개발되었다. 움직이는 부두는 구조(콘크리트와 철강)와 기능면(양현하역 및 환적기능 수행)을 감안하여 과학기술적인 용어로 하이브리드 안벽이라고 한다.

움직이는 부두의 크기는 초대형 컨테이너선의 크기에 맞추어 길이가 480m, 폭 160m, 깊이 7m, 무게가 25만 톤의 콘크리트 구조물(격자형 모듈, 이중 격벽, 2층

움직이는 부두의 규격 및 무게, 장비 등 배치 조감도

대상선박	15,000TEU급 1선석, 2,000TEU급 2선석
부유체규격	480m x 160m x 7m (모선측 64m, 장치장 46.5m,피더측 49.5m)
중 량	경하시: 25만톤, 만재시: 28만톤

구 분	흘수	건현
경하시	3.27m	3.73m
만재하시	3.62m	3.37m

해양수산부

구조)로 물위에 떠서 추진기(3,744 마력/대) 4대로 이동할 수 있다. 부두위에는 초대형 선측에 4개, 소형 컨테이너선측에 6개의 대형컨테이너 크레인을 장치하였다. 가운데에는 컨테이너를 쌓아 두거나 내릴 수 있는 갠트리크레인 3대와 컨테이너를 육상까지 실어 나르는 트럭들이 많이 있다.

15,000TEU급 초대형 컨테이너선에는 육상 측에 5대, 움직이는 부두 측에 4대로 합계 9대의 컨테이너 크레인이 동시에 하역할 수 있어, 기존의 5대가 하던 하역에 비해 180%정도의 하역생산성을 갖는다. 한편 초대형선의 컨테이너 화물은 40~80%가 다른 항구나 이웃 나라로 다시 운송되는데 이들을 바로 2,000TEU급 컨테이너선에 실어 운송할 수 있어 별도로 보관, 이동, 적재하여 부두에서 처리하는 기존 방식보다 간편하며 소요시간도 2~7일 정도 절약할 수 있다. 이러한 면에서 움직이는 부두는 터미널의 생산성과 효율성을 높여 주고, 초대형 컨테이너선에는 부두에 머무는 시간을, 화주에게는 배달시간을 절약해주는 여러 가지 이점이 있어 부두로서의 경쟁력이 매우 크다.

가장 큰 경쟁력 중 하나는 친환경성이다. 기존의 매립식 부두와 달리 공사로 인한 환경파괴가 매우 적고 자유로운 해수소통으로 수질오염을 최소화한다.

시공면에서도 수심이 깊은 곳이나 해저지반이 연약한 곳 등에도 적용이 용이하고, 다른 곳에서 제작 및 조립하여 이동, 설치하므로 공사기간을 최소화하고 이웃 부두에도 영향이 적다.

또한 지진에도 잘 견디고, 조수 간만 차가 큰 곳에도 적용할 수 있으며, 확장이나 이동 철거가 용이하여 새로운 공간을 창출하는 데 활용할 수 있다.

움직이는 부두의 제작과 안정성 및 운항시스템

경제성과 내구성을 고려하여 소금물에 의한 부식방지 콘크리트와 철근을 사용한 프리캐스트 콘크리트로 부유체를 제작한다. 이는 철판/강재에 비해 표면 부식이 거의 없고, 값도 저렴할 뿐 아니라 콘크리트 부체의 자체 무게가 커서 별도의 발라스트(평형수)가 필요하지 않고 충격에 대한 저항성도 커서 파가 비교적 큰 해상이나 저온 및 유빙이 있는 곳에서도 사용할 수 있다.

부유체는 한 번에 제작하기에는 너무 커서 여러 개의 모듈(1개 모듈 크기 : 60m×80m×7m)로 나누어 드라이도크(dry dock)에서 제작한 다음 바다에 띄워서 인근 해역에 임시로 계류시키고, 단계 별로 포스트 텐셔닝 바(post tensioning bar)를 이용해서 견고하게 연결하는 해상접합 방식으로 480m×160m×7m의 부유체를 만든다.

움직이는 부두는 초대형 부유식 콘크리트 구조물(480m×160m×7m)로서 자중이 25만 톤 정도나 되므로 하역크레인 작업한계 시(예 : 풍속 13m/초, 항내파고 1m)에도 움직임은 미미하다. 부유체에 대한 수리모형실험과 수치모형실험 그리고 현장실증실험

부유체 모듈의 제작

해양수산부

을 통해 하역한계조건과 태풍 시에 부유체의 움직임(상하좌우 등 6가지 움직임) 및 계류력을 측정하였다. 이 자료를 입력하여 부유체(부두)에 설치된 크레인의 안정성을 검토하고, 부두의 생산성을 크레인시뮬레이터로 분석해본 결과 움직이는 일반부두에 비해 평균 93% 정도로 나타났다.

태풍 시에는 항내의 지정된 곳에서 여러 개(8점 계류, 풍속 '32m/초' 시)의 특수한 닻(계류앵커 및 계류체인)을 내려 부유체를 고정시켜 움직임을 최소화하고 부두 위의 장비는 바닥에 고정(tie down 250톤급)시키면 충분한 안정성이 확보된다. 외벽 파손에 의한 침수 시에도 전체 안정에는 문제가 없도록 이중 외벽 및 격실구조로 설계하였다.

움직이는 부두는 16개의 모듈이 결합되어 완성된 부유식 콘크리트구조물이다. 기본시설로는 육상 부두와 원활한 화물차량 이동을 위한 연결교량(4차선 도로) 2개소, 하역작업을 위한 22열(초대형 컨테이너선 측) 및 13열(소형 컨테이너선 측) 갠트리크레인, 그리고 야드에서 컨테이너를 이동 적재하는 갠트리크레인이 있다. 또한 부두를 이동하는데 필요한 동력을 제공하는 엔진실, 조종실, 발전설비, 계류장비, 충격방지 시스템, 야간조명시설 등이 있다.

부대시설로는 움직이는 부두가 육측부두에 접안되어 있을 때는 육상 전력을 사용하므로 육상전기 인입시설, 조위차가 큰 항만에서도 사용가능하도록 연결교량을 조위에 따라 자동으로 올리고 내리는 시설, 하역장비와 화물을 실시간 계획하고 통제하는 지능형 부두운영시스템이 설치된 컨트롤하우스 등이 있고, 부두가 2층 격실구조로 되어 있어 사무실 식당 체육시설 및 기타 내부 활용공간이 있다.

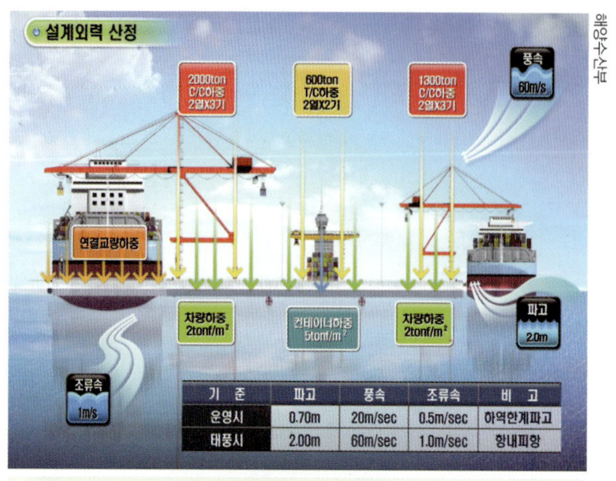

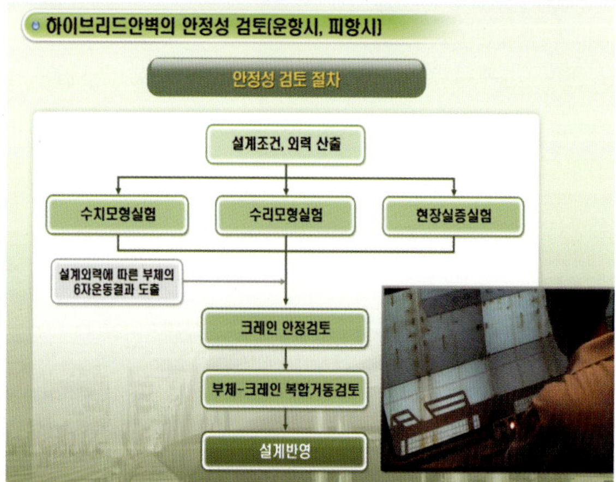

해양수산부

움직이는 부두의 태풍 및 하역작업 시 안정성 확보를 위한 설계조건, 안정성검토 절차 및 연결교량

움직이는 부두의 운용 및 경제성

움직이는 부두는 터미널의 운영시스템과 연계되어 운용된다. 초대형선이 육측 부두에 접안하면 초대형선의 바다 측에 접안하여 육상전기를 연결하고 권양시설(winch)로 연결교량을 내려 육측과 연결한다. 그리고 컨테이너 하역작업이 완료되면 연결교량이 올려지고, 육상전기도 분리함과 동시에 추진장치를 가동하여 다음 부두(하역장소)로 이동한다.

기존 컨테이너터미널은 일반적으로 4,000TEU급 3선석으로 이루어진다. 여기에 15,000TEU급 초대형 컨테이너선이 일주일에 1~3회 기항한다는 조건에서 대기시간 비율을 1% 기준으로 생산성 및 수익성을 분석하였다. 시나리오는 3가지 경우로 가정하였는데, 첫째는 4,000TEU급 3선석으로만 입항했음을 가정하고 터미널을 기존 방식대로 운영하는 경우, 두 번째는 15,000TEU급 초대형 컨테이너선이 입항했음에도 기존 방식대로 운영하는 경우, 세 번째는 15,000TEU급 초대형선이 입항하여 기존터미널과 움직이는 부두를 동시에 운영하는 경우이다.

양현하역 작업은 육상부두에 9대의 크레인으로 하역할 때를 가정했을 때, 크레인의 간섭현상으로 인해 지장을 받아 생산성이 떨어진다. 그러나 육상부두에 5대 크레인, 움직이는 부두 측에 4대의 크레인을 사이에 배치하여 하역하면 서로간의 간섭이 작아져 생산성이 약 15% 정도 증가한다.

연간 처리하는 물동량은 터미널에 입항하는 개별 선박의 길이, 하역량, 선박도착 패턴 분석 및 선형의 대형화를 반영하여 추정한다. 초대형 컨테이너선이 일주일에 기항하는 대수(1, 2, 3척/주)와 선박 1척 당 하역 컨테이너 평균개수에 따라 터미널의 생산성을 분석하였다. 예를 들어, 초대형 컨테이너선이 주 2회 기항하고 한번 기항할 때 1,341개 씩 컨테이너를 하역한다면 기존 터미널에서는 120만 TEU를 처리할 수 있고 움직이는 부두를 활용할 경우 180만 TEU를 처리할 수 있어 생산성이 150% 증가한다.

초대형 컨테이너선의 주간 기항 횟수가 증가하고 다른 선박의 선형이 대형화됨에 따라 기존 안벽에서 움직이는 부두를 활용한 시나리오를 살펴보면, 선석 당 연간 40만 TEU 이상 안정적인 컨테이너화물 처리가 가능할 것이다.

움직이는 부두의 수익성을 터미널 운영자 측면에서도 분석하였는데, 움직이는 부두를 활용한 경우와 기존 부두만을 사용한 경우의 상대적인 수익성을 비교 분석한 결과, 움직이는 부두의 수입이 기존 부두에 비해 2.6%~4.3% 증가하는 것으로 나타났다.

결론적으로, 움직이는 부두를 활용하면 기존 부두에 비해 많은 물동량을 처리할 수 있다. 또한 선박의 대형화가 진행될수록 움직이는 부두의 생산성이 높아져 경제적이며, 크레인 등의 장비 생산성이 증가 할 경우 움직이는 부두의 생산성은 더욱 높아질 것으로 기대된다.

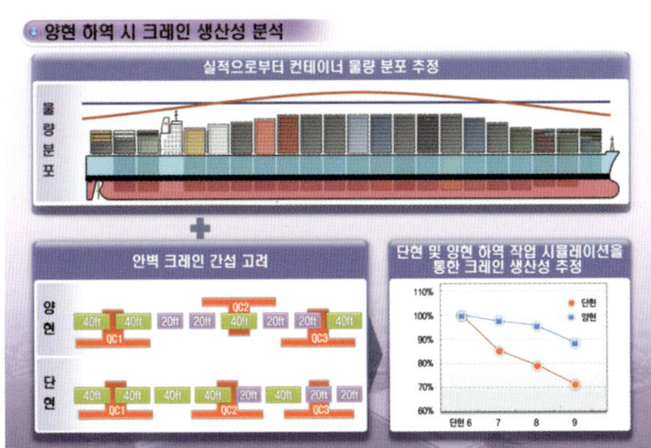

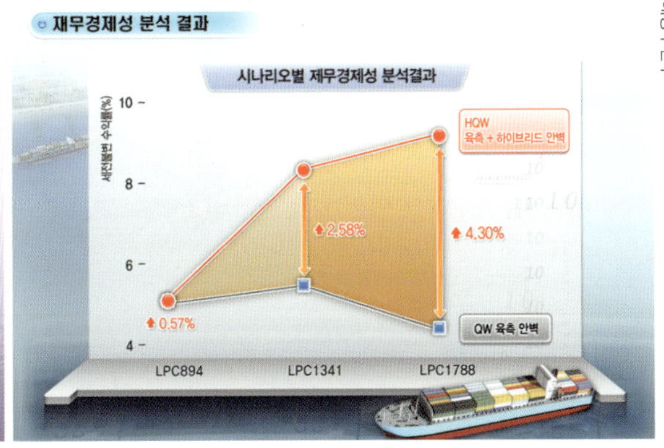

움직이는 부두의 생산성 분석 및 경제성 분석결과

움직이는 부두의 실제 현장 적용 및 상품화는 시장상황을 감안하여 단계별로 이루어지는 것이 바람직하다. 우신, 세계의 지역별 물동량과 환적물동량을 고려하고, 20개 대형항만 글로벌 선사(대형선박 소유회사)등의 요구사항을 분석한 결과 각 항만의 여건에 따라 다양한 상품개발이 요구되고 있다. 이러한 시장변화 상황에 따라 단계별 파생상품을 개발하고, 시장 진입기/성장기/성숙기로 구분하여 상품화를 위한 시공 인프라 구축 및 상품별 관리지표를 구축해야 한다. 움직이는 부두를 제작하기 위해서는 대형의 블록제작장/도크와 관련시설 및 장비가 필요하다. 이를 건설하기 위해서는 막대한 예산 투입과 지속적으로 운영하기 위한 적정 규모의 시장도 지속적으로 형성되어야 한다. 아직은 규모가 작은 편이므로 개발된 기술을 부두개발 규모와 시장형편에 따라 단계별로 적용하며 상품화해 나가야 한다.

해저공간

해저도시는 지속가능한 연안개발의 종점이요, 완성이다. 고 수압의 열악한 작업조건의 해저공간을 효율적으로 개발하고 이용하기 위해서는 첨단 해양과학기술이 필요하다. 수중으로 육지와 연결하는 새로운 개념의 수중터널에 대한 연구가 진행되고 있으며, 심해에서도 작업을 원활히 할 수 있는 첨단 수중로봇의 개발이 추진되고 있다.

한택희 · 한상훈 · 장인성 한국해양과학기술원

해양은 육지와는 달리 인간이 활동하기에 대단히 어려운 조건을 지니고 있다. 하지만 과학기술의 눈부신 발전으로 악조건을 극복하고 새로운 해양의 자원개발과 공간이용이 가능해졌다. 이에 따라 수산업 위주의 해양산업은 항만을 중심으로 한 대외무역의 증가와 더불어 점차 복합산업으로 발전하고 있다. 또한 해상인공도시, 해상플랜트, 해상공항처럼 기존의 육지활동이 점차 바다와 가까운 쪽으로 옮겨져 해양공간의 쓰임새가 어느 때보다 중요해졌다.

1960년대부터 태동하기 시작한 이러한 해양공간이용은 점(点)에서 선(線), 선에서 면(面)으로 발전해 가고 있다. 예컨대 과거의 해양공간이용은 관측용 부이와 같은 점(点)이용에서, 해운, 해저터널과 같은 선(線)이용으로 발전했다. 앞으로는 플랜트, 공항, 저장기지, 해중공원과 같은 시설들이 해상, 해중 또는 해저에 유치되는, 이른바 입체적인 면(面)이용 형태로 다양해지면서 규모도 커질 것으로 예상된다.

해양에 거주시설을 만드는 것은 해양공간 이용을 극대화하는 것이다. 육상공간이 과밀해지면서 도시인구가 거주하고 활동하는데 필요한 가용토지가 부족해짐에 따른 공간수요의 충족을 위해 해상도시를 건설하는 것이다. 주거장소가 건설되는 위치에 따라 해상도시, 해중도시, 해저도시로 구분할 수 있으며, 해상도시는 매립 등을 통한 인공섬 조성을 통하여 실현되고 있으나, 해중 및 해저도시는 아직은 연구단계에 있다.

고 수압의 열악한 작업조건의 해저공간을 효율적으로 개발하고 이용하기 위해서는 첨단 해양과학기술이 필요하다. 최근 이를 위하여, 수중으로 육지와 연결하는 새로운 개념의 수중터널에 대한 연구가 진행되고 있으며, 심해에서도 작업을 원활히 할 수 있는 첨단 수중로봇의 개발이 추진되고 있다. 적시에 연구가 추진된다면 2020년에는

KIOST

해저도시의 건설과 운영
미래에 건설되는 해저도시는 인류의 생활 영역 확장에 기여할 것이다.

해저도시의 전초단계인 해저과학기지를 우리 손으로 건설할 수 있을 것이다.

해저도시는 지속가능한 연안개발의 종점이요, 완성이다. 열악한 해저조건을 극복하기 위해서는 최첨단의 해양과학기술이 요구되는데, 수중으로 육지와 연결하는 새로운 개념의 수중터널에 대한 연구가 진행되고 있으며, 심해에서도 작업을 원활히 할 수 있는 첨단 수중로봇의 개발이 추진되고 있다.

● 해저도시

해양 자원과 해양 식량의 확보를 위해서는 향후 해저도시와 해지기지의 건설 및 활용이 필수적일 것으로 예상된다. 미래의 인류 생활 영역 확장 및 해양 관광 자원의 개발을 위하여 해저공간 개발은 반드시 필요하며, 이는 해양 공간의 개발과 해양 영토 주권 수호를 위한 전초 기지로서의 역할을 수행할 것이다. 또한 해양 자원 및 해양 공간의 개발은 미래 경제성장의 원동력이 될 것이다. 고압과 저온의 극한 환경인 해저도시 건설 기술의 개발은 극지 및 우주공간 구조물 개발 시 활용되는 원천 기술 확보로 이어지며, 미래에 발생 가능한 전 지구적 재난 시, 인류 생존을 위한 필수 거주 공간으로서의 역할을 수행할 수 있다는 점에서 해저도시 건설과 운영 기술은 반드시 필요한 기술이라 할 수 있다.

KEIT

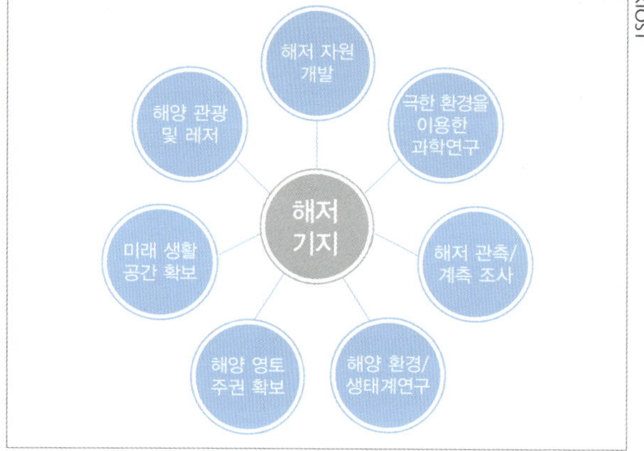

KIOST

해저도시 ①
미래에는 해저도시에서의 생활이 가능해질 것이다.

해저기지의 활용 ②
해저기지는 해저자원 개발, 과학연구, 인류 생활공간 확보 등과 같은 다양한 기능을 수행한다.

심해에 건설되는 해저도시는 우주공간에서의 조건보다 더 극한의 환경에서 건설된다. 이를 위해서는 구조공학, 자원공학, 기계공학, 조선공학, 해양공학, 지질학 등 관련 분야의 극한기술이 상호 융합되어야 한다. 또한, 해양자원 개발에는 해양물리, 화학, 생물학, 지질학 등 기초 해양과학 이외에도 기계, 전자, 조선, 기상, 잠수의학 등 응용과학 지식의 융·복합이 필요하다. 관련 극한 기술의 발전은 각 분야의 최첨단 기술이 될 것이며, 우주공간 및 타 분야에도 적용이 가능하여 최신 기술을 선점할 수 있는 기회가 될 것이다.

건설 기술

해저의 거주시설이나 작업기지로 사용되는 해저기지에는 큰 수압이 작용하며, 해저기지는 이러한 수압에 대해 안전하여야 한다. 심해 조건과 같은 높은 외압을 받는 구조물은 좌굴에 의한 붕괴 위험성이 높아 안전성이 확보될 수 있는 형상의 고려가 필요하다. 큰 수압에 저항하기 위한 가장 안정적인 구조물의 형식으로는 돔형식 또는 아치형의 루프실드를 고려할 수 있다. 이 형식의 구조물은 아치액션(arching action)에 의해 수압을 분산시키는 구조이다. 연구에 의하면 루프실드 구조물의 해저기지 본체로의 적용보다는 돔과 돔을 이어주는 연결 구조물로서의 역할이 타당할 것으로 판단된다.

해저도시의 외벽을 구성할 수 있는 재료는 강재, 콘크리트, 유리 및 복합소재 등을 고려할 수 있다. 강재의 경우에는 염분에 의한 부식 방지 대책이 필요하며, 유리 및 복합소재는 고압에 저항하기 위해 심해잠수정에 사용되는 고강도 플라스틱 수지인 '메타크릴 수지 글라스'를 적용할 수 있다. 복합소재의 경우에는 내부식성을 갖고 고강도로 제작할 수 있어 많은 연구가 이루어지고 있으며, 한국해양과학기술원에서는 강재와 콘크리트 합성구조에 대한 연구도 이루어지고 있다.

심해에서의 환경조건은 지상에서와 달리, 저온과 고압이 작용한다. 1974년에 미국 해군에서는 심해 조건에서의 구조물 상태 변화를 파악하기 위하여, 직경 6ft(183cm)의 콘크리트 구체를 수심 2,790ft(850m)에 설치하고 431일 후 상태를 관찰하였다. 그 결과, 초기에는 강도가 증가하나 최종적으로는 약 28% 정도 강도가 감소하는 것을 확인했으며, 이에 따른 강도 변화를 추산할 수 있는 관계식을 도출하였다. 이 외에도 미국 해군에서는 해저에서 건설재료 상태의 변화를 관찰할 수 있는 실험틀을 제작하여 강재 및 콘크리트상태 변화를 측정하는 등 해저 구조물 건설에 대한 사전 연구를 수행하였다.

해저기지 건설에는 건설 신소재를 활용할 수 있다. 미국 앨라배마(Alabama)대학교에서는 물 없이 사용하는 월토(月土)의 강도에 대해 분석하였고 미국항공우주국(NASA)에서는 월토로 만드는 '물 없는 콘크리트' 개발에 성공하였다. 이 콘크리트는 복제토(JSC-1A)에 에폭시 수지와 소량의 탄소나노튜브를 섞어 제작하였으며, 2020년 착공 계획인 달기지 건설은 물론 해저기지 건설에도 도움이 될 것으로 예상된다. 이와 같이 미래에는 다양한 신소재 건설재료가 개발되어 해저기지의 건설에 도움이 될 것으로 예측된다.

해저도시를 건설하는 여러 가지 방법 중에서 가장 구현이 가능한 방법은 해저주택 모듈을 지상에서 건조한 뒤 해저로 옮겨 조립하는 것이다. 이때, 개별 모듈의 육상 건조는 어렵지 않으나, 수중 조립이 가장 어려운 문제이다. 이론적으로 숙련된 기술을 지닌 잠수부가 수심 100m에서 장시간 조립하는 작업은 가능하나, 해저도시 구축에 필요한 수백 명의 잠수부가 100m 수심 환경에서 적응해 작업하는 것은 작업 시간 때문에 불가능하기 때문이다. 그러므로 인간이 직접 수행해야만 하는 고난도 작업 외에는 수중로봇이 해야 한다. 수중로봇은 유선장비인 ROV(Remotely-Operated Vehicle)와 무선장비인 AUV(Autonomous Underwater Vehicle)로 분류되며, AUV는 음파나 초음파를 이용해 해저지형 등을 측량한다. 해저도시 건설에 필요한 것은 ROV이다. ROV는 조종 설비를 갖춘 선박을 통해 광통신으로 조종하며, 바다 속에서도 정밀 작업이 가능하여, 절단, 수송, 용접 등의 다양한 작업에 적용한다. 해저도시의 뼈대인 철골을 수중

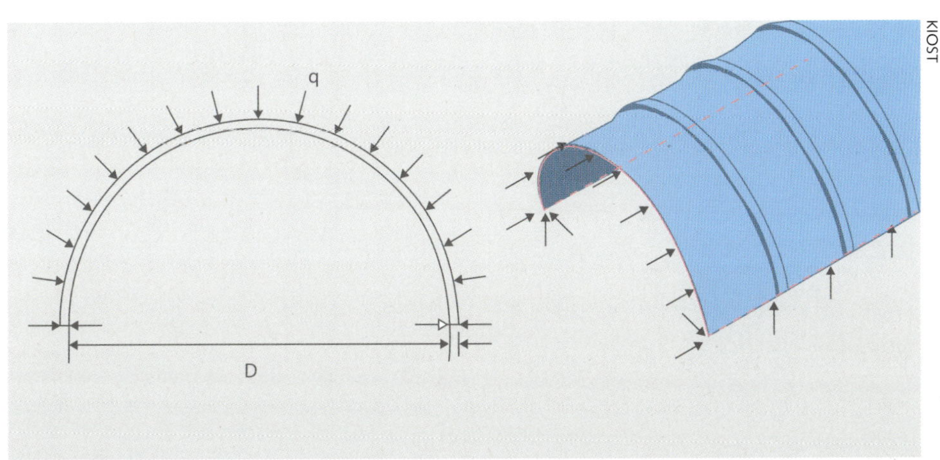

KIOST

해저기지 구조
해저기지는 수압을 분산할 수 있는 돔 구조 형식이 가장 유리할 것이다.

KIOST

수중 건설 로봇 ①
미래에는 무인 로봇이 해저도시 건설에 활용될 것이다.

해양과학기술원의 수중 건설 로봇 ②

에서 먼저 구축하고 구조물 사이로 메타크릴 수지 글라스를 설치하는데도 활용된다. 이러한 기술을 실현하기 위해 현재 해양과학연구원에서는 무인수중건설장비 개발에 대한 연구가 활발히 진행되고 있다.

해저도시 및 해저기지의 건설은 사용목적(Utilization), 안전성(Safety), 환경 보존(Environmental Protection), 건설 기술(Construction), 경제성(Economy)과 같은 5가지 사항을 고려해야 한다. 사용목적은 자원 채굴, 과학연구, 거주공간으로 분류할 수 있으며, 안전성은 재료 기술, 구조 형상, 재난 대응 기술로 분류할 수 있다. 환경 보존은 자원 채굴 시 해양 오염 문제와 거주 시 생활 폐기물 처리 문제를 고려할 수 있으며, 건설 기술은 건설 공정, 수중로봇 활용, 안전 시공, 건설부지 선정으로 분류할 수 있다. 경제성에 대해서는 사용 목적에 맞는 가장 경제적인 선택인가에 대한 결정이 필요할 것이다.

안전성 확보를 위해서는 수압을 견딜 수 있는 돔(또는 쉘) 형태의 구조물이 적합하며, 햇빛을 받기 위해 철골과 유리소재를 사용하는 것이 유리할 것이다. 또한, 구조 안전성 확보를 위해서는 특수 코팅 처리한 티타늄 합금이나 고강도 신소재의 적용이 필요할 것으로 판단된다. 산소 및 물, 에너지를 공급할 수 있는 장치가 필수적이며, 100가구가 거주할 해저 주거지에는 하루에 최소 3MWh의 동력이 필요하다. 지상으로 이동할 때는 잠수정을 타거나 지상과 연결된 진공터널을 이용할 수 있다.

건설 기술에서는 모듈러 공법을 고려할 수 있다. 모듈러 공법은 지상에서 해저도시의 각 모듈을 제작한 후에 제작된 모듈을 해상으로 이동하여 조립하거나 수중에서 조립하여 건설하는 기술로서 건설작업에는 수중 무인 건설 로봇을 활용할 수 있다. 해저도시의 건설을 위해서는 건설부지 선정 및 확보 기술도 필요하다. 해저도시의 거주를 위해서는 햇빛의 투과 여부 또한 중요하며, 대륙붕 중 해곡과 같은 곳을 제외한, 지진 등의 자연재해로부터 안전한 곳에 해저도시의 건설 부지를 선정하여야 한다.

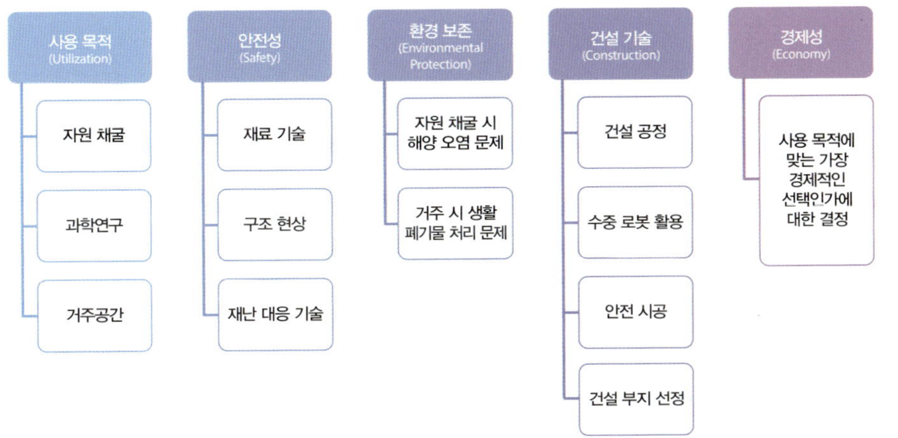

KIOST

해저도시와 해저기지 건설 시 고려사항

사용목적, 안전성, 환경 보존, 건설 기술, 경제성을 고려해야 한다.

거주목적의 해저도시인 경우에는 바다 수면 외부 기압과 내부 압력 등을 고려해 볼 때 30~100m가 해저도시 건설에 적합한 수심으로 판단된다.

해저도시의 시공 방법은 지상 조립 후 가라앉히는 방법, 지상 제작에서 모듈을 제작한 후에 해상에서 조립한 후 가라앉히는 방법, 지상 제작 모듈을 수중에서 조립하는 방법, 비(非) 모듈 식으로 수중 제작하여 건설하는 방법 등을 고려할 수 있다. 현재까지 조사된 바로는, 천해에서는 해저도시를 지상 조립한 후 가라앉히는 방법이, 심해에서

해저도시 건설을 위한 필요 기술

필요 기술	세부 기술
해저도시 구조체 설계 기술	해저도시 안전성 확보를 위한 수압 분산 기술 : 돔, 구형, 실린더 형 등 수압 분산을 위한 최적 형상 설계 기술
	구조체 강성 증대 기술 : 리브, 파형 등 외력 저항성 증진을 위한 좌굴 강도 향상 기술
	국부 파괴 및 안전성 저하를 발생 시키는 집중 응력 저감 기술
	강도 증진을 위한 신형식 구조형식 개발 : FRP-Concrete 합성 및 Metal-FRP 합성 재료 기술
	지진 및 쓰나미, 해일 등의 해양 자연재해에 대한 안전성 확보 기술
해저도시 시공 기술	급속/정밀 시공을 위한 최적 구조체 모듈화 기술 개발
	수밀성이 확보된 정밀 수중 시공 기술
	해저도시 구조체 모듈 운송 기술
해저도시 운영 및 유지 관리 기술	해저도시 손상부 자가 복구 기술(Smart Material 등)
	해저도시 에너지 공급 및 생명유지 기술
	해저도시-지상간 인력 및 채굴 광물 운송 기술(잠수정, 해저터널, 수중 타워 등)
	해저도시 구조물 손상 시 격벽 차폐 및 분리 기술
	응급/위기 상황 시 신속 이탈 기술
	대수심 체류 연구 인력 건강 확보 기술(예: 수심 300m 이상 폐 파열)

는 해저도시 모듈을 지상에서 제작한 후, 제작 모듈을 해상에서 조립하여 가라앉히는 방법이 선호되고 있다.

● 해중터널

부산에서 고속철도를 타고 도쿄와 하와이를 거쳐 로스앤젤레스에 가는 것은 가능할까? 거리가 10,000km 이상이므로 시속 1,000km의 자기부상열차를 타면 이론적으로 10시간이면 가능하다. 그렇다면 어떻게 바다에 철로를 설치할 수 있을까? 일반적으로는 해저터널을 뚫어서 설로를 설치하는 것을 생각할 것이다. 그러나 주기적으로 발생하는 해저지진과 터널 굴착에 소요되는 막대한 시간을 고려한다면 일반적인 공법으로는 실현가능성이 높지 않다. 해저터널이 아니라 바다 속을 횡단하는 터널이라면 어떨까? 바다 속을 횡단하는 터널을 해중터널이라고 하는데, 해중터널은 부유구조물이라 해저지진에 대해서도 안전성을 확보할 수 있으며, 만들어진 블록형태의 구조물을 결합하기 때문에 해저터널에 비해 시공기간도 매우 짧다. 또한 일반적인 육상 철도여행과 같이 바깥 경치를 보면서 여행을 할 수 있으며, 그 경치가 일상에서는 볼 수 없었던 바다 속의 신비로운 장면들이다.

해중터널 개념도
한국해양과학기술원이 제안한 사장식

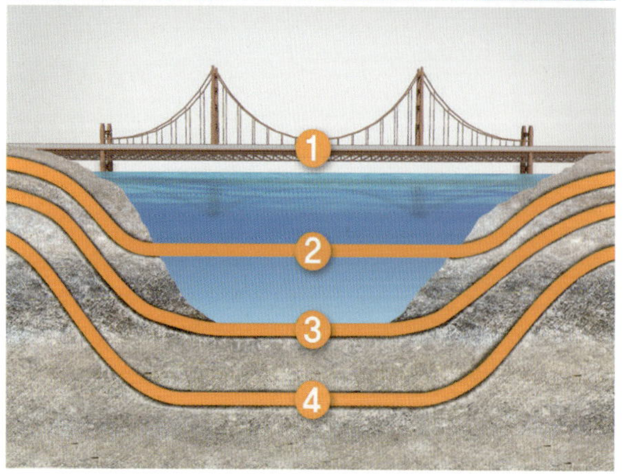

대양을 가로지르는 해중터널에 대한 구상은 19세기부터 있었으며, 뉴욕과 런던을 연결하는 해중터널에 대해서는 구체적인 개념도까지 제시되어 있다. 이러한 해중터널이 어떻게 실현가능한지 구체적으로 살펴본다.

해중터널의 원리

해중터널은 부력에 의해 물속에서 부유식 구조 형태로 떠 있거나 지지보가 자중을 부담하여 수중에 잔교식 구조 형태로 건설되는 터널이다. 일반적인 교량, 침매터널, 해저터널과는 다른 형태의 연결방식으로 기존 수로 연결방법의 대체 구조물이나 보완 구조물로 건설할 수 있다.

해중터널에 작용하는 힘은 부력과 자중이

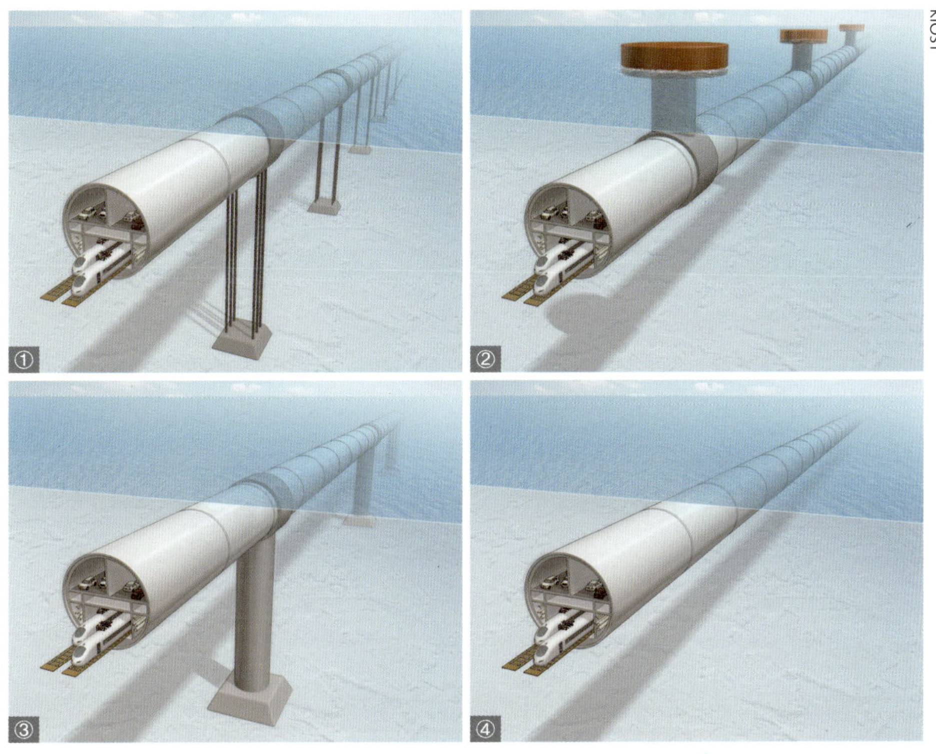

KIOST

해중터널 구조형식
① 텐션레그형 (부력 > 자중)
② 폰툰형 (부력 < 자중)
③ 잔교형 (부력 < 자중)
④ 자유형 (부력 = 자중)

고, 이 둘의 상관관계에 따라 크게 4가지 구조형식으로 나눌 수 있다. 부력이 자중보다 큰 경우에는 수직 상승력을 제어할 수 있도록 계류선이 필요하며 이러한 구조형식을 텐션레그형이라고 부른다. 또한, 부력이 자중보다 작은 경우에는 수직 하강력을 지지하거나 부족한 부력을 보충할 수 있는 장치가 필요한데, 이러한 구조형식으로는 폰툰형과 잔교형 구조물이 있다. 마지막으로 부력과 자중이 같고 파랑과 같은 외력이 작다면 계류선이나 지지보가 없는 구조물을 건설할 수도 있다. 일반적으로 해중터널을 설계할 때 가장 많이 고려되는 형태는 텐션레그형 구조물이다.

해중터널의 장점은 지하연결도로망을 바로 연결할 수 있다는 점이다. 즉, 수로의 한 쪽에서 반대편까지 일직선으로 연결할 수 있어, 연결구간의 길이가 타 형식에 비해 가장 짧으며 낮은 경사구배의 실현이 가능하다. 따라서 수심이 깊고 횡단거리가 긴 경우에는 해중터널이 타 형식에 비해 경제성을 확보할 수 있으며, 이러한 이유로 대륙간 연결사업에 해중터널의 적용이 고려되는 것이다. 또한, 수면아래에 건설됨으로써 해상교통의 방해가 적고 해상 기상상황에 따른 교통제한이 거의 없다. 한편, 해중터널은 모듈형태로 제작장에서 만들어져 현장에서 조립되므로 시공 시의 환경훼손을 최소화할 수 있으며, 구조연한이 초과한 경우에 제거가 비교적 간단해 환경오염물질의 발생이 거의 없다. 또한, 수중건설로 주변 경관이 훼손되는 것도 미연에 방지할 수 있다.

해중터널의 현황

일반적인 해중터널의 개념은 부유식 형태로 부력을 이용한다는 것이다. 이탈리아 연구자들은 이러한 개념을 적용시켜 해중터널의 기원을 아르키메데스까지 확장한다. 그러나 해중터널에 대한 근대적 개념은 1886년 영국의 Edward James Reed의 아이디어에서 제시되었다. 이것은 도르래 형태의 계류장치에 터널 튜브가 부유한 형태로 영불해협을 철도로 연결하기 위해 제안되었다. 이후 노르웨이, 이탈리아, 일본 등에서 많은 연구가 이루어졌고, 최근에는 중국 연구자들의 연구성과 발표가 많아지고 있다.

노르웨이는 수심이 깊고 횡단거리가 긴 피요르드 지형이 많아 일찍부터 해중터널에 대한 연구가 진행되었다. 1923년에 처음으로 해중터널 특허가 출원되었고, 1960년대에 일부 연구가 수행되었다. 본격적인 연구는 1980년대에 이루어졌으며, 폭 1,400m, 수심 155m인 HØgsfjord에 대한 해중터널 적용성을 검토하였다. 1990년대에는 노르웨이과학기술대학(NTNU)을 중심으로 조류, 선박충돌, 지진하중 등에 대한 해중터널 동적거동 연구가 수행되었다. 또한, 실용화를 위해 다수의 엔지니어링 회사가 시공 및 유지관리 등을 검토하였다. 노르웨이교통국(NPRA)을 중심으로 시험시공을 위한 마지막 단계까지 프로젝트가 추진되었지만, 여러 국내 문제로 사업이 중단되었다. 최근에는 수심이 보다 깊은 피요르드에 대한 해중터널 적용성을 평가하고 있으며, 그 일환으로 폭 3,700m, 수심 1,250m인 SØgnefjord에 대한 타당성을 검토하고 있다.

이탈리아는 1969년에 메시나 해협(폭 3,100m, 수심 250m)에 해중터널 건설을 검토하면서 많은 연구를 수행하였다. 실제 건설을 위한 엔지니어링 부분은 Ponte di Archimede S.p.A(PdA)에서, 타당성에 대해서는 Italian Naval Register(RINA)에서 검토하였지만 실현되지 못하였다. 최근에는 Naples Federico II 대학, Politecnico di Milano대학 등에서 해중터널의 동적거동과 경제성 분석 연구를 진행하고 있다.

일본은 1990년대 홋가이도 대학 중심으로 사단법인 '수중터널 연구조사회'를 발족하여 활발한 연구를 수행하였다. 이후 '수중터널 연구조사회'는 비영리 기관인 'Floatec'으로 전환되었고, 2009년도에 'Floatec'도 예산지원을 받지 못해 해산하였다. 조사회에서는 전 세계의 시공 중이거나 계획된 교량, 침매터널, 해저터널, 해중터널을 검토한 결과 해중터널은 폭이 넓고 수심이 깊은 지형에 가장 적합한 구조물이라고 판단하였다. 조사회에서 처음으로 실시한 타당성 조사는 홋가이도 Funka Bay(폭 30km, 수심 120m)에 해중터널의 건설 가능성을 검토하는 것이었다. 검토에 사용된 100년 빈도 설계파 조건은 유의파고 9.3m, 최대파고 18.6m, 주기 13.0초였다. 터널은 지름이 23m로 개념설계되어 자동차와 철도가 상하부에서 같이 통과할 수 있도록 하였다. 주요 설계 요인으로 조류, 지진, 수압 등에 의한 작용하중과 단면력 분포, 외력주기와 구조물 고유주기의 공진문제, 장력케이블의 인장력 손실 문제, 케이블과 튜브의 적합

방법, 단면형상 등을 제시하였다.

최근 해중터널에 대해 가장 활발히 연구하는 나라는 중국이다. 1998년에 중국의 Chinese Academy of Science는 이탈리아의 Ponte di Archimedes S.p.A사와 Sino-Italian Joint Laboratory(SIJLAB)를 합작으로 설립했다. 이때부터 이탈리아와의 공동 연구를 통하여 해중터널에 대한 기술을 축적하였고 최근에는 청도호에 100m의 해중터널 프로토타입 제작을 추진하고 있다.

해중터널을 실용화하기 위해서는 현재까지의 토목기술보다 한 단계 업그레이드된 기술이 필요하다. 즉, 수중 극한 상황에 대한 해석 및 설계, 대형 해양구조물의 제작 및 시공, 대수심 수중부유구조물의 유지관리에 대한 보다 정밀한 기술이 요구된다.

현재, 국내에서는 한국해양과학기술원, 한국건설기술연구원, 한국철도기술연구원 등에서 핵심요소기술에 대한 연구를 수행중이다.

해중터널의 미래

국내외적으로 대륙간 또는 도서간 연결사업에 대한 관심이 증가하는 상황에서 해중터널은 이러한 계획을 앞당길 수 있는 새로운 구조시스템이다. 수심이 깊고, 횡단거리가 길수록 해중터널의 경제성은 증가할 것이다. 해중터널은 기존 해저굴착터널과는 달리 환경적인 훼손을 최소화할 수 있는 친환경공법이다.

해중터널은 한국 주변의 연결사업인 호남-제주 연결사업, 한·중 간의 서해 연결사업, 한·일 간의 대한해협 연결사업 등에 적용될 수 있다. 전체구간을 해중터널로 설치

KIOST

수중 전망대
해중터널 기술을 활용한 수중산책로 및 전망대

하지 않더라도, 연약지반이나 해협 구간에 해중터널을 설치한다면 전체사업의 경제성은 크게 증가할 것이다.

보다 먼 미래를 생각한다면 서두에 언급한 태평양이나 대서양 횡단 철도도 가능할 것으로 판단된다. 쥘 베른이 150년쯤 전에 쓴 소설에 나오는 해저탐험이나 우주여행이 과연 실현 가능할 것인가를 의심하는 많은 비평가들이 있었지만, 이미 소설 속의 많은 이야기들이 현실화 되었다. 해양구조물에 대한 설계 및 시공기술과 초고속철도 기술의 발전과 혁신이 이루어진다면 대양횡단 철도는 꿈이 아니며, 그 시기는 앞당겨질 수 있다.

수중건설로봇

점차적으로 커져가고 있는 바다의 중요성 및 개발의 필요성 등으로 인해 해양영토 확대 및 해양자원개발 등을 위한 세계 각국의 경쟁이 치열하게 전개되고 있다. 이러한 움직임은 다양한 종류의 해양구조물 개발 및 건설과 연결되고 이를 통해 우리의 생활 공간은 해양으로, 대수심 조건으로 엄청나게 확대되고 있다. 하지만, 수중환경은 대수심용 해양구조물이 들어서기에 녹록하지 않다. 바다의 특성 상 수심 아래로 10m 내려가면 압력은 1기압씩 올라가고, 수심 200m를 넘어가면 햇빛이 도달하지 못해 캄캄한

해양구조물 건설을 위한 수중로봇 적용 개념

암흑에 묻히게 된다. 또한 높은 파고와 조류의 센 힘도 무시할 수 없다.

지금까지는 수중 해양구조물을 건설하기 위해 필요한 작업은 대부분 잠수부가 하고 있는데 안전성 및 효율성 측면에서 한계가 있으므로 가혹한 수중 환경을 이겨내고 효율적으로 해양구조물을 건설할 수 있는 장비 개념의 수중건설로봇이 필요하다.

해양구조물의 오늘과 내일

우리나라에서 건설되고 있는 지금까지의 해양구조물 대부분은 비교적 천해(수심 20m 내외)에 있는 항만구조물이 대부분이라 할 수 있다. 이 이외에는 조력, 조류발전, 파력발전, 해상풍력발전과 같이 해양에너지를 이용해 발전하는 구조물이 있다. 또한 거가대교의 침매터널, 인천대교와 같은 장대교량 등도 최근 개발된 해양구조물의 대표적인 예이다.

미래에는 보다 대수심 조건으로 해양구조물이 개발될 것으로 예상된다. 해양영토 확대를 위한 목적으로 해양 신산업이 창출될 것이고, 이에 맞춰 다양한 종류의 해양구조물 건설이 증대될 것이다. 이 중 대표적인 것이 해양플랜트이다. 해저 파이프라인이나 해저 케이블 이외에도 해저 플랜트(Subsea plant)를 비롯한 다양한 해양플랜트 구조물이 수중에 건설될 것으로 예상된다. 또한, 단일 에너지원을 이용하는 방식이 아니라 다양한 에너지원을 활용한 해양에너지 복합발전 시설이나 불규칙한 에너지원을 압축공기 형태로 저장하여 필요할 때 활용하는 CAES(Compressed Air Energy Storage)와 같은 시설의 연구도 진행 중이다.

이 외에도 에너지 활용이나 폐기물 재활용, 관광자원 확보 등 다양한 목적으로 적용될 수 있는 친환경 인공섬을 비롯하여 교통 연계 인프라로서의 해중터널 및 해저터널, 과학기지 또는 관광 목적의 해저도시 등이 조만간 개발될 것으로 예상되며, 이를 통해 우리의 생활공간은 해양으로 엄청나게 확대되어 나가게 될 것이다. 또한,

다양한 종류의 해양구조물 ②
미래 해양구조물 시장 ③

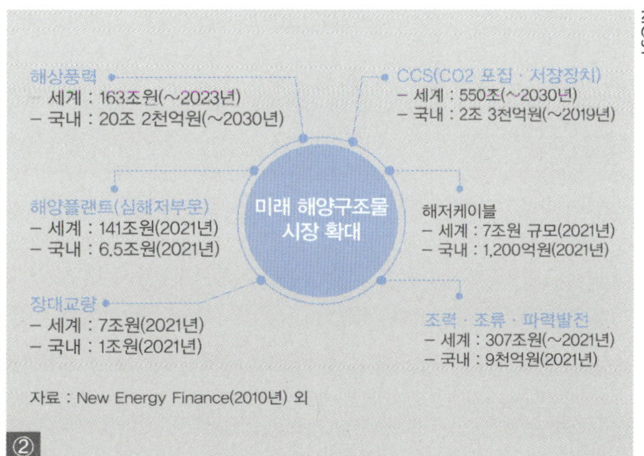

이에 맞춰 미래 해양구조물 시장은 엄청난 규모로 증가할 것으로 예상되고 있다.

수중건설로봇

미래 해양구조물 시장을 효율적으로 개발 및 건설하기 위해서는 앞서 설명한 바와 같이 안전성 및 효율성을 감안하여 해양구조물 시공 장비, 특히 수중건설로봇을 개발하고 활용할 필요가 있다. 지금까지는 천해 조건에서 잠수부가 수중건설작업을 수행한 반면, 작업 수심이 점차 깊어짐에 따라 수중건설로봇은 열악한 수중 환경을 극복하고 수중 작업의 안정성을 확보할 수 있다는 측면에서 큰 의미가 있다.

다양한 해양구조물을 구축하고 건설하는데 활용될 수 있는 수중건설로봇의 범위는 다양하다. 수중건설로봇은 해저케이블이나 파이프라인을 해저에 매설, 해저 바닥면 조성, 다양한 수중구조물의 정밀한 시공, 해저 깊은 곳을 시추, 기존의 해양구조물을 점검하고 수리하는 등 다양한 작업을 수행할 수 있다.

해외 동향

미국이나 유럽 선진국에서는 이미 다양한 형태 및 방식의 수중건설로봇을 개발 및 상용화하고 있다. 수중건설로봇은 구동 방식 및 활용 방안에 따라 유영식 WROV(Work class Remotely Operated Vehicle)나 트랙식 ROV 등으로 구분할 수 있다.

유영식 WROV 중 해저 케이블 매설용 로봇의 예를 들면, 소형 장비를 제외하고 대부분 수중시공 작업에 투입되는 ROV는 평균적으로 길이가 3~6m, 중량은 10~20톤 정도이며, 해저통신케이블 시장에 투입되는 ROV를 포함하여 3m 이상의 매설 심도를 보이는 모델들이 전체의 약 1/3을 차지하고 있다. 대표적으로 Perry Slingsby Systems 사(영국)이 보유하고 있는 TRITON T800 ROV는, 최대 2,500m 깊이에서 케이블 및 파이프라인 매설 작업에 활용되고 있다.

해저면이 상대적으로 단단하고 조류가 강한 해역에서 해저케이블이나 해저파이프라인을 매설하기 위해서는, 필요 매설심도 확보를 위하여 워터젯(Water Jet) 해저면 굴삭툴, 원반회전식 혹은 체인회전식 파쇄식 굴삭툴(Rock Cutter) 등을 부착하여 작업에 투입하고 있다. 일례로 CTC Marine(영국)의 RT-1 Rock Trencher는 세계에서 가장 큰 수중로봇으로 2.35MW의 파워를 이용하여 단단한 해저지반을 2m 깊이까지 굴착하여 파이프라인을 매설하기 위해 특별히 제작되었으며, 40MPa 강도를 지닌 해저지반에서도 작업을 할 수 있도록 설계되었다.

2009년, 영국의 Douglas-Westwood사에서 출간한 2010년부터 2014년까지 향후 5년간 세계 ROV 시상보고서에 따르면, 전 세계적으로 사용 중인 ROV는 2010년 기준으로 470여 대이며 해양에너지 개발활동의 증가와 노후장비 교체 등으로 2014년까지 약 547대의 추가 수요가 발생할 것으로 전망된다. 또한, ROV 제작시장은 2009년 244백만불 수준이었으나 2014년에는 약 532백만불 수준으로 급격히 성장할 것으로 전망된다.

국내 동향

국내의 경우, 1990년대부터 민간기업 및 출연연구소를 중심으로 본격적인 수중로봇 개발이 시작되었다. 대표적인 것이 심해 해양탐사를 목적으로 한국해양과학기술원에서 세계에서 4번째로 개발한 6,000m급 무인잠수정 해미래이다. 또한, 태평양 클라리온-클리퍼톤 해역(CCFZ)의 우리나라 심해저 광구에 부존되어 있는 심해저 망간단괴의 상용화를 위한 심해저 집광로봇이 한국해양과학기술원에서 개발되어 2013년 7월에 동해 1,300m 수심에 대하여 시험 집광 시험을 성공적으로 수행한 바 있으며, 곧 상용화 할 계획이다.

한국해양과학기술원에서는 또 200m 수심에 대하여 해저를 이동하며 작업할 수 있는 다족 보행 수중로봇 기술을 개발하고 있으며, 해당 로봇이 개발되면 국내 연안 침몰선박의 해저 침몰상태에 대한 정밀 조사와 구난/방제 작업에 활용 가능할 것이다. ROV 외에도 한국해양과학기술원에서는 20m급 공학수조용 테스트베드 이심이 AUV(Autonomous Underwater Vehicle)와 100m급 천해용 이심이 100 AUV를 개발한 바 있다. 여기서 AUV는 ROV에 비해 넓은 지역을 빠르게 훑어보며 탐사할 수 있다는 장점이 있다.

해양탐사 및 광물 채취용 수중로봇 개발에 비해 해양구조물 건설을 위한 수중건설로봇 개발은 상대적으로 늦게 시작되었다. 앞서 설명한 바와 같이 해양구조물이 지금까지는 천해에 설치되어 대부분 로봇보다는 잠수부에 의해 이루어졌기 때문이다. 하지만, 천해의 경우에도 수중작업의 안전성 및 효율성을 증대시키기 위해 약 10여 년 전부터 수중건설로봇 개발을 진행하고 있다. 그 대표적인 예로 한국해양과학기술원은 창원대학교와 함께 수심 30m 미만 조건에서 항만 수중공사에 필요한 수중 사석 고르기, 굴삭작업을 경제적이고 효율적으로 수행할 수 있는 수중 기계화 굴삭장비 및

해양탐사용 ROV (해미래) ①
광물 채취용 ROV (미내로) ②
다족 보행용 로봇 (Crabster) ③

①

②

③

KIOST

KIOST

수중 굴삭기 ①
벽체이동형 로봇 ②
수중 청소용 로봇 ③

무인 수중 지반조성 운용 시스템을 개발하고 있으며, 2014년에는 상용화 할 계획이다. 또한, 수중 항만구조물의 상태 분석 및 점검을 위한 로봇을 2011년부터 개발하고 있다.

이 외에도 한국해양과학기술원에서는 해저 시추를 수행하여 구조물 설계에 반영할 수 있는 해저지반조사 장비를 개발하고 해저지반의 설계정수를 분석하는 시스템을 개발하고 있다. 한국로봇융합연구원은 2007년부터 PIRO-U 계열(U1~U4)의 수중청소 로봇을 개발하여 다양한 수조환경에서 바닥 슬러지 청소작업에 투입하였고, 이를 비롯한 다양한 연구개발사업이 진행 중이다.

수중건설로봇 개발 계획

전문가 설문에 따르면, 국내 수중로봇에 대한 기술수준은 62% 정도이다. 특히 수중건설로봇의 경우에는 상용화된 제품이 전무할 정도여서 수중건설로봇에 대한 기술개발이 필요한 실정이다. 앞서 기술한 바와 같이 최근 들어 천해 조건을 대상으로 수중건설로봇이 개발 진행 중이지만, 대수심 조건으로 급변하고 있는 시장 환경에 대응하고 해양구조물 시공 효율성을 확보하고, 국내 기술 및 제품의 자립도를 높이기 위해서는 대수심 조건(500m 내외)에 대한 수중건설로봇 개발이 필수적이다.

수중건설로봇사업은 3종의 수중건설로봇 연구개발을 비롯하여 성능평가 시험을 위한 수조 등 인프라를 구축하는 복합형 R&D사업으로 구성되며, 2018년까지 총 850억 원의 연구개발비를 투자하게 된다. 이 사업의 비전은 21세기 미래 해양시대를 주도적으로 개척하고, 녹색성장 강국으로 발전하기 위한 수중건설로봇의 독자 기술을 확보하고 실용화 기반을 마련하는 것이며, 최종 목표는 수심 500m 이내의 해양구조물 건설을 위한 수중건설로봇(장비) 개발과 성능 검증을 위한 인프라를 구축하는 데 있다.

3종의 수중건설로봇은 개발 범위 및 활용 목적에 따라 구분된다. 수중용접이나 유지관리 작업 등 경작업을 수행할 수 있는 유영식 ROV와 해저케이블 매설이나 수중구조물 설치 등이 가능한 중작업용 유영식 ROV, 비교적 단단한 지반 조건에서 파이프라인 매설 등 중작업을 수행할 수 있는 트랙기반 로봇이 그것이다. 아울러, 수중건설

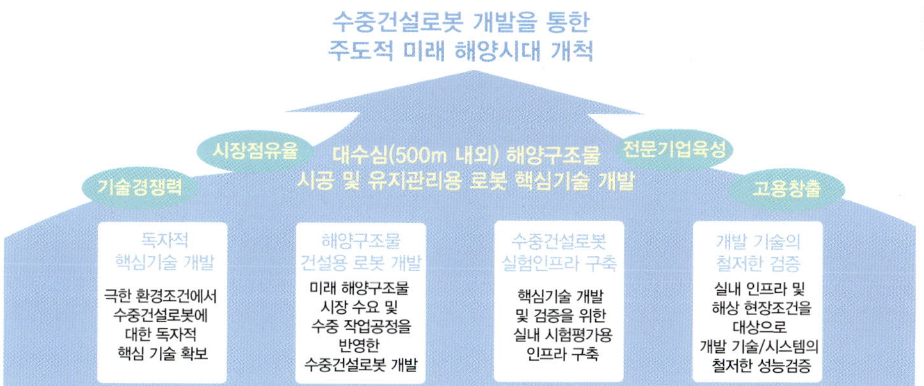

KIOST

로봇 개발을 위해 실증 실험수조동, 제작동, 연구공간 등으로 구성되는 관련 인프라를 구축할 예정이다.

수중건설로봇이 개발될 경우 인간을 대신하여 심해 수중작업과 위험한 작업을 로봇이 수행함에 따라 인명 보호뿐 아니라 해양과업 범위 확대, 효율성 증대 효과를 얻을 수 있고, 해외장비의 국산화에 따른 수입대체 효과도 기대된다.

또한, 수중건설로봇 기술은 해양개발 및 미래 해양개척의 핵심요소기술로 연안 개발 이외에도 해양에너지, 해양플랜트 등 다양한 신산업 창출을 통해 국가 미래 성장 동력을 확보하게 될 것이며, 수중건설장비가 전무한 현 상황에서 기술의 종속화를 벗어나 경쟁력을 확보하게 될 것이다. 수중건설로봇은 인간의 손이 닿지 않는 미지의 세계를 개척하는 수중세계 진입의 첨병이 될 것이다.

KIOST

개발 예정인 수중건설로봇 종류 및 적용 개념도

지속가능한 연안개발로 살아 숨쉬는 연안을 만들자

우리나라는 반도국이다. 그래서 우리는 흔히 우리나라를 편하게 부를 때는 한반도라 부르기도 한다. 누구든지 국도를 따라 계속 간다면 북쪽 방향 말고는 바다를 만나게 된다. 이름하여 서해, 남해, 동해이다. 이렇게 삼면이 바다이니 연안지형이 발달되어 있는 것은 지극히 자연스런 일이다. 국토면적에 비해 볼 때, 섬나라도 아니면서, 우리처럼 바다를 접한 땅이 많은 나라도 흔치 않다. 해안선 길이는 남한만 치더라도 12,750km에 이른다. 서울-부산의 도로기준 최단거리가 약 389km, 인천-강릉 거리가 약 246km인 것을 생각하면 엄청난 해안선 길이이다. 이런 해안선을 끼고 있으면서 수산물이 풍족하지 않을 리 없다. 그래서 예로부터 연평도 조기와 영광 굴비가 명성을 떨쳤다. 기후와 바다환경의 변화에 따라 지역 특산물도 다소의 변화가 있긴 하지만, 지금도 울릉도의 오징어, 인제의 황태, 울진과 영덕의 대게, 포항의 과메기, 기장의 미역, 거제의 멸치, 완도의 김, 영광의 굴비, 목포의 낙지, 서산의 굴, 인천의 꽃게와 젓갈 등등 지역의 특산물들이 즐비하다. 먹거리 뿐이랴. 가는 곳마다 크고 작은 곶(串)과 만(灣)과 포(浦)와 진(津)과 섬(島)을 펼치고 있는 우리의 연안이다 보니 절경과 비경도 많다. 명사십리(明沙十里), 한려수도(閑麗水道), 몽금포(夢琴浦), 채석강(彩石江), 파도리(波濤里), 구름포, 해금강(海金剛)... 이런 아름다운 이름들이 어찌 그냥 붙었을까.

그러나 천혜의 해안환경과 이에 걸맞은 아름다운 이름들도 경제논리만 앞세운 단선적 개발에 치중한다면 회복 불능의 훼손과 파괴로 이어지고 말 것이다. 실제로 지난 60년대 이래 수십 년 간 지속되어 온 국토개발과 산업화 과정에서 우리는 얻은 것만큼 잃은 것도 많았다. 그러나 다소간 시행착오의 시기를 거치는 동안 지속가능 개발과 환경의 건강성에 대한 인식이 크게 높아진 것은 불행 중 다행이다. 이제 우리도 구미 선진국들처럼 국토 연안에 대해 환경과 효용이 조화를 이루는 신개념의 연안개발을 추진해야 할 때이다. 이를 통해 예전에 고산 윤선도가 고기마다 살이 올라 있다고 기꺼워했던 남해연안을, 깊이를 모르는데 가인들 어찌 알겠는가고 송강 정철이 창망해 마지않던 동해바닷가를, 장보고의 해양재패의 기상과 충무공의 구국혼이 서린, 그리고 다산 정약용이 어촌 민초들의 삶을 살피고 한편으로는 조석현상의 이치를 궁구하기에 골몰하기도 했던 곳곳의 다도해역을, 생태적으로 건강하고 풍요로운 일터이자 힐링의 공간으로 재창조해 나가야 한다. 그래서 사람들이 애써 찾아간 곳에서, 한편으로는 대자연의 경이로움을, 다른 한편으로는 인간의 지혜로 새롭게 탈바꿈한, 자연의 숨결이 생생히 살아있는 개발현장의 또 다른 아름다움을 접하고 함께 느끼고 즐겁게 누릴 수 있도록 해야 한다.

'살아있는 바다, 숨 쉬는 연안(The Living Ocean and Coast)'이라는 주제로 열린 2012 여수세계박람회는 이런 점에서 큰 자취를 남겼다. 바다와 연안이 인류의 생존에 중요한 곳임을 일깨우고, 해양오염, 해수면 상승, 해양기인 재해, 해양생태계 파괴 등 바다와 관련한 여러 가지 문제들을 전 인류가 공동으로 해결할 방법을 함께 고민하고 모색하였으며 이를 종합하고 압축한 '여수선언(The Yeosu Declaration)'이라는 의미 있는 메시지를 국제사회에 던졌다.

우리는 21세기 해양강국의 비전을 실현하고자 매진하는 나라로서, 그리고 전 세계 참가국들과 함께 해양의 새로운 미래비전을 담은 여수선언을 채택한 나라로서, 연안 개발과 이용의 새로운 모델을 창안하고 선도해 나갈 수 있도록 더욱더 지혜를 모아나가야 할 것이다.

2014년 1월

찾아보기(가~아)

바

사

아

찾아보기(아~파)

자

차

카

타

파

찾아보기(파~하)

하